四川省 2019—2020 年度重点出版规划项目

南方电网“西电东送”稳定关键技术——特高压直流异步联网下源网协调控制研究丛书

异步联网后云南电网机网协调控制策略研究

周 鑫 吴水军 刘明群 何常胜◎著

西南交通大学出版社
·成 都·

图书在版编目（CIP）数据

异步联网后云南电网机网协调控制策略研究 / 周鑫等著. —成都：西南交通大学出版社，2020.11
（南方电网“西电东送”稳定关键技术——特高压直流异步联网下源网协调控制研究丛书）
四川省 2019—2020 年度重点出版规划项目
ISBN 978-7-5643-7658-1

Ⅰ. ①异… Ⅱ. ①周… Ⅲ. ①地区电网－协调控制－研究－云南 Ⅳ. ①TM727.2

中国版本图书馆 CIP 数据核字（2020）第 182081 号

四川省 2019—2020 年度重点出版规划项目
南方电网“西电东送”稳定关键技术
——特高压直流异步联网下源网协调控制研究丛书
异步联网后云南电网机网协调控制策略研究

周　鑫　吴水军　刘明群　何常胜 / 著　　责任编辑 / 李芳芳
封面设计 / 曹天擎

西南交通大学出版社出版发行
（四川省成都市二环路北一段 111 号西南交通大学创新大厦 21 楼　610031）
发行部电话：028-87600564　　028-87600533
网址：http://www.xnjdcbs.com
印刷：四川煤田地质制图印刷厂

成品尺寸　185 mm × 240 mm
印张　13.25　　字数　238 千
版次　2020 年 11 月第 1 版　　印次　2020 年 11 月第 1 次

书号　ISBN 978-7-5643-7658-1
定价　88.00 元

前言

近年来，随着云南绿色能源战略的推进以及“西电东送”容量的不断增大，交直流混合运行的风险日益增大，对南方电网主网的安全稳定运行造成巨大威胁。因此，2016 年，南方电网率先实施了地区大电网异步联网工程，使得云南电网与南方电网主网的联络只有直流连接，从而使云南电网不再具备与南方电网主网同步联网运行的电气条件，提高了系统运行可靠性。

研究表明，在小电网孤网运行或直流孤岛运行方式下，机组调速系统的稳定性明显恶化，调速系统的参数设置与孤网的稳定性密切相关，在国内的某些直流孤岛中也出现过类似的超低频振荡问题。因此，超低频振荡的研究对于保障异步电网的安全运行具有重大意义，需要从机理上对超低频频率振荡进行全面的理解和剖析，亟需进一步开展包括振荡机理、振荡现象、频率和阻尼的主要影响因素、分析方法、抑制措施等的全面研究。

由于此前世界范围内尚无地区电网异步运行的经验，国内缺乏全面系统地介绍异步联网运行原理、建模仿真、关键技术、工程试验等的专业书籍，因此作者总结整理了云南电网在异步联网过程中的相关经验及相关电厂运行试验情况，组织相关技术人员撰写了本书。

本书分为上下篇，上篇以云南电网仿真模型为例，从理论上介绍了异步联网产生过程中低频/超低频振荡产生的机理及抑制措施；下篇以云南电网在异步联网中电厂发生的故障为例，介绍了实际过程中系统频率振荡情况及相应的电厂调节过程，从理论与实践两个方面介绍了云南电网异步联网的过程。

在本书编写过程中，得到了西南交通大学王德林副教授的大力支持与帮助，本书的初稿得到云南电网规划建设研究中心赵岳恒等专家的审阅，专家们提出了很多宝贵的修改意见，在此表示衷心的感谢。

由于编写时间仓促，编写水平有限，书中难免有疏漏和不足之处，恳请读者批评指正。

作　者

2020 年 6 月

目录

上篇·理论篇

第1章 绪论

第2章 异步联网控制参数对电网频率动态影响研究

第3章 异步联网条件下多机系统PSS参数优化研究

下　篇 · 现场试验篇

第 7 章　水电机组调速器系统故障试验

第 8 章　云南水电机组并网逆功率发生机理及防范措施

第 9 章　龙开口水电厂“7·20”功率振荡事故仿真

第 10 章　云南电网 AUTO 控制模式对水电机组频率影响

上篇·理论篇

第 1 章

绪　论

1.1 研究背景

随着电网弱互联以及远距离输电的大规模应用，低频振荡问题日益突出[1,2]。并列运行方式下的发电机在外界扰动下会发生转子之间的相对摇摆，并在阻尼不够时引起转子增幅振荡，继而引起联络线功率的持续振荡，其振荡频率一般为 0.2 ~ 2.5 Hz，这种振荡被称为低频振荡。低频振荡与系统的网络参数、运行状况、发电机励磁系统等密切相关，其中很大一部分振荡是可以通过措施避免其发展成对系统有危害的振荡；而另一些发散型的增幅振荡，可能造成一个较大区域的事故，甚至造成整个系统的解列。例如，1983 年湖南电力系统的凤常线与湖北电力系统的葛凤线，1994 年广东与香港互联系统的联络线，2007 年福建电网与华东电网的联络线。由于我国大区域联网远距离传输功率的出现，低频振荡现象出现的概率逐步增多，其影响程度不次于暂态稳定性，严重阻碍了系统安全稳定运行。

南方电网主网架结构呈现“大容量远距离输电、强直弱交、多回直流集中馈入、交直流并联运行”的特征，使得南方电网存在复杂的安全稳定问题[3-5]。异步联网后，云南电网作为网架结构较为薄弱、负荷水平较低的多直流送端电网，其低频振荡特性有所变化。因此，研究孤岛运行方式下的低频振荡问题，对于异步联网条件下云南电网的稳定运行具有显著的意义。

已有研究表明，在小电网孤网运行或直流孤岛运行方式下，机组调速系统的稳定性明显恶化，调速系统的参数设置与孤网的稳定性密切相关，在国内的某些直流孤岛中也出现过类似的超低频振荡问题。2012 年，锦苏直流孤岛试验中发现了频率异常波动现象，四川官地电厂 2 台 600 MW 水轮机调速系统动作明显，暴露出直流孤岛运行中存在调速器稳定性问题，振荡频率为 0.024 Hz，该现象通过优化调速系统运行参数及减小直流频率控制的死区解决。事实上，超低频振荡现象在国外也被

报道过。2014 年缅甸某电力系统从联网转孤网带地方负荷运行中，缅甸 MDRUI 电站的 2 台机组出现明显振荡现象，系统频率变化幅度大，机组调速系统接力器反复大幅抽动。机组励磁系统 PSS（Power System Stabilizer，电力系统稳定器）退出、投入对振荡没有明显影响，在调速系统控制模式切手动控制后频率失去控制，孤网系统全停，振荡频率为 0.037 Hz。通过 PMU 曲线分析，调速系统的动作特性与系统频率波动明显同相，对振荡起负阻尼作用。土耳其电网也曾发现振荡频率约为 0.05 Hz 的超低频振荡问题，哥伦比亚电网中也出现过振荡频率为 0.05 ~ 0.08 Hz 的振荡事件，并通过建模和时域仿真的方法分析了系统非线性、控制器、水轮机模型等对振荡的影响。

上述振荡现象表明，水电集中的实际电网和送端直流孤岛系统中均存在发生超低频振荡的风险，而云南电网中水电机组出力所占比例为总出力的 71% ~ 75%，当云南电网与南方主网之间实现异步互联后，云南电网便形成了一个大型的直流孤岛。因此，超低频振荡的研究对于保障云南电网的安全运行具有重大意义，需要从机理上对超低频频率振荡进行全面的理解和剖析，亟须进一步开展包括振荡机理、振荡现象、频率和阻尼的主要影响因素、分析方法、抑制措施等方面的全面研究。

通常来说，机网协调是指涉及电网安全的机组保护整定值、安全自动装置、调速系统、一次调频、励磁系统的控制方式及参数能与电网运行方式的变化相适应，从而保证电力系统的安全稳定运行。

本书中，机网协调研究的核心是云南电网与南方电网主网为异步联网运行的大前提下，在直流调频参数的作用下，提高水轮发电机组的调速控制系统与电网安全稳定措施之间的优化协调和配合，在不同的故障作用或扰动冲击下，使云南电网在功角、频率及电压等方面具有较高的稳定性，从而保证发电机组及电网运行的安全稳定性。

1.2 云南电网现状

随着云南水电资源的开发以及西电东送容量的不断增大，交直流混合运行的运行风险日益增大，对南方电网主网的安全稳定运行造成巨大威胁。为解决这一问题，南方电网实施了异步联网工程，使得云南电网与南方电网主网的联络只有直流连接，从而使云南电网不再具备与南方电网主网同步联网运行的电气条件。直流联网避免了短路电流水平超限、联络线功率低频振荡以及隔离了故障传递途径，从而不会形

成联锁反应等问题，而且更具经济性。直流隔离的形成大大减少了电网中功角失稳发生的可能性，同时直流输电的快速可控性也能使弱交流系统在发生事故的情况下更快地得到功率支援，提高了系统运行可靠性[6-10]。然而异步联网后送端电网频率特性更为复杂，频率稳定问题成为异步联网系统的新挑战。因此，研究异步联网下的频率特性对于电力系统的安全稳定运行就显得至关重要。

云南电网与南网主网实现异步运行。异步运行后云南电网的稳定特性将有较大改变。按照《电力系统安全稳定导则》中规定的第一、二级安全稳定标准要求，直流单极闭锁故障以及直流双极闭锁故障采取稳控措施后，云南电网高周切机和低频减载装置应不动作，即故障后云南电网频率应不低于 49 Hz 且不高于 50.6 Hz。其中，低于 49 Hz 将造成低频减载动作，超出 50.6 Hz 将引起稳控的高周切机动作。同时，按照“联络线因故障断开后，要保持各自系统的安全稳定运行”的要求，暂态过程中云南电网频率应低于 51.5 Hz、高于 47.5 Hz，且事故后系统频率能迅速恢复到 49.2 ~ 50.5 Hz。这是因为低于 47.5 Hz 可能造成系统频率崩溃，超出 51.5 Hz 可能引起机组的超速保护控制或高周保护动作，造成无序跳闸，进而也造成频率崩溃。

2017 年云南省电力装机总量 8905 万 kW；水电装机 6186 万 kW，占比 69.47%；风电装机 819 万 kW，占比 9.2%。全年完成售电量 2212.5 亿 kW · h。其中，省内售电量 1211.5 亿 kW 时；“西电东送”电量 986.6 亿 kW · h；剩余 14.4 亿 kW 电量经云南国际公司输送至境外。根据云南电网各地区功能大致可将其分为三个电源基地和一个负荷中心。三个电源基地分别为滇西北水电基地，占全省总装机容量的 48%；滇西南水电基地，占全省总装机容量的 20%；滇东北水、火电基地，集中了全省火电装机的 11%，加上水电，占全省总装机容量的 26%。一个负荷中心即大滇中负荷中心，涵盖昆明、玉溪、楚雄、曲靖、红河、文山等州市，占全省总负荷的 68%。

1.3 国内外研究现状

以往对交流电网的研究中，人们更多地关注交直流互联电力系统的安全稳定运行，不过近几年来，随着电网异步联网工程的逐步投运，人们开始关注纯直流连接的异步联网条件下电网中出现的各种问题，特别是直流调频参数设置和整定对电网运行稳定性的影响。文献[11，12]通过建立交流系统模型求得频率数值解和解析解，对影响频率的因素进行了分析。文献[13]在文献[11]的基础上添加了直流输电部分

VSC-HVDC 的数学模型并推得频率的解析解，但对 VSC-HVDC 加入调频后对频率的影响分析不足。文献[14，15]提出了利用 HVDC 输电线来提高区域电网阻尼从而抑制振荡现象，但并没有具体考虑直流线的控制方法。

目前，交直流电力系统中多采用直流频率限制控制（Freguency Limit Controller，FLC）作为控制方法，直流输电的快速可控性使系统遭受扰动时能够通过 FLC 等控制设备进行快速功率调节，进而能够控制电网频率和联络线功率振荡[16-18]。文献[19，20]针对由交直流联络线并联连接的区域系统，在直流线模型中加入 FLC 以及 VSC-HVDC 等频率控制环节，在快速削减频率振荡的同时减小频率稳态误差，然而并没有考虑异步联网条件下的频率稳定问题。文献[21]明确了 FLC 在系统频率调控中的定位以及和其他设备配合调频的措施，分析了 FLC 的动作特性，为后续研究提供了借鉴。文献[22]以云南电网为分析对象，研究了水轮机调速器参数、负荷参数、旋转备用和直流 FLC 对于频率稳定性的影响，但并没有给出定量分析。文献[23]考虑了不同扰动下云南送端电网频率的稳定性，并比较分析了不同控制策略组合对送端高频、低频现象的影响，得出 FLC 和稳控切机、低频减载配合能有效解决云南电网频率稳定问题，但没有进一步分析 FLC 参数对频率的影响。文献[24]参考实际工程参数，对孤岛下 FLC 各参数灵敏度进行仿真分析，结果显示 FLC 对于维持频率稳定有较好效果。文献[25]研究了交直流系统中机组一次调频死区和 FLC 死区的配合问题，并提出了孤岛输电情况下放大一次调频死区并减小 FLC 死区的建议。

国内外在研究低频振荡机理方面，主要集中在以下 3 个方面：① 负阻尼机理[26]；② 强迫振荡机理[27]；③ 强谐振机理[28]，对于低频振荡还有一些其他的机理研究，如基于混沌振荡和分岔理论的研究[29]。在上述机理研究中，负阻尼机理研究是最早和最成熟的，并经过实践验证的比较完备的理论。

电力系统稳定器（PSS）通过补偿励磁系统相位滞后，为系统提供正阻尼以抑制低频振荡，是增强电力系统动态稳定性的有效措施。较之于单机系统，多机电力系统中的 PSS 参数整定涉及全部优化参数的协调配合，是一个比较复杂的问题。目前全局优化算法被广泛用于 PSS 参数寻优问题。文献[30]采用进化策略。该算法选取系统最小阻尼比作为目标函数，适应性强，能较快收敛到全局最优。但未考虑 PSS 选址问题，优化时维数较多，工作量大且计算时间长，影响寻优效率。文献[31]采用遗传算法优化 PSS 参数，其算法原理是基于概率的交叉和变异操作寻找最优个体。其优点是通过直接对变量进行操作，从而对多个相关变量进行编码，生成染色体种群，最后在交叉、变异步骤下迭代搜索寻优最佳参数。但算法程序较为复杂，且算法性

能对初值敏感，参数选择的不确定性会最终影响算法寻优时间与搜索精度，无法收敛到全局最优，具有一定的局限性。文献[32]采用人工鱼群算法优化 PSS 参数，其原理是依据鱼群的觅食、聚群和追尾行为进行迭代寻优，其优点是初始参数少且最终解的质量不受初值影响。但在收敛后期，随着鱼群生物多样性的减少，算法易陷入局部最优，无法寻优到最优解。

实际情况中，仅仅采用 PSS 抑制电力系统低频振荡，有时不能取得良好的抑制效果。近年来，不少学者不再止步于 PSS 参数协调优化的研究，开始将储能装置运用到含有 PSS 的电力系统中来抑制低频振荡[33,34]，而且取得了一定的研究成果。目前有学者将电池储能装置引入含有 PSS 的 2 机系统中，但电池储能仅采用简单的功率差额控制模型，虽然其仿真结果得到了很好的抑制效果，但由于其采用的控制模型太过简单，不具有典型性[35]；同时也有学者通过在新英格兰 10 机系统和 4 机 2 区系统中加入飞轮储能系统稳定器，考虑了低频振荡下非机电振荡模式，并利用改进粒子群算法（IPSO）进行了 PSS 和飞轮储能控制器的参数协调优化，仿真数据及曲线抑制效果十分理想，其虽考虑了飞轮储能无功环节影响，但其无功的控制方式有待考究[36]。

近年来，实际电网中出现了一些频率低于传统低频振荡范围的超低频振荡事件[37]，如 2016 年 3 月 28 日，南方电网进行云南异步联网系统特性试验，云南与南方电网主网交流联络线断开，仅通过楚穗、普侨、牛从三大直流与主网联网并送出功率。在进行楚穗直流升功率试验时，云南电网出现频率异常波动的振荡现象，振荡周期约为 20 s，系统频率在 49.9 ~ 50.1 Hz 波动。振荡持续约 25 min，调度下令退出小湾、糯扎渡等电厂的一次调频后振荡平息。上述的振荡现象和传统的低频振荡存在明显区别：一是振荡频率低，低频振荡的振荡频率一般在 0.2 ~ 2.5 Hz，而上述振荡频率为 0.05 Hz；二是振型特殊，系统中各点频率基本保持同调变化，低频振荡是发电机转子间的相对摇摆，两群发电机转速也相对振荡，上述振荡并非传统低频振荡下发电机之间的相对振荡，而是频率控制过程小扰动不稳定激发的振荡。由于其频率比低频振荡更低，所以将这种振荡现象称为超低频振荡，属于电力系统频率稳定的范畴[38]。

文献[39-41]基于详细的原动机和调节系统模型，进行了原动机调节系统的阻尼特性分析，进一步研究了原动机调节系统对系统动态稳定性的影响；文献[42]通过在汽轮发电机组调速器侧加入叠加在调速器测的电力系统稳定器（Governor Power System Stabilitizer，GPSS），从而产生了纯正阻尼力矩，抑制了系统的低频振荡；文

献[35，37]通过建立简化的水轮机调节系统模型，分析了当系统的振荡频率为超低频区段时，水电机组调速器控制系统向系统提供了负阻尼，以此从机理上对超低频振荡现象进行了分析。为了抑制电网中出现的超低频振荡现象，保证系统的安全与稳定运行，文献[43]通过计算超低频振荡的特征根灵敏度，对调速系统的参数进行了优化，增大了超低频振荡模式的阻尼比，解决了系统中的超低频振荡；文献[44]采用了极点配置法和临界参数法来优化调速器控制系统的参数，达到了抑制超低频振荡的目的；文献[45]提出了一种调速器参数的优化方法，优化约束是原动机在整个振荡频率范围内的阻尼转矩，优化目标是原动机在不同载荷条件下的阶跃响应的综合 ITAE 指数，优化后的参数有效地保证了系统在不同条件下的稳定性。

综上所述，电力系统频率能够反映电网的运行状态，低频振荡主要通过 PSS 控制，超低频振荡主要受水轮机调速器的影响，机组与电网之间的稳定运行与控制系统的参数密切相关。因此，通过对异步联网后云南电网的机网协调控制策略进行深入的分析，对电网的安全稳定运行具有重要意义。

1.4 主要研究内容

本书的主要目标是：从机组和电网安全稳定运行的角度分析异步联网后云南电网的动态特性及影响因素，并对机组和系统控制参数和策略进行改善。

本书的研究内容紧密围绕研究目标，主要从异步联网条件下云南电网频率稳定性、低频振荡以及超低频振荡三个方面展开来探索异步联网条件下机组协调的机理、影响因素及控制措施等，即：

（1）异步联网后云南电网的频率动态变化特性。

借助直流潮流法，建立含有频率控制器的电网频率分析模型，通过解析的形式分析电网中的惯性设备、系统运行方式及直流控制器参数对电网频率动态特性的影响。

（2）异步联网条件下云南电网的低频振荡机理分析及抑制。

由于控制器的参数需要与电网的运行方式相适应，因此异步联网后云南电网中原有控制装置的参数可能不适应新的运行方式，从而使得低频率振荡问题比较突出，为了保障异步联网后云南电网运行的安全性和稳定性，对低频振荡的机理和抑制进行了详细分析，主要包含两部分内容：多机系统下 PSS 参数的优化和储能装置辅助 PSS 抑制低频振荡。

（3）异步联网后云南电网的超低频振荡分析。

超低频振荡是区别于低频振荡的一种电力系统频率稳定性稳定问题。超低频振荡的存在严重影响电力系统安全稳定运行，因此需要掌握超低频振荡的内在机理及其抑制措施。本部分主要由超低频振荡机理的分析和基于 GPSS 抑制超低频振荡两部分组成。

第 2 章

异步联网控制参数对电网频率动态影响研究

2.1 引　言

云南电网在异步联网后频率稳定问题代替功角稳定问题成为云南电网主要稳定性问题，作为直流送端的云南电网，其频率动态特性也更为复杂。为了解决诸如直流闭锁等大功率转移问题，直流输电加入了直流频率限制器（Frequency Limit Controller，FLC）参与到送端频率（特别是高频）的调节中，并取得了很好的效果。

本章是在异步联网的条件下，通过解析解的形式求得送端系统的频率响应，对电力系统频率稳定性进行分析。首先，基于直流潮流法，将发电机及其调速器代数/微分方程和系统网络方程进行线性化处理，进一步推得了系统的状态方程。在此基础上考虑直流频率附加控制的简化模型，得出了电网发生负荷扰动时的节点频率变化解析式，并在推得解析式的基础上比较了有无直流调制情况下的频率动态差异。然后，在简化的两区域送收端系统模型框图下，研究了直流调制参与系统调频后部分调制参数对系统频率动稳态特性的影响。最后，基于实际的云南电网仿真数据模拟验证了直流调制参与调频与否，以及直流调制参数对系统频率响应的影响。

2.2 异步联网条件下的电力系统数学模型

电力系统是一个非常庞大的系统，建立电力系统模型涉及发电机转子、励磁机器调节系统、原动机及其调速器系统、负荷、输电线路和电力系统网络等的建模问题，若采取全状态法分析全网频率，建模过程复杂且计算量大，这无疑增加了分析的难度[1]。由于频率变化是由有功功率不平衡造成的，有功潮流的改变对于系统电压的影响并不大，系统电压几乎维持不变。因此，可以忽略无功功率-电压的影响，着重研究有功功率-频率变化。

2.2.1 水轮发电机的动态模型

基于直流潮流分析法可以做出如下假设：系统中发电机的励磁机调节系统足够维持发电机端电压恒定，因此可以忽略励磁及其调节系统对频率响应的影响，同时忽略发电机端电压的变化，发电机模型简化为 2 阶模型。对于一个有 N 个发电机节点 $M-N+1$ 个负荷节点的简化网络，发电机转子运动方程为：

$$\left.\begin{aligned}&\frac{\mathrm{d}\Delta\delta_i}{\mathrm{d}t}=\omega_0\Delta\omega_i\\&M_i\frac{\mathrm{d}\Delta\omega_i}{\mathrm{d}t}=\Delta P_{\mathrm{M}i}-\Delta P_{\mathrm{G}i}-D_i\Delta\omega_i\end{aligned}\right\} \tag{2-1}$$

式中，$i=1,2,\cdots,N$；δ_i、ω_i 为第 i 号发电机转子角和转子角速度；ω_0 为基准角频率，且有 $\omega_0=2\pi f_0$，$f_0=50\ \mathrm{Hz}$；M_i、D_i、$P_{\mathrm{M}i}$ 和 $P_{\mathrm{G}i}$ 分别为第 i 号发电机的转动惯量、阻尼系数、机械功率和电磁功率。

发电机的原动机-调速器部分采用离心飞摆式水轮机调速器，如图 2-1 所示。图中 K_δ 为量测环节放大倍数，也是下垂系数的倒数；ε 为调速器死区，μ 为导水叶开度，T_s 为伺服机构时间常数，K_d、K_β 分别为硬、软负反馈放大倍数，T_ω 为水锤效应时间常数，K_mH 为发电机额定功率与系统基准容量之比。

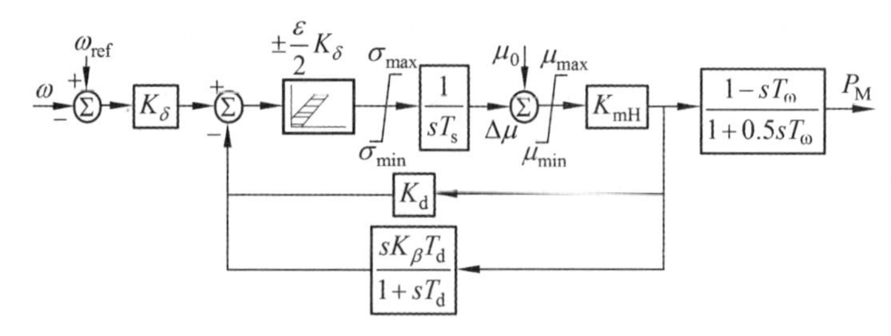

图 2-1　水轮机调速器模型

忽略该调速器中幅值限制等非线性环节，可以推得复频域下该调速器的简化传递函数为

$$G_{\mathrm{gov}i}(s)=-\frac{K_{\delta i}\cdot K_{\mathrm{mH}i}\cdot G_i(s)\cdot G_{\omega i}(s)}{1+G_i(s)\cdot H_i(s)} \tag{2-2}$$

式中，$i=1,2,\cdots,N$；$G_{\omega i}(s)=\dfrac{1-sT_{\omega i}}{1+0.5sT_{\omega i}}$，$G_i(s)=\dfrac{1}{sT_{\mathrm{s}i}}$，$H_i(s)=K_{\mathrm{d}i}+\dfrac{sK_{\beta i}T_{\mathrm{d}i}}{1+sT_{\mathrm{d}i}}$。

原动机-调速器部分的线性化方程可表述为

$$\Delta \boldsymbol{P}_{\mathrm{M}}(s)=\boldsymbol{G}_{\mathrm{gov}}(s)\cdot\Delta\boldsymbol{\omega}(s) \tag{2-3}$$

式中，$\boldsymbol{G}_{\mathrm{gov}}(s)=\mathbf{diag}\left\{G_{\mathrm{gov1}}(s),\ \cdots,\ G_{\mathrm{gov}N}(s)\right\}$。

由于直流潮流模型忽略了线路的电阻、充电电容及并联补偿等，网络潮流的线性化模型为

$$\begin{bmatrix}\Delta \boldsymbol{P}_{\mathrm{G}}\\ \Delta \boldsymbol{P}_{\mathrm{L}}\end{bmatrix}=\begin{bmatrix}\boldsymbol{B}_{\mathrm{GG}} & \boldsymbol{B}_{\mathrm{GL}}\\ \boldsymbol{B}_{\mathrm{LG}} & \boldsymbol{B}_{\mathrm{LL}}\end{bmatrix}\begin{bmatrix}\Delta\boldsymbol{\delta}\\ \Delta\boldsymbol{\theta}\end{bmatrix} \tag{2-4}$$

式中，$\Delta\boldsymbol{P}_{\mathrm{G}}$表示发电机节点注入电磁功率增量，为$N$维列向量；$\Delta\boldsymbol{P}_{\mathrm{L}}$表示符合节点注入电磁功率增量，为$M-N+1$维列向量；$\boldsymbol{B}$为电纳矩阵；$\Delta\boldsymbol{\delta}$表示发电机转子角增量，为$N$维列向量；$\Delta\boldsymbol{\theta}$表示负荷节点电压相角，为$M-N+1$维列向量。

2.2.2　功-频特性矩阵方程

线性化后的网络方程式（2-4）消去$\Delta\boldsymbol{\theta}$可得

$$\Delta\boldsymbol{P}_{\mathrm{G}}=\boldsymbol{H}\,\Delta\boldsymbol{\delta}+\boldsymbol{K}\,\Delta\boldsymbol{P}_{\mathrm{L}} \tag{2-5}$$

式中，$\boldsymbol{H}=\boldsymbol{B}_{\mathrm{GG}}-\boldsymbol{B}_{\mathrm{GL}}\boldsymbol{B}_{\mathrm{LL}}^{-1}\boldsymbol{B}_{\mathrm{LG}}\in\boldsymbol{R}^{N\times N}$，且$\boldsymbol{K}=\boldsymbol{B}_{\mathrm{GL}}\boldsymbol{B}_{\mathrm{LL}}^{-1}\in\boldsymbol{R}^{N\times(M-N+1)}$。

综合式（2-1）与式（2-5），得到系统状态矩阵：

$$\begin{bmatrix}s\Delta\boldsymbol{\delta}\\ s\Delta\boldsymbol{\omega}\end{bmatrix}=\begin{bmatrix}\mathbf{0} & \omega_0\boldsymbol{I}_N\\ -\boldsymbol{M}^{-1}\boldsymbol{H} & -\boldsymbol{M}^{-1}\boldsymbol{D}\end{bmatrix}\begin{bmatrix}\Delta\boldsymbol{\delta}\\ \Delta\boldsymbol{\omega}\end{bmatrix}+\begin{bmatrix}\mathbf{0} & \mathbf{0}\\ \boldsymbol{M}^{-1} & -\boldsymbol{M}^{-1}\boldsymbol{K}\end{bmatrix}\begin{bmatrix}\Delta\boldsymbol{P}_{\mathrm{M}}\\ \Delta\boldsymbol{P}_{\mathrm{L}}\end{bmatrix} \tag{2-6}$$

式中，$\boldsymbol{M}=\mathrm{diag}\left\{M_1,\cdots,M_N\right\}$，$\boldsymbol{D}=\mathrm{diag}\left\{D_1,\cdots,D_N\right\}$，$\Delta\boldsymbol{P}_{\mathrm{M}}$和$\Delta\boldsymbol{P}_{\mathrm{L}}$组成的输入变量可反映发电机切机、切负荷等多种扰动。

为了方便，引入调速器的线性化方程并考虑直流频率控制器的影响，联合式（2-3）和式（2-6），消去状态变量$\Delta\boldsymbol{\delta}$和输入变量$\Delta\boldsymbol{P}_{\mathrm{M}}$后得复频域下的状态方程为

$$\Delta\boldsymbol{\omega}(s)=\boldsymbol{J}_{\mathrm{L}}(s)\cdot\Delta\boldsymbol{P}_{\mathrm{L}}(s) \tag{2-7}$$

式中，$J_{\mathrm{L}}(s)=-\left[\boldsymbol{M}s+\boldsymbol{D}+\dfrac{\omega_0}{s}\boldsymbol{H}-\boldsymbol{G}_{\mathrm{gov}}(s)\right]^{-1}K$。

式（2-7）反映了发生负荷扰动情况后发电机节点的频率变化响应。由于直流频

率控制器选取的输入信号通常是节点电气量如节点频率变化量，这里引入节点的电频率：

$$f_i = f_0 + \frac{1}{2\pi}\frac{\mathrm{d}\theta_i}{\mathrm{d}t}, (i = N+1, \cdots, M) \tag{2-8}$$

将式（2-8）线性化处理并用标幺值下的增量形式表示，因 $\Delta\omega^* = \Delta f^*$，则

$$\Delta\omega_i' = \frac{1}{\omega_0}\frac{\mathrm{d}\Delta\theta_i}{\mathrm{d}t}, (i = N+1, \cdots, M) \tag{2-9}$$

式中，$\Delta\omega_i'$ 表示第 i 个负荷节点的频率增量，上标以示发电机与负荷节点的区别。

对式（2-4）中有关负荷节点注入功率增量的方程处理后可得

$$\Delta\boldsymbol{\theta} = \boldsymbol{B}_{\mathrm{LL}}^{-1} \cdot \Delta\boldsymbol{P}_{\mathrm{L}} - \boldsymbol{B}_{\mathrm{LL}}^{-1} \cdot \boldsymbol{B}_{\mathrm{LG}} \cdot \Delta\boldsymbol{\delta} \tag{2-10}$$

将式（2-10）代入式（2-9）消去 $\Delta\boldsymbol{\theta}$，在复频域得

$$\Delta\boldsymbol{\omega}'(s) = \frac{s}{\omega_0}\left[\boldsymbol{B}_{\mathrm{LL}}^{-1} \cdot \Delta\boldsymbol{P}_{\mathrm{L}}(s) - \boldsymbol{B}_{\mathrm{LL}}^{-1} \cdot \boldsymbol{B}_{\mathrm{LG}} \cdot \Delta\boldsymbol{\delta}(s)\right] \tag{2-11}$$

综合式（2-6)、(2-7)、(2-11）可写出发生负荷扰动时负荷节点的频率复频域响应为

$$\Delta\boldsymbol{\omega}'(s) = \boldsymbol{Z}_{\mathrm{L}}(s) \cdot \Delta\boldsymbol{P}_{\mathrm{L}}(s) \tag{2-12}$$

式中，$\boldsymbol{Z}_{\mathrm{L}}(s) = -\boldsymbol{B}_{\mathrm{LL}}^{-1}\boldsymbol{B}_{\mathrm{LG}} \cdot \boldsymbol{J}_{\mathrm{L}}(s) + \frac{s}{\omega_0} \cdot \boldsymbol{B}_{\mathrm{LL}}^{-1}$。

2.2.3 网络化简

首先对网络中节点进行分类，将其分为 M 个发电机节点、负荷节点及 S 个中间联络节点，该网络的导纳方程为

$$\begin{bmatrix} \boldsymbol{I}_{\mathrm{M}} \\ \boldsymbol{I}_{\mathrm{L}} \end{bmatrix} = \begin{bmatrix} \boldsymbol{Y}_{\mathrm{MM}} & \boldsymbol{Y}_{\mathrm{ML}} \\ \boldsymbol{Y}_{\mathrm{LM}} & \boldsymbol{Y}_{\mathrm{LL}} \end{bmatrix} \begin{bmatrix} \boldsymbol{U}_{\mathrm{M}} \\ \boldsymbol{U}_{\mathrm{L}} \end{bmatrix} \tag{2-13}$$

式中，$\boldsymbol{I}_{\mathrm{M}}$、$\boldsymbol{U}_{\mathrm{M}}$ 为发电机节点和负荷节点的注入电流和电压 M 维列向量，$\boldsymbol{I}_{\mathrm{L}}$、$\boldsymbol{U}_{\mathrm{L}}$ 为联络节点注入电流和电压 S 维列向量，$\boldsymbol{Y}_{\mathrm{MM}}$、$\boldsymbol{Y}_{\mathrm{ML}}$、$\boldsymbol{Y}_{\mathrm{LM}}$、$\boldsymbol{Y}_{\mathrm{LL}}$ 为系统导纳矩阵的分块矩阵。

因为联络节点注入电流 $\boldsymbol{I}_{\mathrm{L}}=\boldsymbol{0}$，代入式（2-13）得

$$\boldsymbol{I}_{\mathrm{M}} = (\boldsymbol{Y}_{\mathrm{MM}} - \boldsymbol{Y}_{\mathrm{ML}} \cdot \boldsymbol{Y}_{\mathrm{LL}}^{-1} \cdot \boldsymbol{Y}_{\mathrm{LM}}) \cdot \boldsymbol{U}_{\mathrm{M}} \tag{2-14}$$

这样，通过矩阵降阶得到了不含联络节点的 $M \times M$ 阶网络导纳矩阵。

2.2.4　直流调制参与调频后的系统数学模型

直流输电线的换流站采用定功率控制和定电压控制时，直流输电线并不具备功频特性，无法参与系统调频。为了改善送端的功频特性，常在定有功控制外环附加直流频率控制器，实现直流输电参与调频。参考文献[46，47]中直流输电工程采用的直流附加频率控制器模型如图 2-2 所示，图中 T_f 为一阶惯性环节时间常数，忽略积分环节，K_P 为增益比例系数，ΔP_{mod} 为调制功率。

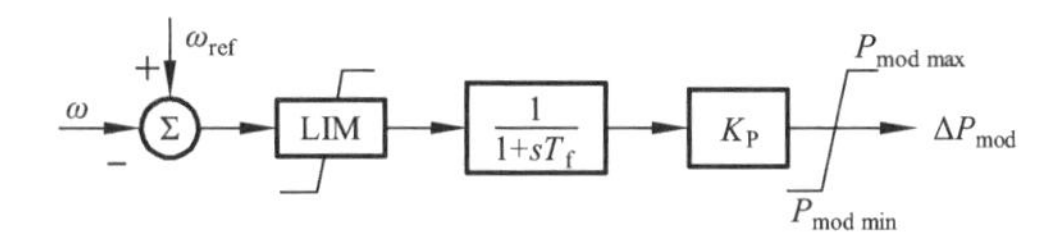

图 2-2　直流附加频率控制器简化模型

通过直流频率控制器的注入有功对频率响应为一阶惯性环节，即

$$\Delta \boldsymbol{P}_{mod}(s) = \boldsymbol{Z}_D(s) \cdot \Delta \boldsymbol{\omega}'(s) \tag{2-15}$$

式中，$\boldsymbol{Z}_D(s) = \mathbf{diag}\left\{\dfrac{K_{Pi}}{1+sT_{fi}}\right\}, (i = N+1, \cdots, M)$。

若第 i 个节点母线并没有连接直流输电线，则 $Z_{Di}(s)=0$。当送端发生负荷扰动 $\Delta \boldsymbol{P}_L$ 导致节点频率发生波动，送端换流站母线处通过直流调制注入的功率可以视为负反馈，综合式（2-12）和式（2-15），最终得到在考虑直流频率控制情况下的节点频率响应矩阵为

$$\Delta \boldsymbol{\omega}'(s) = [\boldsymbol{I} + \boldsymbol{Z}_L(s) \cdot \boldsymbol{Z}_D(s)]^{-1} \cdot \boldsymbol{Z}_L(s) \cdot \Delta \boldsymbol{P}_L(s) \tag{2-16}$$

2.2.5　负荷节点频率的阶跃响应及极点分布

参考 4 机 2 区域系统中的发电机及其调速器和线路参数[36,48]，形成 2 区域异步联网模型如图 2-3 所示。

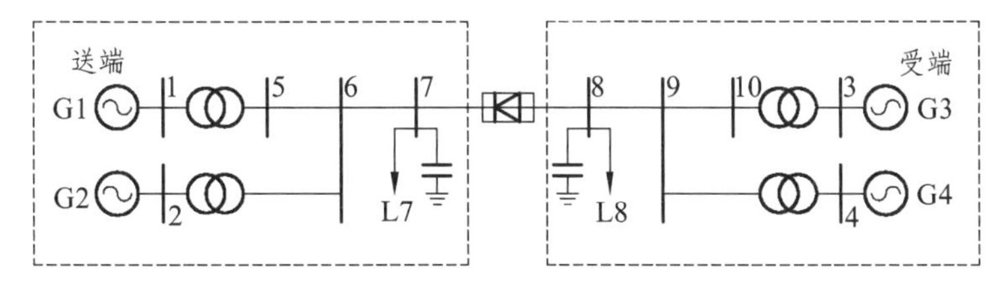

图 2-3　改造的 4 机 2 区域异步联网模型

设置阶跃负荷扰动，由式（2-14）和式（2-16）得到送端系统在有、无直流调制参与调频时的阶跃响应如图 2-4 所示，有、无直流调制参与调频时系统的极点分布如图 2-5 所示。

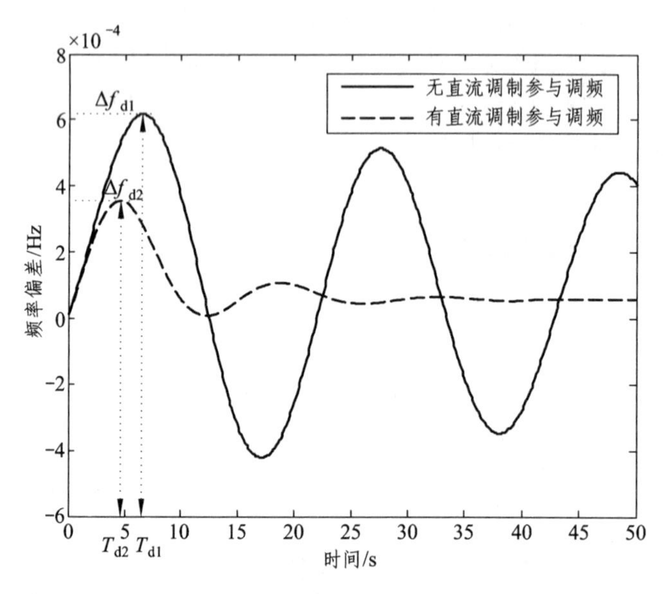

图 2-4　系统频率阶跃响应

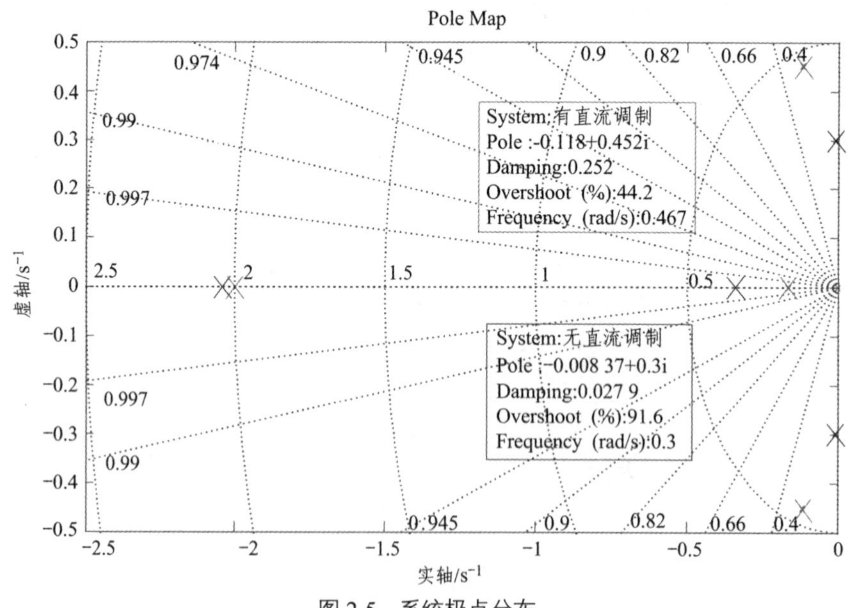

图 2-5　系统极点分布

文献[38, 49]指出送端弱电网超低频振荡的形成与水轮机水锤效应有密不可分的

关系。为了突出对比直流调制参与调频前后系统变化，这里将式（2-14）及（2-16）中水锤效应时间常数设置为 $T_{\omega}=3\,\mathrm{s}$，比云南电网中典型值稍微偏大。

图 2-4 中，直流调制参与调频后能有效抑制频率振荡问题且频率峰值及超调量明显降低。图 2-5 的极点分布图中，有直流调制参与后对应的衰减振荡的极点阻尼由 0.028 增加到 0.252，超调量由 91.6%降至 44.2%，反映出直流调制的加入为系统衰减振荡过程提供了更多的正阻尼，减轻了水轮机调速器的水锤效应对系统的负阻尼作用，从而有效减小了超低频振荡现象，同时也减少了频率的超调量。

本节通过线性化方法对电力系统进行数学建模，引入了直流线的功率调制模型，得到送端电网在异步联网条件下的频率响应解析式，并在解析式基础上得到引入直流调制前后的对比分析。通过对比得到直流调制参与调频后有效抑制频率振荡问题且频率峰值及超调量明显降低，同时减轻了水轮调速器水锤效应的负阻尼作用的结论。

2.3　异步联网调频参数对电网频率的影响分析

确定系统的数学模型后，便可用不同的方法分析控制系统的动态性能和稳态性能。经典控制理论中，通常用时域分析法分析线性系统的性能，具有直观、准确的优点，并且可以提供系统响应的全部信息。

控制系统性能的评价分为动态性能指标和稳态性能指标两类。

2.3.1　动态过程与稳态过程

动态过程又称过渡过程或瞬态过程，指系统在典型输入信号作用下，系统输出量从初始状态到最终状态的响应过程。由于实际控制系统具有惯性、摩擦以及其他一些原因，系统输出量不可能完全复现输入量的变化。根据系统结构和参数选择情况，动态过程表现为衰减、发散或等幅振荡形式。显然一个可以实际运行的控制系统，其动态过程必须是衰减的，换句话说，系统必须是稳定的。动态过程除提供系统稳定性的信息外，还可以提供响应速度及阻尼情况等信息，这些信息可用来描述动态性能。

稳态过程指系统在典型输入信号作用下，当时间 t 趋于无穷时，系统输出量的表现方式。稳态过程又称为稳态响应，表征系统输出量最终复现输入量的程度，提供系统有关稳态误差信息，用稳态性能描述。

可见，控制系统在典型输入信号作用下的性能指标，通常由动态性能和稳态性能两部分组成。

2.3.2 动态性能与稳态性能

稳定是控制系统能够运行的首要条件，因此只有当动态过程收敛时，研究系统的动态性能才有意义。

通常在阶跃函数作用下，测定或计算系统的动态性能。一般认为，阶跃输入对系统来说是最严峻的工作状态，如果系统在阶跃函数作用下的动态性能满足要求，那么系统在其他形式的函数作用下，其动态性能也是令人满意的。

描述系统在单位阶跃函数作用下，动态过程随时间 t 的变化状况的指标，称为动态性能指标。为了便于分析和比较，假定系统在单位阶跃输入信号作用前处于静止状态，而且输出量及其各阶导数均等于零。对于大多数控制系统，这种假设是符合实际情况的。其动态性能指标通常如下：

（1）延迟时间 t_d：指响应曲线第一次达到其终值一半所需时间。

（2）上升时间 t_r：指响应从终值的 10%上升到终值的 90%所需的时间。对于有振荡的系统，也可定义为响应从零第一次上升到稳定值所需时间。上升时间越短，响应速度越快。

（3）峰值时间 t_p：指响应超过其终值到达第一个峰值所需时间。

（4）调节时间 t_s：指响应到达并保持在终值±5%内所需的最短时间。

（5）超调量 $\sigma\%$：指响应最大偏离量 $h(t_p)$ 与终值的差与终值比的百分数。

上述 5 个动态性能指标基本上可以体现系统动态过程特征。实际应用中，常用的动态性能指标多为上升时间、调节时间和超调量。通常用 $\sigma\%$评价系统的阻尼程度，用 t_r 或 t_p 评价系统的响应速度，而 t_s 是同时反映响应速度和阻尼程度的综合性指标。

稳态误差是描述系统稳态性能的一种性能指标，通常在阶跃函数、斜坡函数或加速度函数作用下进行测定或计算。若时间趋于无穷，系统的输出量不等于输入量或输入量的确定函数，则系统存在稳态误差。稳态误差是系统控制精度或抗扰动能力的一种度量。

2.3.3 二阶系统数学模型

控制工程中，不仅 2 阶系统的典型应用极为普遍，而且不少高阶系统的特性在一定条件下可用 2 阶系统的特性来表征，故将高阶系统化为标准 2 阶系统，更利于

从解析的角度对其影响进行分析。具有普遍意义的标准 2 阶系统有如下形式：

$$\Phi(s)=\frac{C(s)}{R(s)}=\frac{\omega_n^2}{s^2+2\zeta\omega_n s+\omega_n^2} \tag{2-17}$$

式中，$C(s)$ 为响应函数，$R(s)$ 为激励函数，$\omega_n=\sqrt{\frac{K}{T_m}}$ 为自然频率，$\zeta=\frac{1}{2\sqrt{T_m K}}$ 为阻尼比。

令式（2-17）的分母多项式为零，可得到 2 阶系统的特征方程为

$$s^2+2\zeta\omega_n s+\omega_n^2=0 \tag{2-18}$$

其 2 个根（闭环极点）为

$$s_{1,2}=-\zeta\omega_n\pm\omega_n\sqrt{\zeta^2-1} \tag{2-19}$$

显然，2 阶系统的时间响应取决于 ζ 和 ω_n 这两个参数，具体情况为：

（1）当阻尼比 $\zeta<0$ 时，指数因子具有正幂指数，系统动态过程为发散正弦振荡或单调发散的形式，表明 $\zeta<0$ 时 2 阶系统不稳。

（2）如果 $\zeta=0$，特征方程有一对纯虚根 $s_{1,2}=\pm \mathrm{j}\omega_n$，对应于 s 平面虚轴一对共轭极点，可以算出系统的阶跃响应为等幅振荡，此时系统相当于无阻尼状态情况。

（3）若 $0<\zeta<1$，$s_{1,2}=-\zeta\omega_n\pm \mathrm{j}\omega_n\sqrt{1-\zeta^2}$，说明特征方程有一对具有负实部的共轭复根，对应于 s 平面左半部的共轭复数极点，相应的阶跃响应为衰减振荡过程，此时为欠阻尼情况。

（4）若 $\zeta=1$，特征根具有 2 个相等负实根，$s_{1,2}=-\omega_n$，对应于 s 平面负实轴上的两个相等实极点，相应阶跃响应为非周期趋于稳态输出，此时为临界阻尼情况。

（5）如果 $\zeta>1$，则特征方程有两个不相等的负实根，$s_{1,2}=-\zeta\omega_n\pm\omega_n\sqrt{\zeta^2-1}$，对应于 s 平面负实轴两个不等实根，相应的响应也是非周期趋于稳态输出，但响应速度比临界阻尼情况缓慢，称为过阻尼状态。

2.3.4　重要的调频参数

机组侧主要考虑发电机一次调频参数如转速不等率（调频系数）和水轮机的水锤效应时间常数。

空负荷转速与满负荷转速之差与额定转速比值的百分数称为调节系统的转速不

等率（或称不均匀度，速度变动率等），以符号 δ 表示，即一般 δ 的范围为 3%～6%，常用的为 4.5%～5.5%。

水锤效应时间常数，也叫水流惯性时间常数，是指在额定工况下，表征过水管道中水流惯性的特征时间常数，在实际工程中一般取其一半 $T_{\omega}/2=0.5\sim4$ s。

直流功率调制部分选取频率极限控制器（FLC）作为研究对象，主要研究其频率死区和 PI 调节中的增益放大系数 K_P 对频率的影响。FLC 的频率死区一般配合一次调频死区进行设置，云南电网中水电机组调频死区多为±0.05 Hz，火电机组则为±0.033 Hz，因此，考虑设置 FLC 死区为±0.1～±0.2 Hz。

2.3.5 调频参数对稳态频率的影响

考虑到一次调频中水轮机调速器参数里的水锤效应时间常数对于超低频振荡的影响很大，而 FLC 中的增益系数对于频率调节起到了重要作用。因此，本节着重围绕这 2 个参数对系统的稳定性进行分析。

本节里直流调制的输入信号选取为发电机频率变化差值，建立包括送端、受端的两区域异步联网模型如图 2-6 所示，图中 M_{sys} 为区域发电机惯性总和；K_δ 为量测环节放大倍数，也是下垂系数的倒数；T_g 为调速器伺服时间常数；K_P 为直流功率调制增益放大系数；T_f 为滤波环节惯性时间常数。

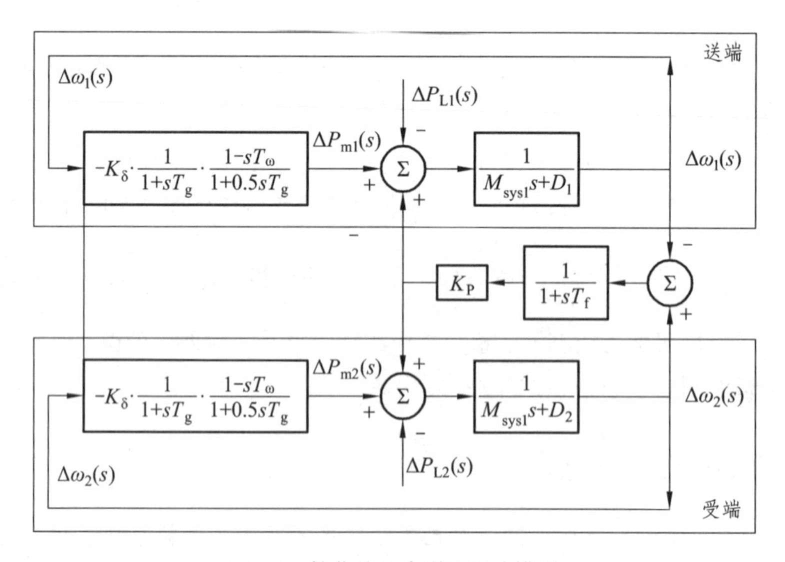

图 2-6　简化的异步联网系统模型

选取送端电网作为分析对象，为了方便分析，令阻尼系数 $D=0$，忽略二次调频

的功率调节量。将调速器伺服部分进一步简化为一阶惯性环节$1/(1+sT_{\mathrm{g}})$。考虑到直流调制惯性响应时间极短，忽略中间惯性环节，只考虑比例增益系数对于调节功率的影响。根据系统框图得到频率增量表达式为

$$\Delta\omega(s)=\frac{-\Delta P_{\mathrm{L}}(s)}{M_{\mathrm{sys}}s-G_{\mathrm{gov}}(s)+K_{\mathrm{P}}} \tag{2-20}$$

由终值定理可得式（2-20）的频率静态偏差$\Delta\omega_{\mathrm{ss}}$为

$$\Delta\omega_{\mathrm{ss}}=\frac{-\Delta P_{\mathrm{L}}}{K_{\delta}+K_{\mathrm{P}}}=\frac{-\Delta P_{\mathrm{L}}}{K_{0}} \tag{2-21}$$

式（2-21）反映出直流调制参与调频时，其比例增益参数 K_{P} 和一次调频下垂系数（$1/K_{\delta}$）共同对频率稳态偏差$\Delta\omega_{\mathrm{ss}}$造成影响，$\Delta\omega_{\mathrm{ss}}$与 K_{δ}和 K_{P}呈反比关系。

2.3.6　调频参数对频率动态的影响

调速器的传递函数中，伺服器时间常数 T_{g} 相对于水锤效应时间常数 T_{ω} 很小，即 $T_{\mathrm{g}} \ll T_{\omega}$，故传递函数主导极点为 $s_{z1}=-2/T_{\omega}$ [3]。忽略传递函数中极点 $s_{z2}=-1/T_{\mathrm{g}}$ 与零点 $s_{0}=1/T_{\omega}$ 对系统的影响，对调速器传递函数降阶后得系统开环传递函数为

$$G_{0}(s)=\frac{\Delta\omega(s)}{\Delta P_{L}(s)}=\frac{0.5K_{\mathrm{p}}T_{\omega}s+K_{0}}{0.5T_{\omega}M_{\mathrm{sys}}s^{2}+M_{\mathrm{sys}}s} \tag{2-22}$$

调速器和直流调制皆视作负反馈，得到系统闭环函数$G(s)=G_{0}(s)/(1+G_{0}(s))$，并表示为标准 2 阶形式

$$G(s)=\frac{\omega_{n}^{2}}{s^{2}+2\zeta\omega_{n}s+\omega_{n}^{2}} \tag{2-23}$$

式中，无阻尼振荡频率$\omega_{n}=\sqrt{\dfrac{2K_{0}}{T_{\omega}M_{\mathrm{sys}}}}$和阻尼比$\zeta=\dfrac{M_{\mathrm{sys}}+0.5K_{\mathrm{P}}T_{\omega}}{\sqrt{2T_{\omega}M_{\mathrm{sys}}K_{0}}}$。

对式（2-23）中得到的系统阻尼，考虑调速器量测系数（下垂系数倒数）为 5%，系统惯性时间常数取 26 s，水锤效应时间常数经验取值范围 0.5 ~ 4 s，得到如图 2-7 的系统阻尼比变化趋势。

图 2-7 中，水锤时间常数和直流功率调制增益系数过小或过大均会造成系统阻尼过大，而过阻尼响应时间长则不利于系统稳定，所以调制参数不宜均过小或过大，以接近临界阻尼为宜，此时系统响应时间快且超调量小。同时可以看出直流调制比

例系数以及水锤效应时间常数在一定范围对阻尼均是先减后增的趋势。值得注意的是，若水轮机传递函数变为汽轮机传递函数，在传递函数化简为如式（2-20）的过程中分子不会产生闭环零点，也就是说水锤效应的产生为系统增加了一个闭环零点，其存在会使峰值提前并减少系统阻尼，增加超调量。闭环零点 $s_z=-2K_0/(K_P\times T_\omega)$ 越接近 0 或者也可以是水锤时间常数越大，以上的作用越明显。当系统阻尼系数 $0<\zeta<1$ 时，频率峰值超调量只与阻尼比呈反比，即如式（2-24）所示：

$$\sigma\%=\frac{e^{-\pi\zeta}}{\sqrt{1-\zeta^2}} \tag{2-24}$$

综上所述，水锤效应通过闭环零点、极点同时对系统产生影响，其过小会导致系统过阻尼，响应过慢；过大后由于闭环零点的影响导致阻尼过低，同时自然振荡频率变低，容易发生低频振荡。直流调制在参与系统调频后通过设置合理的增益系数可提高系统阻尼，从而减小系统频率峰值。特别地，能够有效解决系统惯性小的弱电网如孤岛系统的频率稳定问题，防止高频误切机导致的进一步联锁事故发生。

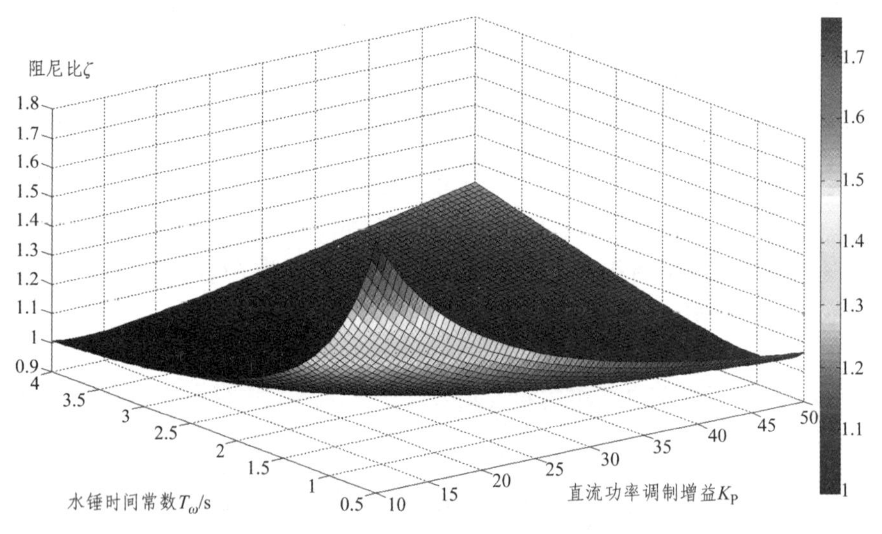

图 2-7　阻尼比随调制参数变化趋势

本节基于简化的 2 阶系统控制模型，对异步联网的送、受端系统进行了数学建模，得到了异步联网系统解析形式的动稳态响应，在此基础上利用自动控制的分析方法对异步联网下调制系数对于频率动态的影响进行了研究，得到了直流调制在参与系统调频后提高了系统阻尼，从而减小系统频率峰值，当电网遭受扰动导致频率波动时，通过本地的调速器和直流输电的功率支援共同参与调频，能够降低扰动对于频率的影响，提高频率稳定性等一系列的结论。

2.4 直流功率调制影响云南电网频率特性的仿真研究

2.4.1 仿真模型及相关数据

云南电网通过 6 回直流线路与南方电网主网连接，实现了异步联网运行，其中楚穗直流为 4 回，总输电量为 5 000 MW，鲁西直流为背靠背直流。云南异步联网概况如图 2-8 所示，各直流线路详细信息如表 2-1 所示。

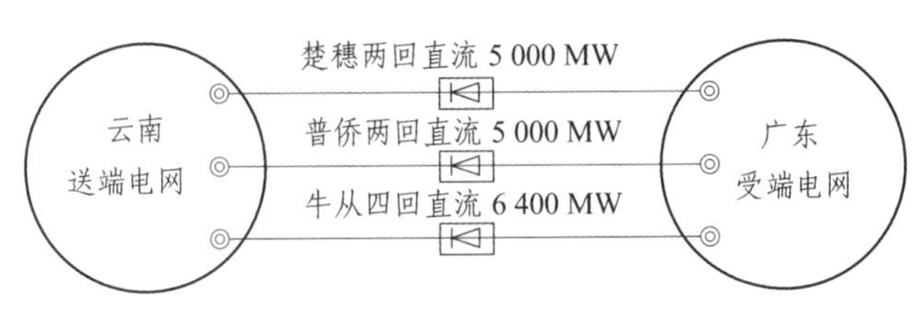

图 2-8　云广直流示意图

表 2-1　云南直流线路主要信息

相关线路	直流线路	整流侧	逆变侧	直流电压 /kV	直流输送功率 /MW
云南—广东	楚穗直流	楚雄	穗东	±800	5000
	普乔直流	普洱	贺山	±800	5000
	牛从直流	牛寨	从化	±800	6400
云南—广西	永富直流	永宁	富靖	±800	3000
	金中直流	金中	柳州	±800	3200
背靠背直流	鲁西直流	鲁西整	鲁西逆	±800	2000

本节仿真采用的是云南电网 2017 年夏大运行方式的数据，云南电网数据中发电机数目为 1 015 台，总装机容量 39.58 GW，负荷数目为 1 505 个，总负荷为 20.31 GW。

接下来通过仿真分析云南电网在不同故障情况下，整定电网中部分水轮机调速器参数对电网频率稳定性影响，分别在：① 三相短路故障；② 切机故障；③ 直流单极闭锁 3 种不同的工况下进行仿真实验。

云南电网 BPA 数据中，所选发电机组调速器模型为 GM/GM+卡模型，图 2-9 为 GM/GM+模型框图。

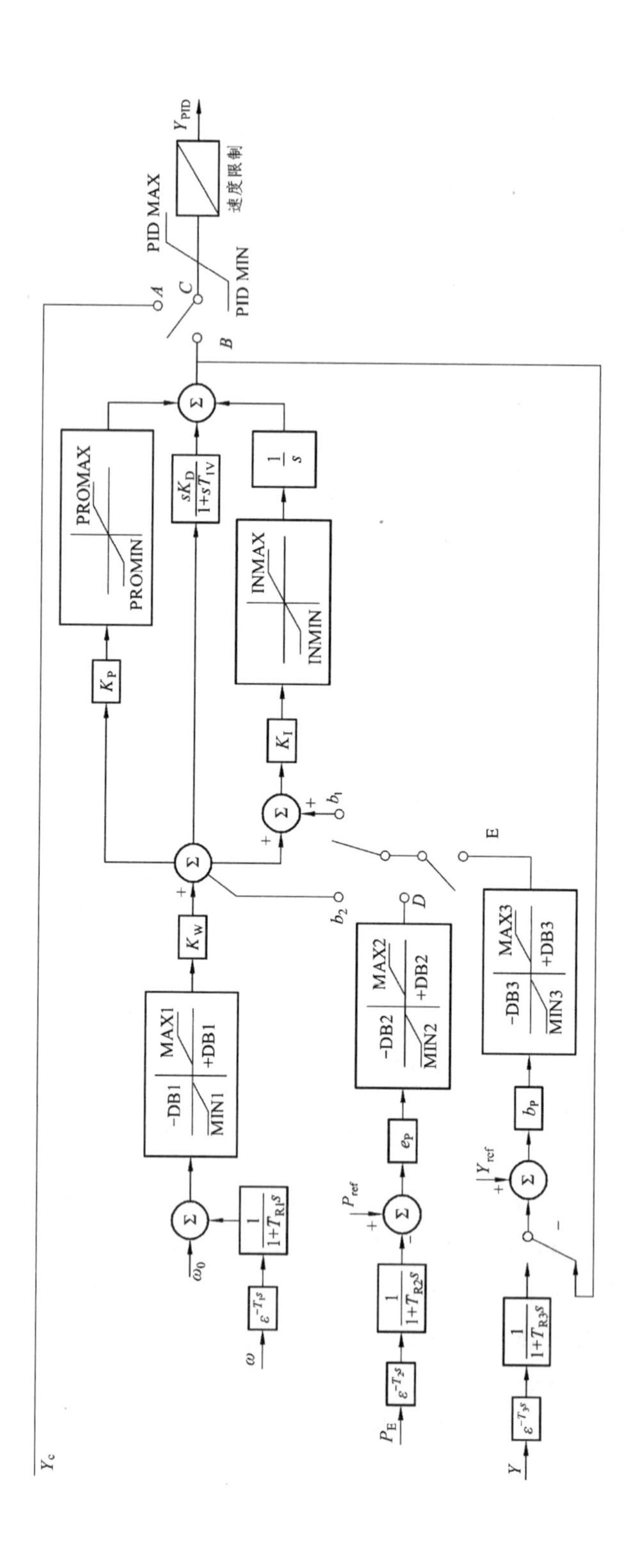

图 2-9　BPA GM/GM+模型

根据前文的理论分析和仿真结论整定水轮机调速器参数，仿真对比水轮机调速器整定前后电网频率和有功功率的动态过程。暂态仿真过程中，所有发电机采用 6 阶模型，调速系统采用 BPA 中的 PIDGOV 模型，其主要参数如表 2-2 所示，传递框图结构如图 2-10 所示。

表 2-2　PIDGOV 模型中主要参数

模型参数	取值	模型参数	取值	模型参数	取值	模型参数	取值
R_{perm}	0.059	T_a	0.1	G_2	0.592	V_{elmin}	−0.062
K_p	1.400	T_b	0.05	P_1	0.500	G_{max}	1.0
K_i	0.501	D_{turb}	0	P_2	0.750	G_{min}	0.0
K_d	0.0	G_0	0.154	P_3	1.059	A_{tw}	1.0
T_w	1.88	G_1	0.400	Vel_{max}	0.062		

图 2-11 为附加频率控制器，通常设置在直流输电线调节器外环作为附加控制，属于小信号调制，图中由左至右分别为整流侧和逆变侧的频率差（调制输入信号）、滤波环节、死区、惯性环节，输出信号为直流线调制功率，T_{l1}、T_{l2} 为滤波环节时间常数，T_{f1}、T_{f2} 为一阶惯性环节时间常数，K_{P1}、K_{P2} 为增益比例系数，ΔP_{mod} 为调制功率 FLC 也属于附加频率控制的范畴，通过两个闭环控制直流调制功率以保持频率稳定。当频差超过死区后直流调制功率可以描述如式（2-25），反向死区同理。

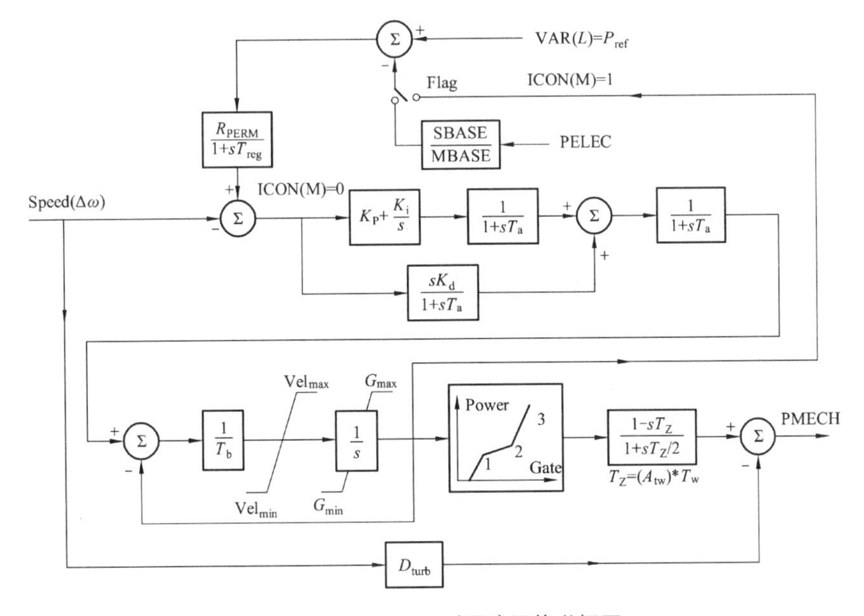

图 2-10　PIDGOV 型调速器传递框图

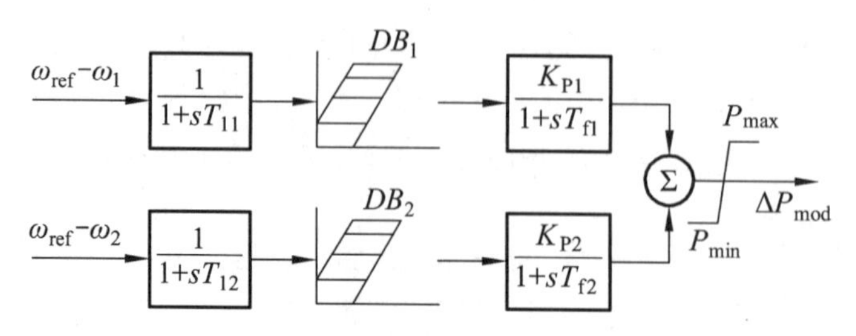

图 2-11　直流频率控制环节

$$
\left.\begin{aligned}
&\frac{\mathrm{d}x_1}{\mathrm{d}t}=K_I(\Delta f-f_H), && 0<x_1<x_{1,max}\\
&\Delta P_1=K_P(\Delta f-f_H)+x_1, && 0<\Delta P_1<\Delta P_{max}\\
&P_L=P_{ref}+\Delta P_1
\end{aligned}\right\} \tag{2-25}
$$

图 2-12 为云南电网中使用的反向频差复归型 FLC 模型，通常设置在直流输电线调节器外环作为附加控制，属于小信号调制。图中 $\Delta f=f-f_{ref}$ 为系统频差，f_H 为频率死区，K_P 和 K_I 为比例和积分环节系数，P_{max} 和 P_{min} 为直流功率调制上下限，P_{ref} 为直流功率输出参考值，x_1 为系统状态量。若频差处于 FLC 死区内，由于 x_1、x_2、ΔP_{max}、ΔP_{min} 的限幅效果，输出保持 $\Delta P_L=\Delta P_{ref}$ 不变。

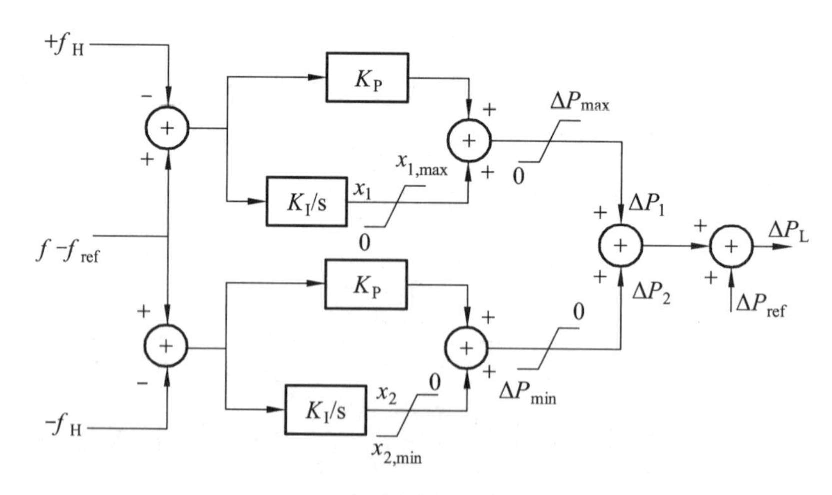

图 2-12　反向频差复归型 FLC 模型

2.4.2　仿真过程及分析

1）增益比例系数对频率的影响

上节在简化线性模型的基础上分析了直流频率控制环节中的增益比例系数对于频率特性的影响。本节中，直流线整流侧和逆变侧常规控制选取为定功率控制。设在 $t = 0.2$ s 楚穗直流线负极发生单极闭锁，损失 2 500 MW 直流线输送功率，在楚穗直流 FLC 中分别设置 5 套方案，如表 2-3 所示。

表 2-3　直流附加频率控制参数

方案	方案 1	方案 2	方案 3	方案 4	方案 5
FLC 参与情况	无 FLC 参与	一回直流线	两回直流线	两回直流线	两回直流线
比例系数 K_p	—	30	30	60	90

设置 FLC 频率控制器时均考虑云南电网实际情况，即只在云南送端侧设置频率控制器，受端广东侧均不设置 FLC。在同样直流闭锁条件下，得到云南端楚雄换流站节点频率如图 2-13 所示。

不同方案所得送端换流站处频率峰值及到达时间、超调量、稳态值和调节时间（频率响应到达并保持在终值±5%内所需最短时间）如表 2-4 所示。

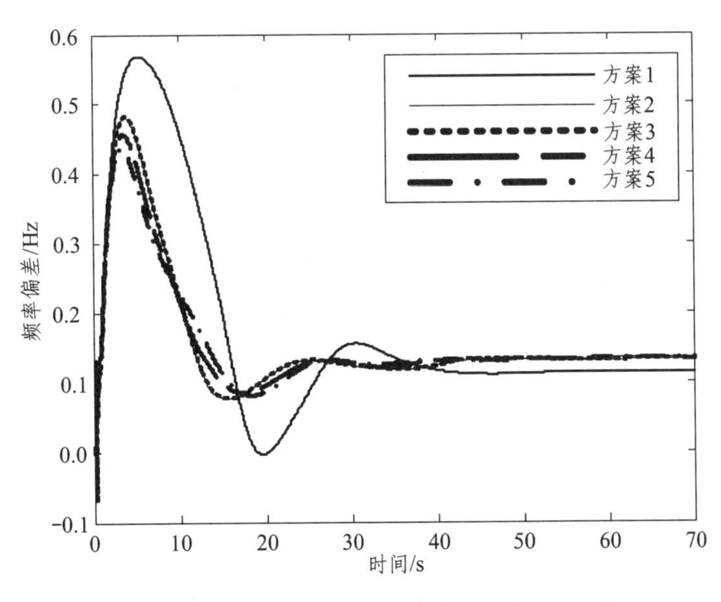

图 2-13　楚雄换流站节点处频率变化量（不同 K_P）

表 2-4 不同方案的频率特征值

方案	频率峰值/Hz	峰值时间/s	频率终值/Hz	超调量/Hz	调节时间/s
方案 1	50.568	5.19	50.113	0.455	39.03
方案 2	50.482	3.76	50.132	0.349	41.14
方案 3	50.482	3.76	50.132	0.349	41.14
方案 4	50.457	3.57	50.133	0.324	37.62
方案 5	50.437	3.42	50.134	0.302	36.04

图 2-13 中，在无 FLC 参与调频下的频率响应相较于 FLC 参与调频波动大、峰值高出 15%～25%。表 2-4 反映出 FLC 调频对于频率稳态偏差也造成影响，频率超调量随比例放大系数增大而减小，同时频率稳定的调节时间也随之减少。

图 2-14 反映了双回直流 FLC 参与调频后直流线的输送功率。无 FLC 参与调频情况下，单极闭锁后直流线功率不变，仅通过发电机一次调频对发电机出力进行调整，FLC 参与调频后，通过闭环控制使直流线随频率调整传输功率配合发电机出力调节，从而能够更快地达到频率稳定。且随着放大系数的增大，频率调节时间减小，相应地在直流传输功率上也有所体现。

通过仿真分析发现：

（1）上文提出的直流调制比例系数对于频率的影响表现在，测量放大系数在一定范围内增大，为系统提供的阻尼有助于频率稳定和减小送端频率波动。

（2）随着直流控制中比例系数的增大，系统遭受扰动后频率波动峰值相应减小 15%～23%，并且峰值时间提前，频率超调量减少 0.1～0.15 Hz。配合稳控切机减小了直流闭锁下送端由于频率过高造成的隐患，提高了系统的安全稳定性，同时直流调制的参与调频也对频率稳态值造成了影响，通过仿真发现系统的频率静态偏差在直流调制参与调频后普遍提高。

（3）FLC 参与调频后，稳定调节时间随着放大系数的增大而缩短，但比例系数较小时调节时间过长。考虑到频率峰值不能过高，波动较小且稳定调节时间短，优先考虑 FLC 加入调频的方案 5（见表 2-3）。

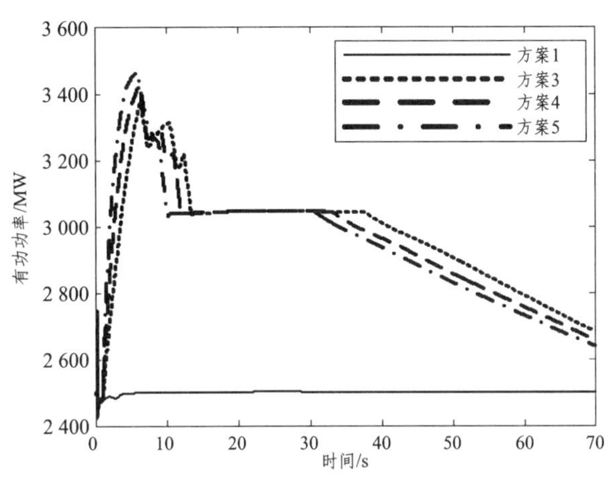

图 2-14　楚雄换流站节点处有功功率（不同 K_P）

2）死区设置对频率的影响

上文分析中简化忽略了非线性环节，故关于 FLC 死区对于频率的影响未做出明确分析。异步联网条件下，根据直流调制和一次调频配合原则，FLC 死区大于发电机一次调频死区。云南电网中水电机组调频死区多为±0.05 Hz，火电机组则为±0.033 Hz，因此，考虑设置 FLC 死区为±0.1 ~ ±0.2 Hz。在同样楚穗直流线单极闭锁故障下，设置双回直流线动作死区分别为±0.1 Hz、±0.15 Hz 和±0.2 Hz，得到楚雄换流站端的频率如图 2-15 所示，图中当系统遭受扰动后，死区大小实际对于频率峰值和频率静态偏差均会造成影响。图 2-16 反映了 FLC 死区不同时直流输电线上的输送功率变化曲线。

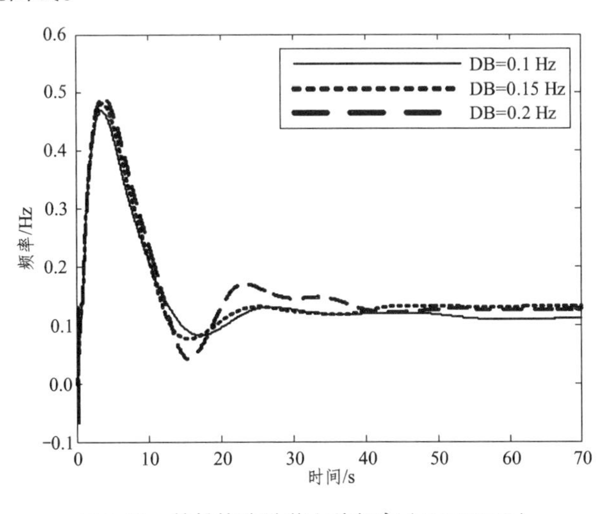

图 2-15　楚雄换流站节点处频率（不同死区）

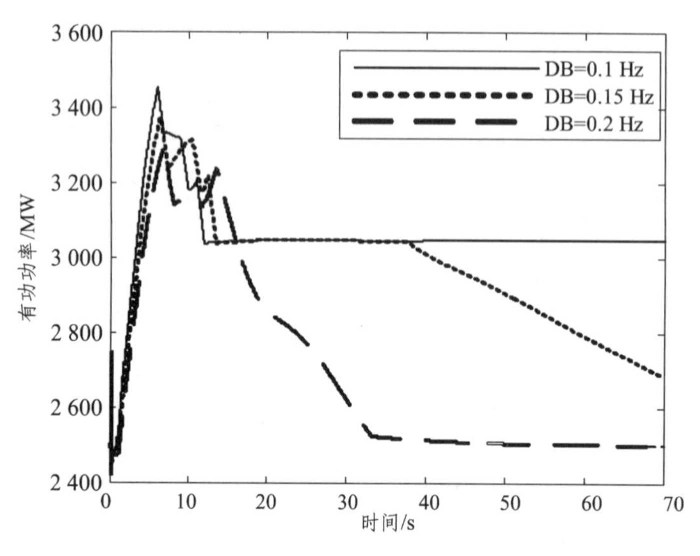

图 2-16　楚雄换流站节点处有功功率（不同死区）

图 2-16 中，随着死区加大，FLC 的复归时间（图中水平直线段）越来越小。其实质是由于 FLC 具有快速调节性，随着频率变化能够迅速改变功率调节量，并将频率偏差限制在 FLC 死区附近。在复归过程中，调速器参与调频后会优先将发电机出力用于释放 FLC 调节功率，其中一次调频调节量 $\Delta P_{\mathrm{M}} = \Delta f / K_{\delta}$ 将受限于系统频率偏差。可以看出，当 FLC 死区较小时，一次调频调节量受限无法释放 FLC 功率调节量，因此 FLC 的复归阶段越长，这也就意味着直流线处于过负荷阶段时间过长，这对于设备是不利的。

由于 FLC 的死区决定了调速器参与调频后的有效容量，其过小将导致一次调频的作用受限。当 FLC 死区超过±0.15 Hz，虽然能够极大减少复归时间，但可能造成换流站频率及电压波动过大危及直流线安全运行，同时不利于 FLC 及时参与调频控制频率，因此 FLC 死区设置在±0.15 Hz 附近为好。

2.5　本章小结

本章首先通过直流潮流法分析了异步联网送端系统在遭受负荷扰动后的节点频率响应的解析式。然后在简化模型基础上分析了系统的静态频率偏差、阻尼比、超调量等频率特性的特征量。最后通过解析式分析和仿真验证，得出直流调制在参与调频后对系统频率特性有如下影响的结论：

（1）直流调制参与调频后，送受端的阻尼增加，有助于系统的频率稳定，减轻频率振荡问题，稳定调节时间可缩短 2～3 s，但稳态值受其影响。扰动后的频率峰值会随着直流调制中比例放大系数的增加而降低，且对比无 FLC 参与调频峰值降低 15%～25%，能有效防止送端（特别是惯性较小的孤岛系统）频率过高引发的高周切机，从而引发进一步联锁反应。

（2）FLC 死区对于频率峰值影响并不大，但 FLC 死区设置过大会导致波动过大，稳定调节时间变长，设置过小 FLC 动作次数过多，过负荷时间长，不利于安全稳定运行。综合考虑联网（非孤岛）条件下，建议 FLC 死区设置为±0.15 Hz 左右最佳。

第 3 章

异步联网条件下多机系统 PSS 参数优化研究

3.1 引 言

异步联网后的云南电网动态稳定性问题突出，考虑到云南电网水轮机组众多的特点，为了在抑制低频振荡的同时抑制“无功反调”现象，选用 PSS2B 稳定器进行参数优化整定。针对灰狼算法后期收敛速度慢的缺点，引入动态权重策略，平衡全局搜索和局部搜索能力，提高寻优精度。首先，利用二阶导数法（SDM）和 Prony 相结合的方法对振荡信号进行机电模式辨识。然后，通过改进灰狼优化（GWO）算法迭代寻优最佳 PSS 参数。最后，搭建云南电网部分地区电网，通过 2 种运行方式下的时域仿真校验，验证了优化 PSS2B 参数能够有效地提高系统对振荡的阻尼，具有一定的健壮性和适用性。

本章阐述了低频振荡的定义、产生机理及其对电力系统的影响及危害，云南电网异步联网后的一些稳定性问题，以及电力系统稳定器抑制低频振荡的主要原理，分析了相关文献中关于全局优化 PSS 参数的优缺点，提出了将 SDM-Prony 和 GWO 算法相结合用于 PSS 参数全局寻优的新方法。最后通过基于云南电网局部地区电网的 4 机 2 区域系统，验证了本章方法的正确性与适用性。

3.2 PSS 抑制低频振荡的机理分析

由于单机无穷大系统线性化模型较为简单，且负阻尼机理物理概念明确，有助于理解低频振荡的产生原因，因此，单机无穷大的 Philips-Heffron 线性化模型不仅是研究电力系统动态稳定性的基础，还是多机系统线性化模型建立的基础[50]。单机无穷大系统的 Philips-Heffron 模型是讨论电力系统稳定性的主要依据，如图 3-1 所示。

PSS 通过附加信号叠加至励磁电压以对发电机转子振荡提供阻尼，改善电力系统稳定性。因此，PSS 需产生一个与转速偏差同相的转矩分量，用于抵消由励磁系

统产生的负阻尼转矩以抑制振荡。PSS 的输入信号可利用机械功率增量 P_m、转速偏差 ω 、频率偏差 f、电磁功率 P_e 及它们的组合。由于需要调整相位，一般 PSS 都有相位补偿环节。PSS 结构框图如图 3-2 所示。

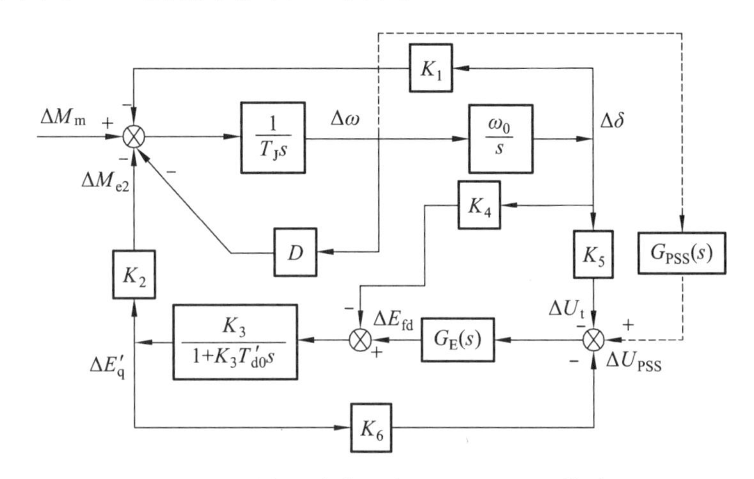

图 3-1　单机无穷大系统 Philips-Heffron 模型

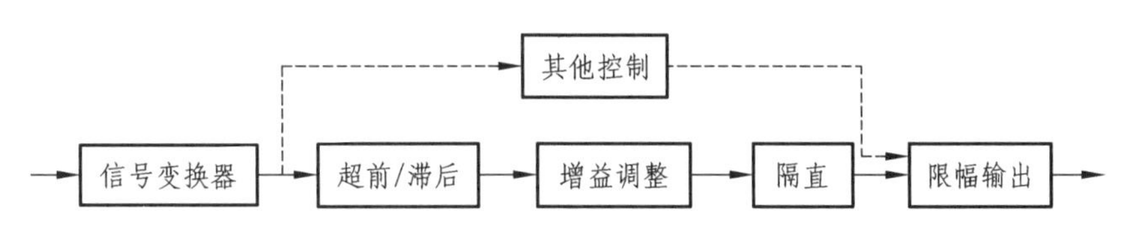

图 3-2　PSS 结构框图

远距离重负荷的电力系统中，电压调节器会产生落后 $\Delta\delta$ 相角为 ϕ_x 的附加转矩 ΔM_{e2}，如图 3-3 所示。若利用 PSS 产生与 $\Delta\omega$ 同相位的正阻尼转矩 ΔM_P 与之进行矢量叠加，可形成位于第 1 象限的合成转矩 ΔM_e，此合成转矩的阻尼转矩分量与同步转矩分量都为正值。ΔM_P 是由电压调节器参考点附加信号 ΔU_{PSS} 引入的，由如图 3-1 可知，附加信号 ΔU_{PSS} 与 $-\Delta U_t$ 为同一个输入点，因此为产生正阻尼转矩 ΔM_P，ΔU_{PSS} 需超前 $\Delta\omega$ 相角 ϕ_x ，以抵消励磁系统的滞后。

假设 PSS 输入信号为 $\Delta\omega$ ，传递函数为 $G_{PSS}(s)$，根据图 3-1，由 PSS 引入的附加转矩为

$$\Delta M_P = \frac{K_2 K_3 G_E G_{PSS}}{1 + K_3 T'_{d0} s + K_6 K_3 G_E} \Delta\omega = G_X G_{PSS} \Delta\omega \tag{3-1}$$

只需 G_X 与 G_{PSS} 提供的相角在振荡频率上相消，就可以使 PSS 提供的附加阻尼

转矩 ΔM_P 与 $\Delta\omega$ 同相位，进而根据矢量叠加，使合成转矩具有正阻尼。

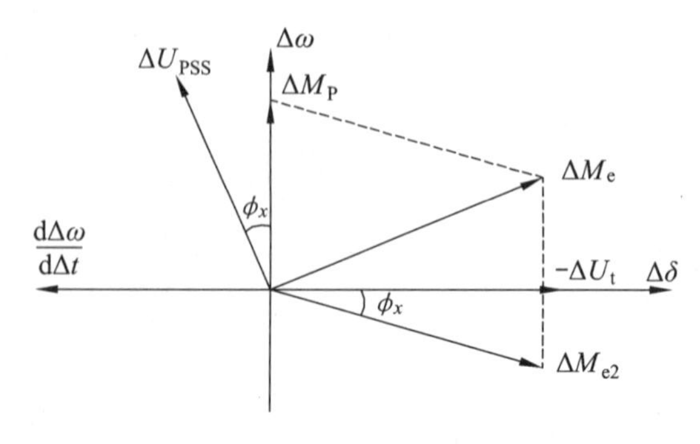

图 3-3　阻尼转矩相量图

3.3　SDM-Prony 算法辨识及灰狼优化算法

目前，基于广域测量系统（PMU）的信号分析法，为从低频振荡中提取模态信息提供了可能。Prony 作为一种常见的模态辨识方法，被广泛地用来分析低频振荡特性。文献[51]提出了一种利用 SDM 确定 Prony 阶数的新思路，该方法受外界噪声影响小，能在短时间内准确辨识模态信息，适应性较强。

灰狼优化（Grey Wolf Optimization，GWO）算法是 Mirjalili 于 2014 年提出的一种新型群体智能优化算法[52]。该算法参数较少且易于选取、收敛速度快，被广泛地应用在传感器训练、车间管理、求解条件约束问题等许多方面。但在处理非线性高维函数优化问题时，易陷入局部最优解，同时在迭代后期随着种群的多样性减少，寻优效率下降。

3.3.1　SDM-Prony 算法

Prony 算法能对 WAMS 提供的现场实测数据进行低频振荡模态分析，通过采样数据估算出振荡信号的幅值、相位、频率、衰减因子[2]。Prony 算法是用复指数函数的线性组合来模拟等间距采样数据，则输入 $x(0)$，$x(1)$，…，$x(N-1)$ 的估计值可表示为

$$\tilde{x}(k)=\sum_{m=1}^{p}A_m \mathrm{e}^{\mathrm{j}\theta_m}\mathrm{e}^{(\alpha_m+\mathrm{j}2\pi f_m)^{\Delta t}},\quad (k=0,\cdots,N-1) \tag{3-2}$$

式中，P 为拟合阶数，f_m 为频率，α_m 为衰减因子，A_m 为幅值，m 为初相位，Δt 为时间间隔，N 为采样点数。

SDM-Prony 方法需要的样本函数定义如下：

$$r(i,j)=\sum_{k=P_e}^{N-1}x(k-j)x^*(k-i) \tag{3-3}$$

式中，P_e 为初始阶数，取为[N/2]。利用计算出的 $r(i,j)$ 构造转移矩阵 $\boldsymbol{R}$ 如下：

$$\boldsymbol{R}=\begin{bmatrix} r(1,0) & r(1,1) & \cdots & r(1,P_e) \\ r(2,0) & r(2,1) & \cdots & r(2,P_e) \\ \vdots & \vdots & & \vdots \\ r(P_e,0) & r(P_e,1) & \cdots & r(P_e,P_e) \end{bmatrix} \tag{3-4}$$

由于待辨识振荡曲线的阶数是未知的，因此对阈值的选择至关重要。阶数选择过低，会丢失重要的模态信息，不能准确地拟合振荡曲线。阶数选择过高，会得到大量的冗余模态，而且从较多的模态中准确提取机电模态具有一定的难度，并且工作量大。

通过对式（3-4）进行奇异值分解，从大到小进行排序，发现有效阶数对应的奇异值都较大，且在某一点奇异值发生突变，后面的奇异值变化缓慢。因此，一般可以将临界点看作有效阶数。

本章采用 SDM 确定了转移矩阵 $\boldsymbol{R}$ 的有效秩 P，通过对从大到小排列的奇异值序列取二阶导数值，取二阶导数值为零的点所对应的位置为定阶数值，该方法无须人为设置阈值，抗噪能力强，在实际中具有一定的适用性。

3.3.2　灰狼优化算法

灰狼算法（GWO）最早是由 Mirjalili 等人于 2014 年提出的一种通过模拟灰狼的社会等级和狩猎行为的新型群体智能优化算法，通过狼群跟踪、包围、追捕、攻击等形式实现优化的目的[3]。由于该算法不考虑梯度信息、结构简单、参数设置少、全局搜索能力强，因此在工程中得到了广泛的应用。其特点为：

（1）社会等级制度。自然界中的灰狼种群按社会地位从高到低划分为 α、β、δ 和 ω 共 4 个等级[53]。为构建灰狼的等级制度模型，定义狼群的当前最优解为 α 狼，次优解为 β 狼，第 3 优解为 δ 狼，剩下的解为 ω 狼。GWO 算法中，狩猎是由 α 狼、β 狼和 δ 狼负责引导 ω 狼进行猎物的跟踪围捕，最终完成狩猎任务。

（2）狩猎行为。狼群的主要狩猎过程为：跟踪、靠近猎物，追赶、骚扰猎物；包围、攻击猎物[54]。数学模型如下：

$$\begin{cases}\vec{D}=\left|\vec{C}\cdot\vec{X}_p(t)-\vec{X}(t)\right| \\ \vec{X}(t+1)=\vec{X}_p(t)-\vec{A}\cdot\vec{D}\end{cases} \tag{3-5}$$

式中，$\vec{D}$ 为灰狼与猎物间的相对距离，t 为迭代次数，$\vec{X}$ 和 $\vec{X}_p(t)$ 为灰狼和猎物的位置向量，$\vec{A}$ 和 $\vec{C}$ 是参数向量且 $\vec{A}=2a\cdot\vec{r}_1-a$，$\vec{C}=2\cdot\vec{r}_2$，其中 a 在迭代过程中从 2 线性递减到 0，$\vec{r}_1$ 和 $\vec{r}_2$ 为[0，1]间的随机向量。

为模拟灰狼的狩猎行为，假设 α 狼、β 狼和 δ 狼对猎物的位置有更好的了解，则灰狼群体可利用这三者的位置判断猎物所在的方位。灰狼群体根据 α、β 和 δ 狼的位置信息来更新自身位置的公式为

$$\left.\begin{aligned}&\vec{D}_\alpha=|\vec{C}_1\cdot\vec{X}_\alpha(t)-\vec{X}(t)| \\ &\vec{D}_\beta=|\vec{C}_2\cdot\vec{X}_\beta(t)-\vec{X}(t)| \\ &\vec{D}_\delta=|\vec{C}_3\cdot\vec{X}_\delta(t)-\vec{X}(t)| \\ &\vec{X}_1=\vec{X}_\alpha(t)-\vec{A}_1\cdot\vec{D}_\alpha \\ &\vec{X}_2=\vec{X}_\beta(t)-\vec{A}_2\cdot\vec{D}_\beta \\ &\vec{X}_3=\vec{X}_\delta(t)-\vec{A}_3\cdot\vec{D}_\delta \\ &\vec{X}(t+1)=(\vec{X}_1+\vec{X}_2+\vec{X}_3)/3\end{aligned}\right\} \tag{3-6}$$

为了说明上述模拟公式，图 3-4 为候选解根据 α 狼、β 狼和 δ 狼的位置信息更新自身位置的原理图。候选解分布在由 α 狼、β 狼和 δ 狼定义的一个随机圆内，GWO 算法的寻优过程就是先由 α 狼、β 狼和 δ 狼对猎物的位置进行评估定位，然后群内的其余个体以此为参考并在猎物周围随机更新位置。

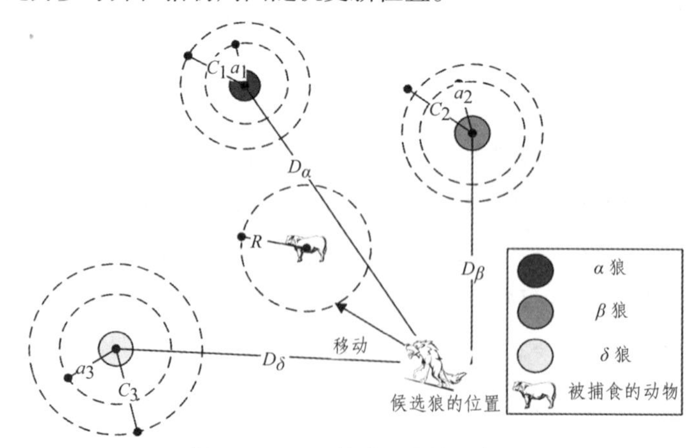

图 3-4　GWO 算法原理的示意图

3.4 SDM-Prony 与改进 GWO 相结合的 PSS2B 参数优化

全维特征值分析法（QR）具有健壮性好、收敛速度快的优点，能够求出系统所有的机电模式，给出的信息全面、丰富；但同时 QR 法也有受制于系统规模、计算量大、内存占用多等缺点，且需要后续提取与低频振荡相关的模态，工作量较大。SDM-Prony 算法通过辨识振荡曲线，能够较为准确地识别出相关低频振荡的模态信息，适应性强，对大规模电力系统安全稳定控制具有一定的实用性。

3.4.1 数学模型

当电网中发电机的机械功率发生改变时，可能会产生比较严重的无功“反调”问题。PSS2B 采用转速与电功率双输入信号合成加速功率信号作为输入，能够在抑制低频振荡的同时，解决由于水电机组快速出力变化引起无功功率反调过大的问题。具体拓扑结构如图 3-5 所示，图中 K_ω 为转速偏差放大倍数，T_r 为转速测量时间常数，T_5、T_6、T_7 为转速隔直环节时间常数，K_r、K_s 分别为功率偏差放大倍数和补偿系数，T_p 为功率测量时间常数，T、T_1、T_2 为功率隔直环节时间常数，T_9、T_{10}、T_{12} 为陷波器环节时间常数，K_p 为 PSS 比例放大倍数，$T_1 \sim T_4$、T_{13}、T_{14} 为超前/滞后补偿环节时间常数。

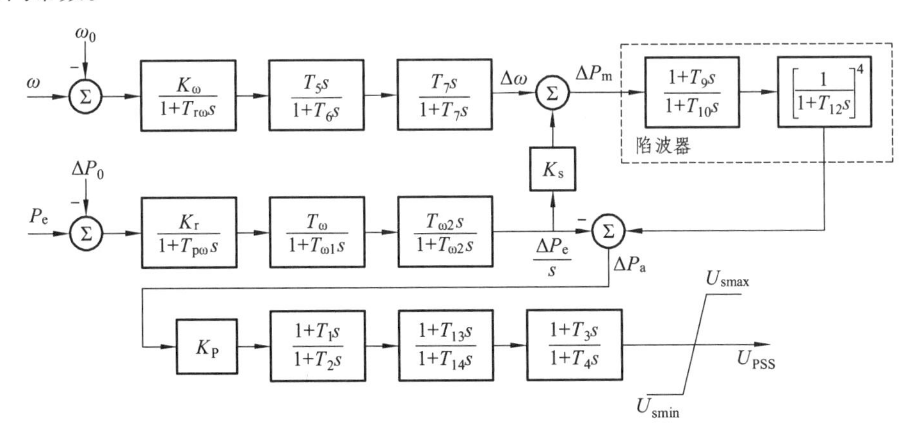

图 3-5　云南电网中的 PSS2B 模型

云南电网水电站励磁系统附加 PSS 一般采用 IEEE Std 421.5 TM—2005 规定的 PSS2B 模型。PSS2B 拥有 3 级补偿环节，且至少采用 2 级超前补偿环节，可以较好地满足 0.1 ~ 3 Hz 频率段的相位要求，具有较强的补偿灵活性。由于未考虑调速器的影响，即认为机械功率保持不变，可以将陷波器环节忽略。考虑到云南电网中大部

分隔离环节时间常数范围在 4 ~ 6 s，在此范围内的交接频率为 0.03 ~ 0.04 Hz，这远远小于本文研究低频振荡的频率范围，结合云南电网中 PSS2B 隔直环节的实际参数，将 PSS2B 做进一步简化处理，简化模型如图 3-6 所示。

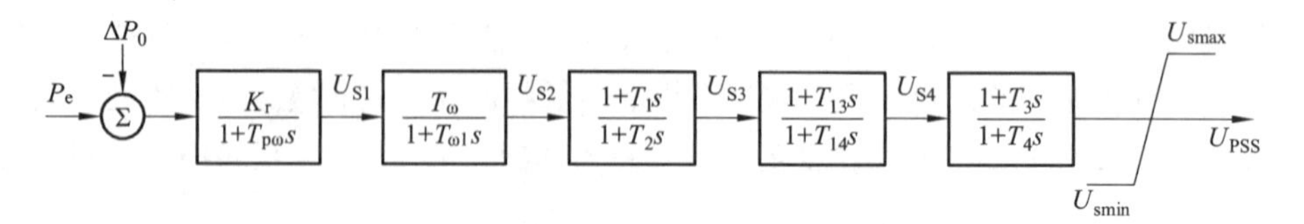

图 3-6　PSS2B 的简化模型

3.4.2　优化方法

由于灰狼算法中的 α 狼不一定是全局最优位置，在后期迭代过程中，随着 ω 狼不断地向这 3 头狼靠近，易陷入局部最优。本文引入基于步长欧式距离[58]的比例权重，通过调节权重，不断地动态调节算法的全局搜索能力和局部搜索能力，并提高寻优精度。

灰狼算法中，ω 狼集中了 α 狼、β 狼和 δ 狼的指导来更新自身位置，w_1、w_2 和 w_3 分别是 ω 狼对 α 狼、β 狼和 δ 狼的学习因子。本章采用的权重比例公式为

$$w_1=\frac{|X_1|}{|X_1|+|X_2|+|X_3|} \tag{3-7}$$

$$w_2=\frac{|X_2|}{|X_1|+|X_2|+|X_3|} \tag{3-8}$$

$$w_3=\frac{|X_3|}{|X_1|+|X_2|+|X_3|} \tag{3-9}$$

ω 狼更新自身位置的最终公式为

$$\vec{X}(t+1)=w_1\vec{X}_1+w_2\vec{X}_2+w_3\vec{X}_3 \tag{3-10}$$

另外，阻尼不足或为负是引起电力系统低频振荡的主要原因，低频振荡阻尼比可表示为

$$\zeta_i=-\frac{\xi_i}{\sqrt{\xi_i^2+\omega_i^2}} \tag{3-11}$$

式中，ξ_i 反映衰减性能，ω_i 反映振荡频率。

当 $\zeta_i>0$ 时为增幅振荡，系统失稳；当 $\zeta_i<0$ 时为减幅振荡，系统稳定；当 $\zeta_i=0$

时表明系统处于临界稳定状态。当 $\zeta_i \geqslant 0.1$ 时，系统阻尼较大；当 $\zeta_i \leqslant 0.03$ 时，阻尼较小；当 $\zeta_i < 0$ 时，阻尼变负，系统失稳。

加装 PSS2B 后，整个闭环系统状态矩阵的特征根在复平面的位置决定了系统在稳态运行点的稳定情况。随着迭代的不断进行，机电模式特征根不断往左复半平面移动，并尽可能远离虚轴，使得机电模式阻尼比优化到规定要求。为了提高系统对振荡的阻尼以及优化参数的有效性和健壮性，引入了基于阻尼系数的目标函数 f_1 为

$$f_1 = \sum_{i=1}^{n}\sum_{j}^{m}\left|\zeta_{i,j} - \zeta_0\right| \quad (i = 1,\ 2,\ \cdots,\ n) \tag{3-12}$$

式中，ζ_0 为阈值，按照阻尼比要求，设置为 0.2；$\zeta_{i,j}$ 为第 i 个运行方式下第 j 个机电模式的阻尼比，此处只考虑优化过程中阻尼比低于 0.2 的机电模式，m 为机电模式的数目，n 为运行方式的个数。

PSS 参数优化问题是一个非线性带约束的特征值优化问题，具体表示为

$$\left.\begin{array}{l} \min f_1 \\ \text{st.}\quad 0.1 \leqslant T_i \leqslant 5 \end{array}\right\} \tag{3-13}$$

式中，T_i 为补偿环节时间常数，且 i =1 ~ 4、13、14，详见图 3-5。

基于 SDM-Prony 和改进 GWO 算法协调优化 PSS2B 参数的流程如图 3-7 所示，具体步骤描述如下：

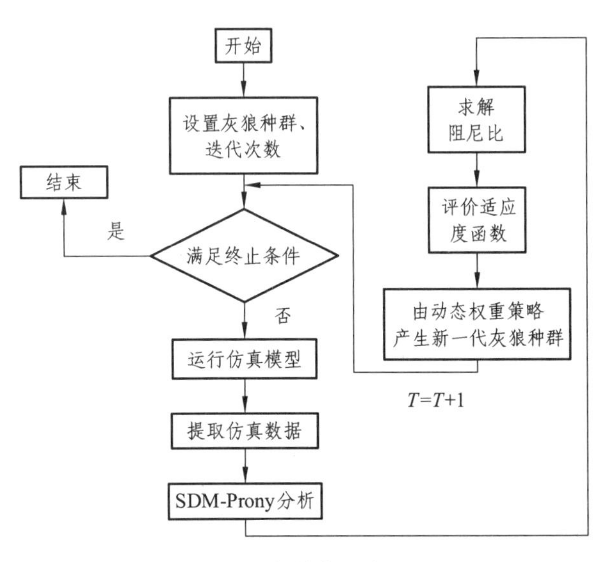

图 3-7　参数优化流程图

（1）种群初始化。设置灰狼种群为 50，迭代次数为 200，初始化确定每个灰狼

个体位置，确定 α 狼、β 狼和 δ 狼。

（2）利用 SDM-Prony 辨识低频振荡模式，求出阻尼比，并评价适应度函数值。

（3）通过引入动态权重策略以及根据式（3-10），确定下一代灰狼种群。

（4）依据式（3-12）确定新一代的 α 狼、β 狼和 δ 狼。

（5）检查算法是否满足最大迭代次数或者所有种群均已收敛，若条件满足则终止迭代，否则返回步骤（2）。

3.5 基于云南局部电网数据和模型的仿真验证

为了表明参数优化后的 PSS2B 能够较好地抑制低频振荡，这里选取了云南电网部分地区电网进行仿真校验，进一步验证优化方法的正确性与适用性。

3.5.1 模型及相关数据

以云南电网地区部分电网为例，具体拓扑结构如图 3-8 所示。苏家河水电站、松山河水电站、昌宁水电站以及苏屯地区水电站等值部分构成了类似 4 机 2 区域的仿真系统，苏家河、松山河、昌宁和苏屯地区水电站中机组的额定容量分别为 65.9 MVA、65.9 MVA、82.4 MVA 和 117.7 MVA。对应图中的 G1 ~ G4 采用 E_q' 变化的 3 阶实用模型，且均配置可控硅励磁调节器的 1 型励磁系统，负荷采用恒阻抗模型。

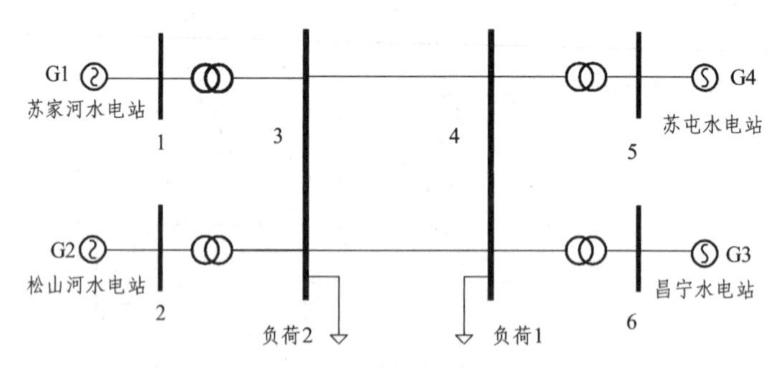

图 3-8　云南电网地区部分电网示意图

3.5.2 仿真过程及分析

为了验证参数优化后的 PSS2B 在多种运行方式下抑制低频振荡的有效性与健壮性，本节采用 3 种典型运行方式：

方式 1：选取一种较为严重的运行状态：区域 1 向区域 2 输送有功功率，重负荷方式运行（简称重负荷）；

方式 2：为断开区域 3 与 4 之间一条联络线运行，同时系统在 $t = 1.1$ s 时发生三相接地短路故障，$t = 1.2$ s 时切除故障；

方式 3：为轻负荷方式运行（简称轻负荷）。

考虑到云南电网异步联网条件下经常发生直流闭锁故障，导致有功过剩，进而引起系统频率上升，这时切机能很好地稳定系统频率，故采用下列方法进行仿真：

（1）基于方式 1 进行多机 PSS 参数协调优化；

（2）基于方式 2 和方式 3 进行动态时域仿真校验；

（3）基于方式 3 设置切机动作，将发电机 G1 切除 50%，起始时间为 1 s，结束时间为 1.5 s。

仿真过程中的激励为在发电机 G1 ~ G4 的励磁电压处设置 5%的方波阶跃扰动，开始时间 $t = 2$ s，持续时间 0.5 s，利用 SDM-Prony 对输出的 G1 ~ G4 的电磁功率曲线进行辨识，进而求得低频振荡的模态。

4 机 2 区域系统存在 3 个低频振荡模式，本地模式的机电扰动渗透到另一区域后，幅值发生了衰减，对 G1 和 G2 功率曲线进行辨识，只能得到区域 1 的本地模式以及区间模式，同理适应于 G3 与 G4。因此，本节在不同的区域选取了 G2 与 G3 的输出有功功率曲线进行模态辨识，得到不加 PSS2B 时系统在重载方式下的机电模态信息，具体如表 3-1 所示。

表 3-1　不加 PSS 时系统的振荡频率与阻尼比

类　别	模式 1	模式 2	模式 3
角频率/rad · s^{-1}	0.54	0.95	0.99
频率/Hz	0.085 9	0.151 2	0.157 6
阻尼比	− 0.016	0.094	0.097

由表 3-1 可以看出，模式 2 和模式 3 频率较高，为本地模式；模式 1 频率较低，为区间模式。不加 PSS2B 时，方式 1 下的机电模态存在弱阻尼与负阻尼，模式 1 的阻尼系数为-0.016，说明模式 1 为主导低频振荡模式，此时若系统受到外界扰动，会引起增幅振荡，表征系统在方式 1 下是小干扰不稳定的。为了抑制低频振荡，提高系统的稳定裕度，本节在 G2 和 G3 上安装 PSS2B，每个 PSS2B 有 $T_1 \sim T_4$、T_{13}、T_{14} 等 6 个参数，总共 12 个待优化参数。优化后的参数如表 3-2 所示。从表 3-2 可以看出，PSS2B 优化参数均符合各自上下限要求，加入参数优化的 PSS2B 后，系统的机

电模式振荡频率与阻尼系数如表 3-3 所示。

表 3-2　PSS2B 优化参数　　　　单位：s

机　组	T_1	T_2	T_3	T_4	T_{13}	T_{14}
G2	0.5	0.12	0.5	0.14	0.23	0.1
G3	0.5	0.36	0.5	0.28	2.1	0.34

表 3-3　加 PSS 时系统的振荡频率与阻尼比

类　别	模式 1	模式 2	模式 3
角频率/rad · s^{-1}	0.32	1.46	1.49
频率/Hz	0.050 9	0.232 4	0.237 1
阻尼比	0.421	0.297	0.265

由表 3-3 可以看出，加入 PSS2B 优化参数后，系统对振荡的阻尼得到了明显提高，主导振荡模式阻尼比达到 0.421，满足了阈值规定要求，系统在方式 1 下的小干扰稳定性显著提高，说明了优化算法的有效性。考虑到表 3-2 的优化参数是基于重负荷运行状态下得出的，因而具有较好的稳定裕度。

为了进一步验证参数优化后的 PSS2B 抑制振荡的效果，以及优化参数的健壮性和适用性，本文引入这种常规 PSS2B 作为对比，并在方式 2 下进行动态时域仿真校验，分别观察 G3 与 G2 的电磁功率、发电机 G2 与 G1 相对功角、发电机 G3 与 G1 相对功角、发电机 G4 与 G1 相对功角、发电机 G3 与 G2 相对功角曲线，具体如图 3-9 ~ 3-11 所示。同理，基于方式 3 进行时域仿真校验，分别观察 G1 与 G2 的输出电功率、发电机 G2 与 G1 相对功角、发电机 G3 与 G1 相对功角曲线，具体如图 3-12 和图 3-13 所示。

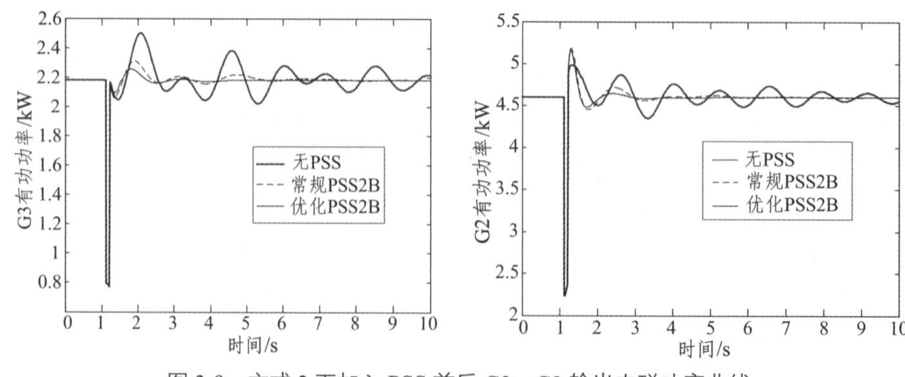

图 3-9　方式 2 下加入 PSS 前后 G3、G2 输出电磁功率曲线

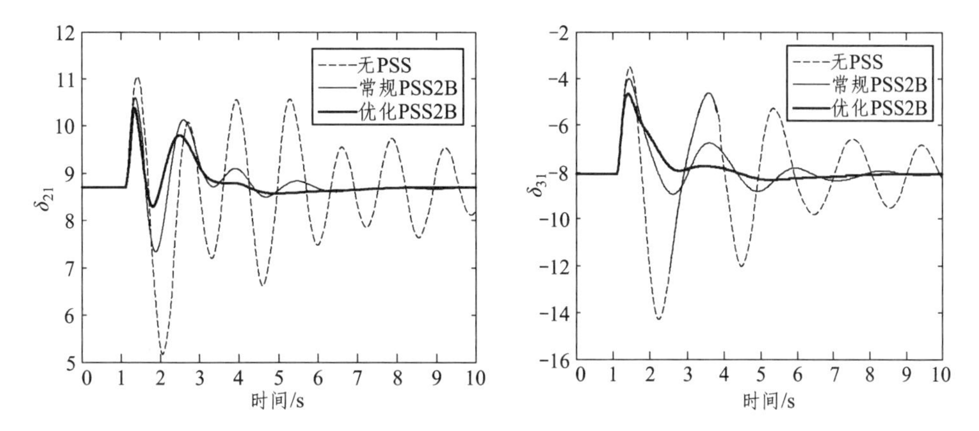

图 3-10　方式 2 下加入 PSS 前后 G2 与 G1、G3 与 G1 相对功角曲线

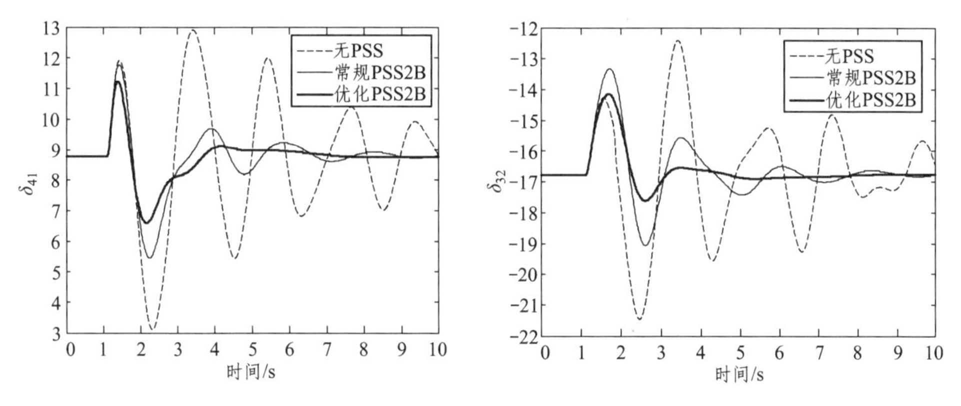

图 3-11　方式 2 下加入 PSS 前后 G4 与 G1、G3 与 G2 相对功角曲线

由图 3-9 可知，不加 PSS 时，G3 与 G2 的电磁功率曲线发散，功率在不停地上下振荡，影响区域间功率传输。由图 3-10 和图 3-11 可知，δ_{21}、δ_{31}、δ_{41}、δ_{32} 曲线同样处于发散状态，振荡明显且长时间不消失，表明系统在方式 2 下失稳。加入常规 PSS2B 后，振荡的幅值和时间得到了明显抑制，G2 和 G3 的输出功率普遍在 5 s 左右达到了稳态。由 δ_{21}、δ_{31}、δ_{41}、δ_{32} 曲线可知，功角振荡在 6 ~ 9 s 恢复了稳定，机组之间的转子角振荡同样得到了很好的平息。加入参数优化后的 PSS2B 后，较之加入常规 PSS2B，G3 和 G2 功率振荡幅值进一步减小，同时振荡在 3 s 左右过渡到稳态。功角振荡幅度、次数以及时间得到进一步抑制，在 4 s 左右振荡停止，系统在方式 2 下能够很快地恢复稳定，表明本文优化 PSS2B 参数抑制效果更佳，提高了阻尼转矩，增强了系统动态稳定性。

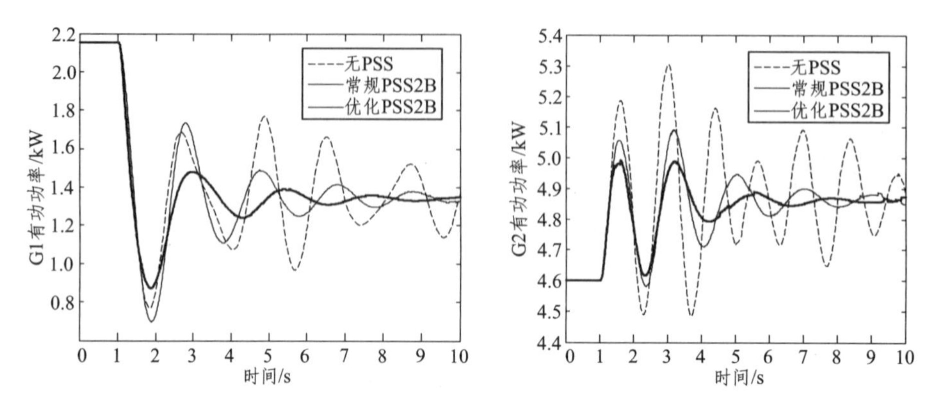

图 3-12　方式 3 下加入 PSS 前后 G1、G2 输出电磁功率曲线

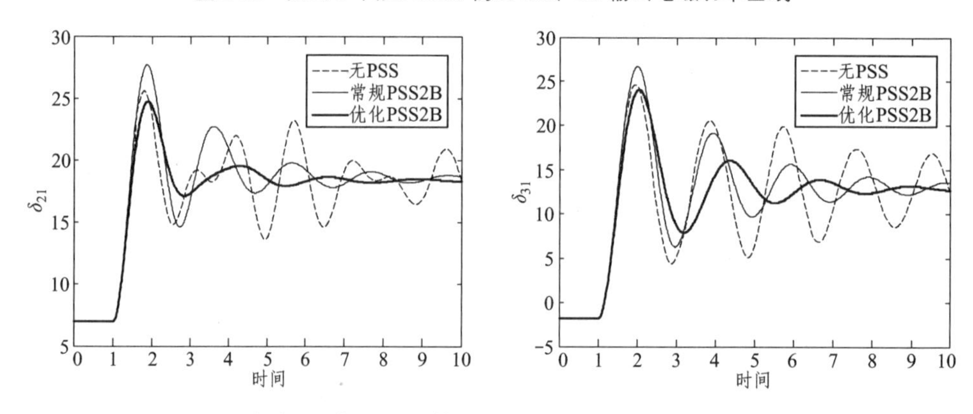

图 3-13　方式 3 下加入 PSS 前后 G2 与 G1、G3 与 G1 相对功角曲线

由图 3-12 和图 3-13 可知，不加 PSS 时，基于方式 3 设置切机动作后，G1 和 G2 输出功率、δ_{21}、δ_{31} 曲线振荡明显，表征系统在方式 3 下阻尼不足，系统失稳。加入常规 PSS2B 后，功率振荡的幅值得到一定抑制，但在 9 s 左右振荡才能平息，振荡时间较长。功角振荡幅度减小，但振荡在 10 s 左右才能停止，且在第 2 s 时振荡幅值反而增加，说明常规 PSS2B 对抑制方式 3 下的低频振荡整体效果不佳。加入参数优化后的 PSS2B 后，抑制 G1 和 G2 功率振荡效果明显，7 s 左右振荡平息，功角振荡也在 7～8 s 恢复了稳定，表明经过参数优化后的 PSS2B 能够显著增加系统在方式 3 下的阻尼，也增强了整个系统的小干扰稳定性。

3.6 本章小结

为了抑制电网中出现的低频振荡现象，本章通过 SDM-Prony 与改进 GWO 算法

对云南电网中采用的 PSS2B 进行了参数优化，得出结论如下：

（1）方式 1 通过改进 GWO 算法，迭代寻优最佳 PSS 参数。方式 1 加入优化 PSS2B 参数后，3 种振荡模式阻尼比最小值为 0.265，同时主导振荡模式阻尼提高到了 0.421，起到了加入 PSS 提高系统阻尼转矩的作用。

（2）通过动态时域仿真校验了基于方式 1 确定的优化参数，在方式 2 和方式 3 下也能较好地抑制低频振荡。方式 1 为重负荷运行状态，说明优化出的 PSS2B 参数具有一定的稳定裕度和适用性，能够有效提升系统对振荡的阻尼。

第 4 章

超导储能辅助 PSS 抑制低频振荡的策略及参数整定

4.1 引　言

本章主要是针对单机和多机电力系统中的低频振荡问题进行研究。首先，建立了单机无穷大系统的数学模型、电力系统稳定器（PSS）、超导储能装置及其控制器的数学模型；然后，在多机系统特征值分析法和改进蝙蝠算法的基础上，对超导储能辅助 PSS 抑制低频振荡进行了详细的研究；最后，通过 MATLAB 软件对研究方案进行了仿真验证。本章主要内容分为以下部分：

（1）低频振荡的产生机理及抑制措施。

（2）电力系统稳定器 PSS 和超导储能装置的数学模型。

（3）蝙蝠优化算法的改进研究。

（4）基于云南电网部分数据的仿真和验证。

4.2 低频振荡的主要抑制措施及其数学模型

低频振荡指在发电机励磁调节器的负阻尼作用下所产生的频率在 0.2 ~ 2.5 Hz 的振荡，属于小扰动稳定性范畴。我国大区域联网采用了大量高电压、远距离、大功率传输线，导致低频振荡现象出现的频率也逐步增多，其影响程度不次于暂态稳定性，严重阻碍了大规模互联电网的安全稳定运行。因此，解决低频振荡问题显得尤其重要。

4.2.1 低频振荡的主要抑制措施

（1）电力系统稳定器 PSS。

PSS 最早是由美国学者提出的。其基本原理是在自动电压调节的基础上，辅以

转速偏差（$\Delta\omega$）、功率偏差（ΔP_e）、频率偏差（Δf）中的一种或两种信号作为附加控制，产生与 $\Delta\omega$ 同轴的附加力矩，增加对低频振荡的阻尼，以增强电力系统动态稳定性。PSS 主要用来提供正阻尼的附加励磁控制，常见的镇定参量有角速度、功率和频率，主要由放大、复位和超前/滞后等校正环节等组成，输出则和机端电压一起作为励磁系统的输入。PSS 基于系统在某一平衡点处的近似线性化模型进行设计，针对性强，易于实现，抑制低频振荡的效果显著，因而获得广泛应用。

（2）静止无功补偿器（Static Var Compensator，SVC）。

目前在输电系统中有晶闸管控制的电抗器（TCR）、晶闸管投切电容器（TSC）等常规 SVC 在我国的 500 kV 线路上运行，并积累了大量经验。SVC 是一种可以快速调节的无功电源，利用其可变导纳输出来提供阻尼力矩。其主要功能是保证动态无功功率的快速调节，并可兼有事故时的电压支持作用，维持电压水平、平息系统振荡等。

（3）直流调制技术。

当交直流输电线路联合运行时，由于直流输电的功率能快速控制，因此将交流输电线路控制回路的低频功率振荡信号引入直流输电线路的控制回路，能有效抑制低频振荡。在高压直流输电上采用各种调制技术，例如双侧频率调制，也是提高互联电网动态稳定性的有效措施。直流调制技术的应用对提高“区域间振荡模式”的阻尼效果尤为明显。美国 WECC 的交直流输电系统就采用了这一控制技术。

（4）储能装置。

电池储能系统（Battery Energy Storage System，BESS）和超导磁储能（Super Conducting MagnEtic Storage，SMES）等新型的抑制低频振荡的装置目前还处于研究阶段，尚未大量投入工业应用。电池储能系统既可作为旋转备用，也可作为调峰和调频电源，或直接安装在重要用户内，作为大型的不间断电源。同时，BESS 还具有无功调节的功能。目前，全世界已有近 20 个 BESS 在电网中运行。典型的 SMES 从电网中吸收最大功率到向电网输送最大功率的转变只需几十毫秒，具有快速平滑的调节特性。超导线圈内的电流一般很大，即使容量较小的 SMES 也可以向系统提供较大的瞬时功率，这有助于提高系统动态稳定性、暂态稳定性及增加系统的阻尼。美国西海岸电网在 20 世纪 80 年代曾利用超导储能设备平抑了该系统 0.35 Hz 的低频振荡，其超导最大储能为 30 MJ。

4.2.2 PSS 及 SMES 的数学模型

1）PSS 的数学模型

通常情况下，PSS 的输入信号有发电机的转速偏差（$\Delta\omega$）、频率偏差（Δf）、电磁功率偏差（ΔP_e）等，同时也可由各输入信号之间的某个信号或几个信号组成，把输入信号当作励磁控制器的辅助输入，经过处理而产生阻尼力矩，进而提升电力系统的稳定性。PSS 和超导储能控制器是两个独立的阻尼控制器，PSS 通常采用超前/滞后的经典模型，同时选取输入信号为发电机转速偏差（$\Delta\omega$），其传递函数框图如图 4-1 所示，并设其传递函数中间变量为 Δx_1、Δx_2、Δx_3。

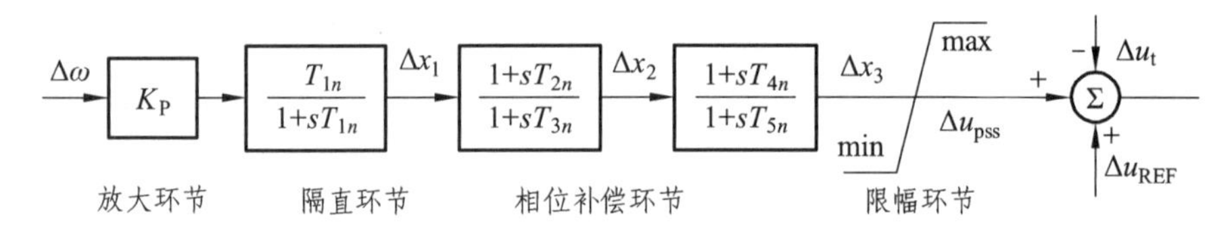

图 4-1 PSS 传递函数框图

图 4-1 中，PSS 的传递函数为

$$G_n(s)=K_{\mathrm{p}}\frac{sT_{1n}}{1+sT_{1n}}\frac{1+sT_{2n}}{1+sT_{3n}}\frac{1+sT_{4n}}{1+sT_{5n}} \tag{4-1}$$

式中，T_{1n} 是隔直环节时间常数，通过引入隔直环节可以滤除直流分量，从而使输出不受到输入信号稳态变化量的影响，通常 $T_{1n}=10\ \mathrm{s}$，T_{2n}、T_{4n} 和 T_{3n}、T_{5n} 分别是超前环节和滞后环节的时间常数，K_{P} 是控制器增益。通常将两个超前/滞后环节设置成相同的参数，即 $T_{2n}=T_{4n}$，$T_{3n}=T_{5n}$。

2）超导储能装置的数学模型

超导储能系统 SMES 代表了柔性交流输电 FACTS 的新技术方向，能吸收或发出有功和无功功率来快速响应电力系统需要，因此将 SMES 并网于电力系统可实现对电压和频率的同时控制[55]。超导储能环节具有独立 4 象限的有功和无功调节能力，其 2 阶动态模型可表示为

$$\left.\begin{aligned}\frac{\mathrm{d}\Delta P_{\mathrm{sm}}}{\mathrm{d}t}&=-\frac{1}{T}\Delta P_{\mathrm{sm}}+\frac{1}{T}u_1\\ \frac{\mathrm{d}\Delta Q_{\mathrm{sm}}}{\mathrm{d}t}&=-\frac{1}{T}\Delta Q_{\mathrm{sm}}+\frac{1}{T}u_2\end{aligned}\right\} \tag{4-2}$$

式中，u_1 和 u_2 是虚拟控制变量；T 为 SMES 的惯性时间常数，ΔP_{sm} 和 ΔQ_{sm} 分别为 SMES 向系统注入的有功和无功功率。

目前，对 SMES 装置的控制方式有比例控制、比例惯性控制、PID 控制和非线性控制等[56,57]，但这些控制方式都过多关注于 SMES 的有功调节能力，而忽视了 SMES 装置的无功调节对系统端电压的控制能力。

通常认为频率与有功功率有关，而电压与无功功率有关，同时借鉴电力系统稳定器 PSS 的超前/滞后模型设计 SMES 的有功控制器，且以发电机转速偏差（$\Delta\omega$）为输入量，并设传递函数中间变量为 Δv_1、Δv_2、Δv_3，则其数学模型为

$$G_P(s)=u_1=K_s\frac{sT_{1i}}{1+sT_{1i}}\frac{1+sT_{2i}}{1+sT_{3i}}\frac{1+sT_{4i}}{1+sT_{5i}} \tag{4-3}$$

式中，$T_{1i}\sim T_{5i}$ 均为时间常数，通常将 2 个超前/滞后环节设置成相同的参数，即 $T_{2i}=T_{4i}$，$T_{3i}=T_{5i}$；K_s 是控制器增益。

关于 SMES 的无功控制，采用以 SMES 接入点的母线电压为输入的控制方式，对其接入节点处进行无功补偿，以维持电压在要求水平，其传递函数为[58]

$$G_Q(s)=u_2=K_Q\frac{1}{U}\frac{dU}{dt} \tag{4-4}$$

式中，K_Q 是控制器增益，U 是 SMES 接入点电压。由此可以得到 SMES 的有功和无功控制结构框图，如图 4-2 和图 4-3 所示。

本节主要阐述了低频振荡的主要抑制措施，同时对抑制低频振荡最有效的措施——PSS 的输入信号及数学模型，超导储能装置数学模型及控制方式进行了简要说明。

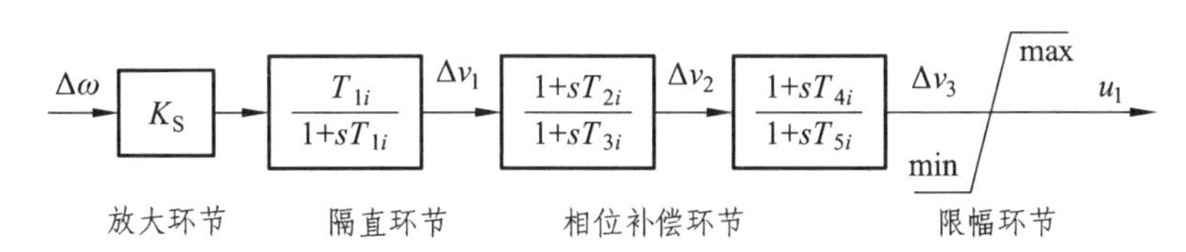

图 4-2　超导储能有功控制结构框图

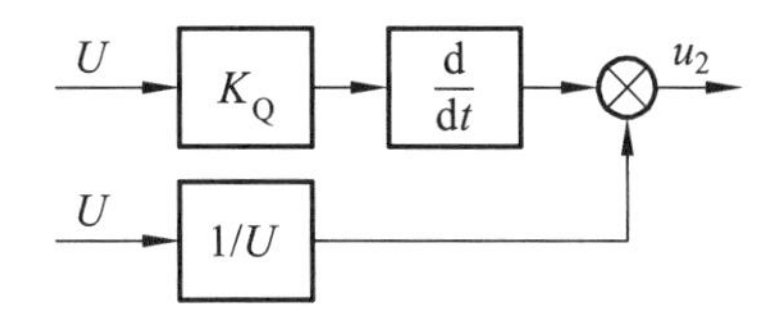

图 4-3　超导储能无功控制结构框图

4.3 蝙蝠优化算法

蝙蝠优化算法是最初于 2010 年提出的能有效求解非线性优化问题的启发式算法。基本蝙蝠算法初始化过于简单，且物种多样性低，很容易陷入局部解，而且没有考虑到猎物的位置可能发生变化，同时从速度更新公式可以看出蝙蝠的速度增量和速度惯性权重是固定不变的[59-62]。

结合相关文献，本章提出基于时变惯性权重与经验因子及个体杂交的改进蝙蝠算法（IBA），旨在提高算法效率和全局寻优能力。时变惯性权重迭代计算公式如下：

$$\omega=\omega_{\min}+\left(\omega_{\max}-\omega_{\min}\right)\exp\left[-\rho\left(\frac{t}{t_{\max}}\right)^{2}\right] \tag{4-5}$$

式中，$\omega_{\min}$ 和 $\omega_{\max}$ 分别是时变权重的最小值和最大值，t 是当前迭代次数，$t_{\max}$ 是最大迭代次数，$1\leqslant\rho\leqslant t_{\max}$。

为实现对蝙蝠飞行后期的位置进行范围控制，将经验因子引入位置变更公式中，其位置变更公式为

$$\left.\begin{aligned}x_i^t&=x_i^{t-1}+pv_i^t\\p&=\left(1-\frac{t}{t_{\max}}\right)^{\theta}\end{aligned}\right\} \tag{4-6}$$

算法引入了遗传算法的杂交环节以增加群体生物多样性。首先根据适应值大小将个体排序，选出适应值较大的一部分个体（如二分之一），然后按给定杂交概率在其中选出一定数量的个体放入杂交池中，其中个体两两杂交，与所有未参与杂交的个体一起形成同等数目的子代来取代原有个体。杂交子代的位置和速度与亲代个体的位置和速度关系为

$$\left.\begin{aligned}\text{child}(x)&=\text{p}\cdot\text{parent}_1(x)+(1-p)\cdot\text{parent}_2(x)\\\text{child}(v)&=\frac{\text{parent}_1(v)+\text{parent}_2(v)}{\left|\text{parent}_1(v)+\text{parent}_2(v)\right|}\cdot\left|\text{parent}_1(v)\right|\end{aligned}\right\} \tag{4-7}$$

改进后的蝙蝠算法流程如图 4-4 所示，步骤如下：

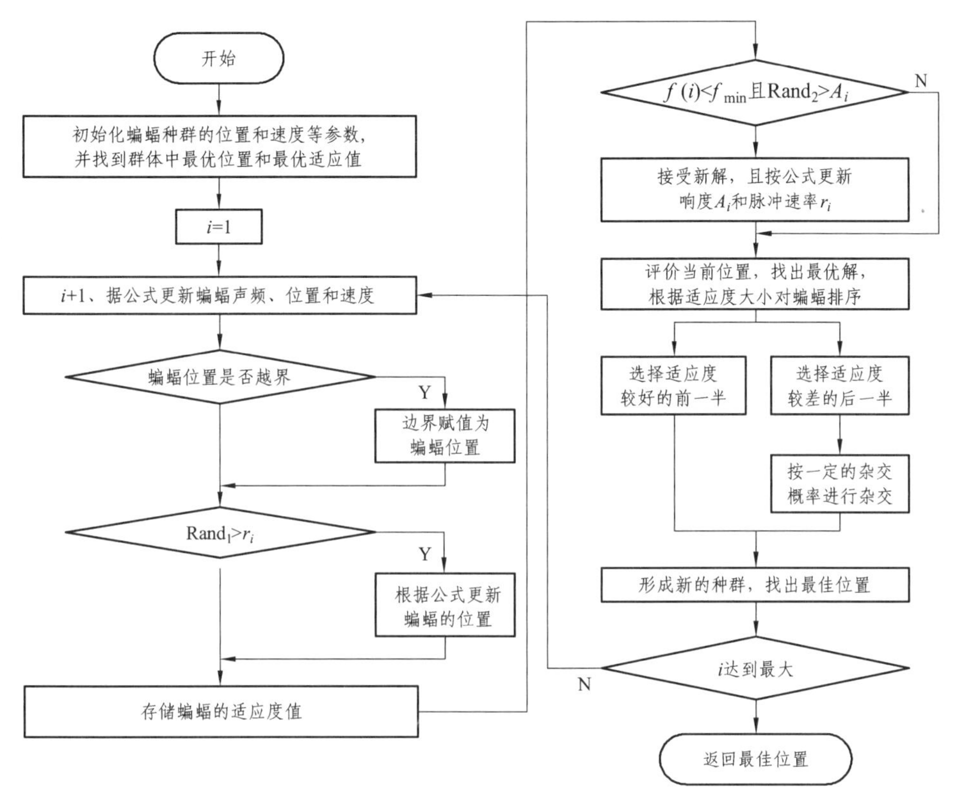

图 4-4　改进蝙蝠算法流程图

（1）在搜索空间中随机初始化蝙蝠的位置速度等参数，并找出群体最优位置及最优适应度值。

（2）根据改进蝙蝠算法的时变惯性权重和经验因子更新蝙蝠的声频 f_i、位置 x_i 和速度 v_i，并检查蝙蝠是否越界。

（3）判断生成的随机数 rand_1 是否大于蝙蝠的脉冲速率 r_i，若是则调整蝙蝠位置，同时存储调整后的蝙蝠适应度值，否则直接存储当前蝙蝠的适应度值。

（4）判断生成的随机数 rand_2 是否大于蝙蝠的脉冲响度 A_i，并且判断蝙蝠当前的位置 x_i 是否优于群体当前最优位置，若是则保存当前蝙蝠的位置 x_i，并更新脉冲速率 r_i 和响度 A_i。

（5）依适应度值的大小对群体进行排序，从中找出群体当前最优位置并保存，根据排序好的适应度值，适应度较优的前一半保留，适应度较差的后一半按一定的杂交概率杂交，由此生成同等数量的后代。

（6）对步骤（5）得到的后代按适应度值进行排序，并找到最优位置作为群体

最优。

（7）若满足停止条件（达到最大循环次数）则退出，否则转到步骤（2）。

为使超导储能装置辅助 PSS 抑制低频振荡达到最好的抑制效果，本章采用改进蝙蝠算法优化二者的主要参数。但传统的蝙蝠算法初始化过于简单，容易陷入局部解，有可能不能达到良好的抑制效果。这里采用了结合时变惯性权重与经验因子及个体杂交的改进蝙蝠算法（IBA），它不仅关注超导储能装置的有功调节，还同时考虑了其无功调节能力对机端电压的影响。因此，将超导储能装置的有功、无功输出量引入目标函数中，选取如下目标函数：

$$f=\sum_{i=1}^{m}a_1(\Delta\omega_i+\Delta P_{ei})+\sum_{j=1}^{n}a_2\Delta d_{ej}+\sum_{k=1}^{p}a_3\Delta d_{\mathrm{PSS}k} \tag{4-8}$$

式中，m 为系统中同步发电机个数，n 为储能装置个数，p 为装设的 PSS 个数，$\Delta\omega_i$ 和 ΔP_{ei} 是第 i 台同步发电机的转子角速度偏差和电磁功率偏差，Δd_{ej} 和 $\Delta d_{\mathrm{PSS}k}$ 是储能装置和 PSS 的输出量，a_1、a_2、a_3 是各性能指标的权重。本仿真模型的目标函数的各性能指标均取 1。

由此得到储能辅助 PSS 抑制低频振荡的优化模型为

$$\left.\begin{array}{l}\min f\\ T_{2i},T_{3i},T_{2n},T_{3n}\in[0.01,\ 1]\\ K_{\mathrm{S}},K_{\mathrm{P}},K_{\mathrm{Q}}\in[0.01,\ 50]\end{array}\right\} \tag{4-9}$$

式中，相位补偿环节和增益的经典参数范围，详见文献[62]。

4.4 单机系统中 SMES 辅助 PSS 抑制低频振荡的仿真验证

目前超导储能装置的有功、无功控制方式繁多，但有些控制方式过于简单（如比例和惯性控制），而有些控制方式又过于复杂（如非线性控制），考虑到 PSS 对抑制低频振荡的良好效果，采用相位补偿法设计超导储能有功控制方式，可获得更好的抑制效果。并且这种控制方式在强调 SMES 的有功调节能力的同时，也关注了 SMES 的无功调节能力。

4.4.1 特征值分析法

基于系统模型研究低频振荡的方法有特征值分析法、时域分析法及其他非线性分析方法。其中特征值分析法是研究低频振荡的经典方法，通过在工作点附近进行

线性化，建立系统的状态矩阵，通过求解状态矩阵的特征值、参与因子、特征值灵敏度等可定量分析各个参数对电力系统小干扰稳定性的影响，揭示复杂动态现象的内部本质。本节的特征值分析法主要用于后文参数优化效果的定量验证。

首先对 PSS 和 SMES 进行结构简化，然后分别针对单机无穷大模型与多机系统模型，参照文献的小干扰稳定性分析方法，建立系统加装 PSS 和 SMES 后的状态矩阵，并做以下 3 点改变：

（1）励磁系统采用快速励磁，考虑成一阶惯性环节，即 $G_{\mathrm{e}}(s)=K_{\mathrm{A}}/(1+sT_{\mathrm{R}})$。

（2）负荷采用恒阻抗模型以保持暂态过程中节点导纳矩阵参数不变。

（3）状态矩阵的列写同时考虑 PSS 和 SMES。

图 4-5 所示的单机无穷大系统中，存在小干扰时，假设 $\Delta M_{\mathrm{m}}=0$，励磁系统采用快速励磁，发电机采用 3 阶模型，保留 $\Delta\omega$、$\Delta\delta$ 与 $\Delta E'_{\mathrm{q}}$、ΔE_{fd} 4 个变量，可得下列微分方程组：

$$\left.\begin{aligned}
\Delta\dot{\omega} &= -\frac{D}{T_{\mathrm{J}}}\Delta\omega-\frac{K'_{\mathrm{d0}}}{T_{\mathrm{J}}}\Delta\delta-\frac{K'_{2}}{T_{\mathrm{J}}}\Delta E'_{\mathrm{q}}+\frac{1}{T_{\mathrm{J}}}\Delta M_{\mathrm{m}}\\
\Delta\dot{\delta} &= 2\pi f_{0}\Delta\omega\\
\Delta\dot{E}'_{\mathrm{q}} &= -\frac{K'_{4}}{T'_{\mathrm{d0}}}\Delta\omega-\frac{1}{K'_{3}T'_{\mathrm{d0}}}\Delta E'_{q}+\frac{1}{T'_{\mathrm{d0}}}\Delta E_{\mathrm{fd}}\\
\Delta\dot{E}_{\mathrm{fd}} &= -\frac{K_{\mathrm{A}}K'_{5}}{T_{\mathrm{R}}}\Delta\delta-\frac{K_{\mathrm{A}}K'_{6}}{T_{\mathrm{R}}}\Delta E'_{\mathrm{q}}-\frac{1}{T_{\mathrm{R}}}\Delta E_{\mathrm{fd}}
\end{aligned}\right\}\tag{4-10}$$

式中，$\Delta E'_{\mathrm{q}}$ 为发电机暂态电势增量，ΔE_{fd} 为稳态时励磁电压对应的空载电动势增量，$K'_{1}=\dfrac{x_{\mathrm{q}}-x'_{\mathrm{d}}}{x_{1}+x'_{\mathrm{d}}}i_{\mathrm{q0}}U_{\mathrm{s}}\sin\delta_{0}+\dfrac{U_{\mathrm{s}}\cos\delta_{0}}{x_{1}+x_{\mathrm{q}}}E_{\mathrm{Q0}}$，$K'_{2}=\dfrac{x_{\mathrm{q}}+x_{1}}{x_{1}+x'_{\mathrm{d}}}i_{\mathrm{q0}}$，$K'_{3}=\dfrac{x'_{\mathrm{d}}+x_{1}}{x_{1}+x_{\mathrm{d}}}i_{\mathrm{q0}}$，$K'_{4}=\dfrac{x_{\mathrm{d}}-x'_{\mathrm{d}}}{x_{1}+x'_{\mathrm{d}}}U_{\mathrm{s}}\sin\delta_{0}$，$K'_{5}=\dfrac{u_{\mathrm{td0}}}{U_{\mathrm{t0}}}\dfrac{x_{\mathrm{q}}U_{\mathrm{s}}}{x_{1}+x_{\mathrm{q}}}\cos\delta_{0}+\dfrac{u_{\mathrm{tq0}}}{U_{\mathrm{t0}}}\dfrac{x'_{\mathrm{d}}U_{\mathrm{s}}}{x_{1}+x'_{\mathrm{d}}}\sin\delta_{0}$，$K'_{6}=\dfrac{u_{\mathrm{tq0}}}{U_{\mathrm{t0}}}\dfrac{x_{1}}{x_{1}+x'_{\mathrm{d}}}$。

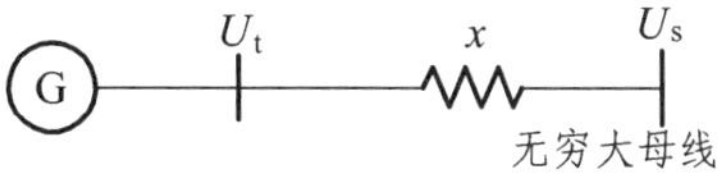

图 4-5　单机无穷大系统

由此可以得到单机无穷大系统的 Philips-Heffron 模型如图 4-6 所示，同时将式（4-10）写成状态矩阵的形式为

$$
\begin{bmatrix} \Delta\dot{\omega} \\ \Delta\dot{\delta} \\ \Delta\dot{E}_{\mathrm{q}}' \\ \Delta\dot{E}_{\mathrm{fq}} \end{bmatrix} = \begin{bmatrix} -\dfrac{D}{T_{\mathrm{J}}} & -\dfrac{K_1'}{T_{\mathrm{J}}} & -\dfrac{K_2'}{T_{\mathrm{J}}} & 0 \\ 2\pi f_0 & 0 & 0 & 0 \\ -\dfrac{K_4'}{T_{\mathrm{d0}}'} & 0 & -\dfrac{1}{K_3'T_{\mathrm{d0}}'} & \dfrac{1}{T_{\mathrm{d0}}'} \\ 0 & -\dfrac{K_5'K_{\mathrm{A}}}{T_{\mathrm{R}}} & -\dfrac{K_6'K_{\mathrm{A}}}{T_{\mathrm{R}}} & -\dfrac{1}{T_{\mathrm{R}}} \end{bmatrix} \begin{bmatrix} \Delta\omega \\ \Delta\delta \\ \Delta E_{\mathrm{q}}' \\ \Delta E_{\mathrm{fq}} \end{bmatrix} + \begin{bmatrix} \dfrac{1}{T_{\mathrm{J}}} \\ 0 \\ 0 \\ 0 \end{bmatrix} \Delta M_{\mathrm{m}} \qquad (4\text{-}11)
$$

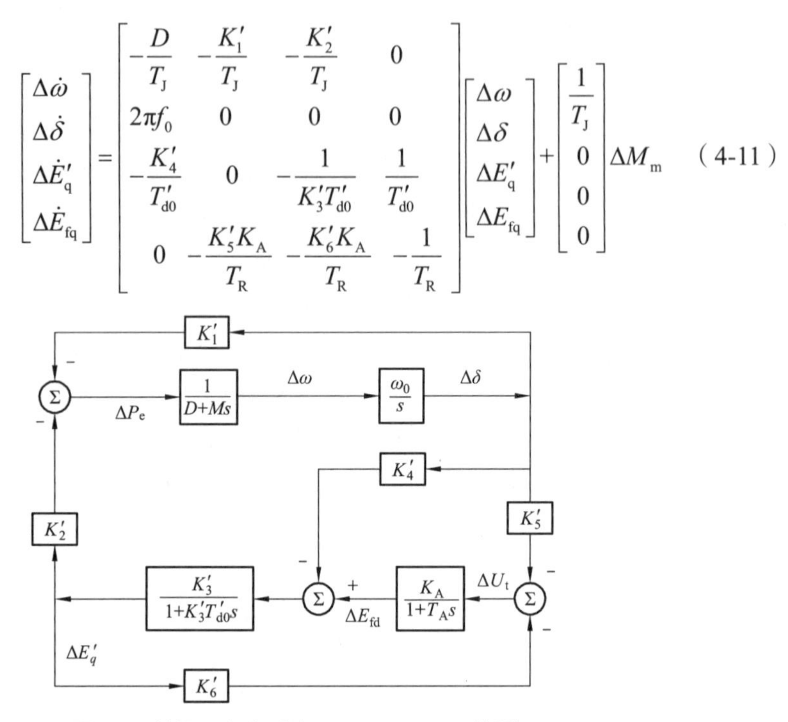

图 4-6　单机无穷大系统 Phillips-Heffron 模型

结合前文中 PSS 和超导储能装置（SMES）的传递函数和式（4-11），可以得到加装 PSS 和 SMES 后系统的 Philips-Heffron 扩展模型，如图 4-7 所示。

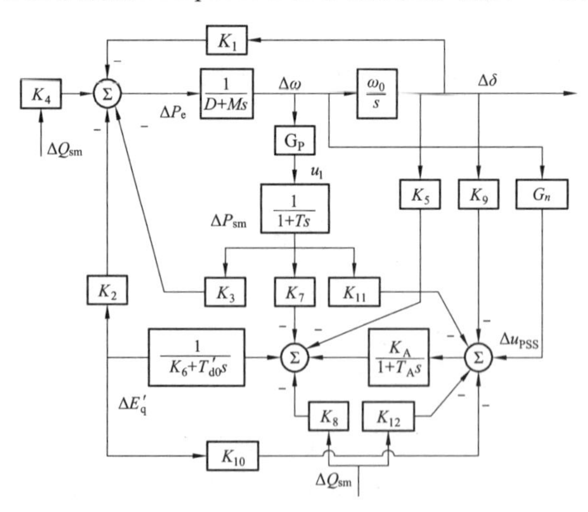

图 4-7　单机无穷大系统 Phillips-Heffron 扩展模型

保留状态变量且按照如下顺序[$\Delta\omega$，$\Delta\delta$，$\Delta E_{\mathrm{q}}'$，ΔE_{fd}，Δx_1，Δx_2，Δx_3，ΔP_{sm}，ΔQ_{sm}，Δv_1，Δv_2，Δv_3]列写，可得总的状态矩阵为

$$
\begin{bmatrix}
-\frac{D}{T_J} & -\frac{K_1}{T_J} & -\frac{K_2}{T_J} & 0 & 0 & 0 & 0 & -\frac{K_3}{T_J} & -\frac{K_4}{T_J} & 0 & 0 & 0 \\
2\pi f_0 & 0 & 0 & 0 & 0 & 0 & 0 & 0 & 0 & 0 & 0 & 0 \\
0 & -\frac{K_5}{T'_{d0}} & -\frac{K_6}{T'_{d0}} & -\frac{K_7}{T'_{d0}} & 0 & 0 & 0 & -\frac{K_7}{T'_{d0}} & -\frac{K_8}{T'_{d0}} & 0 & 0 & 0 \\
0 & -\frac{K_9 K_A}{T_R} & -\frac{K_{10} K_A}{T_R} & -\frac{1}{T_R} & 0 & 0 & 0 & -\frac{K_{11} K_A}{T_R} & -\frac{K_{12} K_A}{T_R} & 0 & 0 & 0 \\
-\frac{DK_P}{T_J} & -\frac{K_P K_1}{T_J} & -\frac{K_P K_2}{T_J} & 0 & -\frac{1}{T_{5n}} & 0 & 0 & -\frac{K_P K_3}{T_J} & -\frac{K_P K_4}{T_J} & 0 & 0 & 0 \\
-\frac{DK_P T_{2n}}{T_J T_{1n}} & -\frac{K_1 K_P T_{2n}}{T_J T_{1n}} & -\frac{K_2 K_P T_{2n}}{T_J T_{1n}} & 0 & \frac{1}{T_{1n}}-\frac{T_{2n}}{T_{1n} T_{5n}} & -\frac{1}{T_{1n}} & 0 & -\frac{K_3 K_P T_{2n}}{T_J T_{1n}} & -\frac{K_4 K_P T_{2n}}{T_J T_{1n}} & 0 & 0 & 0 \\
-\frac{DK_P T_{2n} T_{4n}}{T_J T_{1n} T_{3n}} & -\frac{K_1 K_P T_{2n} T_{4n}}{T_J T_{1n} T_{3n}} & -\frac{K_2 K_P T_{2n} T_{4n}}{T_J T_{1n} T_{3n}} & 0 & \frac{T_{4n}}{T_{1n} T_{3n}}-\frac{T_{2n} T_{4n}}{T_{1n} T_{3n} T_{5n}} & \frac{1}{T_{3n}}-\frac{T_{4n}}{T_{1n} T_{3n}} & -\frac{1}{T_{3n}} & -\frac{K_3 K_P T_{2n} T_{4n}}{T_J T_{1n} T_{3n}} & -\frac{K_4 K_P T_{2n} T_{4n}}{T_J T_{1n} T_{3n}} & 0 & 0 & 0 \\
0 & 0 & 0 & 0 & 0 & 0 & 0 & -\frac{1}{T} & 0 & 0 & 0 & 0 \\
0 & 0 & 0 & 0 & 0 & 0 & 0 & 0 & -\frac{1}{T} & 0 & 0 & 0 \\
-\frac{DK_s}{T_J} & -\frac{K_s K_1}{T_J} & -\frac{K_s K_2}{T_J} & 0 & -\frac{1}{T_{5i}} & 0 & 0 & -\frac{K_s K_3}{T_J} & -\frac{K_s K_4}{T_J} & 0 & 0 & 0 \\
-\frac{DK_s T_{2i}}{T_J T_{1i}} & -\frac{K_1 K_s T_{2i}}{T_J T_{1i}} & -\frac{K_2 K_s T_{2i}}{T_J T_{1i}} & 0 & \frac{1}{T_{1i}}-\frac{T_{2i}}{T_{1i} T_{5i}} & -\frac{1}{T_{1i}} & 0 & -\frac{K_3 K_s T_{2i}}{T_J T_{1i}} & -\frac{K_4 K_s T_{2i}}{T_J T_{1i}} & 0 & 0 & 0 \\
-\frac{DK_s T_{2i} T_{4i}}{T_J T_{1i} T_{3i}} & -\frac{K_1 K_s T_{2i} T_{4i}}{T_J T_{1i} T_{3i}} & -\frac{K_2 K_s T_{2i} T_{4i}}{T_J T_{1i} T_{3i}} & 0 & \frac{T_{4i}}{T_{1i} T_{3i}}-\frac{T_{2i} T_{4i}}{T_{1i} T_{3i} T_{5i}} & \frac{1}{T_{3i}}-\frac{T_{4i}}{T_{1i} T_{3i}} & -\frac{1}{T_{3i}} & -\frac{K_3 K_s T_{2i} T_{4i}}{T_J T_{1i} T_{3i}} & -\frac{K_4 K_s T_{2i} T_{4i}}{T_J T_{1i} T_{3i}} & 0 & 0 & 0
\end{bmatrix}
\quad (4\text{-}12)
$$

式中，$K_1=\dfrac{U_s E'_{q0}\cos\delta_0+U_s\sin\delta_0}{x'_t+x'_d}+\dfrac{U_s^2\cos 2\delta_0}{x'_d+x_q}$，$K_3=-\dfrac{U_s x'_t U_{td0}}{(x'_t+x'_d)U_{t0}^2}-\dfrac{U_s x'_t U_{tq0}}{(x'_t+x_q)U_{t0}^2}$，

$K_2=\dfrac{U_s\sin\delta_0}{x'_t+x'_d}$，$K_4=-\dfrac{U_s x'_t U_{tq0}}{(x'_t+x'_d)U_{t0}^2}-\dfrac{U_s x'_t U_{td0}}{x'_t+x_q}$，$K_5=\dfrac{(x_d-x'_d)U_s\sin\delta_0}{x'_t+x'_d}$，$K_6=\dfrac{x'_t+x_d}{x'_t+x'_d}$，

$K_7=-\dfrac{(x_d-x'_d)x'_t U_{td0}}{(x'_t+x'_d)U_{t0}^2}$，$K_8=-\dfrac{(x_d-x'_d)x'_t U_{tq0}}{(x'_t+x'_d)U_{t0}^2}$，$K_{11}=\dfrac{x_t'^2 U_{tq0}U_{td0}}{U_{t0}^3}(\dfrac{1}{x'_t+x_q}-\dfrac{1}{x'_t+x'_d})$，

$K_9=\dfrac{x_q U_s U_{td0}\cos\delta_0}{U_{t0}(x'_t+x_q)}-\dfrac{x'_d U_s U_{tq0}\sin\delta_0}{U_{t0}(x'_t+x'_d)}$，$K_{12}=\dfrac{x_t'^2}{U_{t0}^3}(\dfrac{U_{td0}^2}{x'_t+x_q}-\dfrac{U_{tq0}^2}{x'_t+x'_d})+\dfrac{x'_t}{U_{t0}^3}(U_{tq0}^2-U_{td0}^2)$，

$K_{10}=\dfrac{x'_t U_{tq0}}{U_{t0}(x'_t+x'_d)}$。

根据式（4-12），求解可得系统状态矩阵的特征值，进一步得到系统机电振荡模式的特征值及其阻尼比，多机系统情况与单机系统情况类似。振荡模式的特征值是以共轭对的形式出现，即

$$\lambda_{1,2}=\sigma\pm \mathrm{j}\omega \tag{4-13}$$

振荡模式的特征值可以得到振荡频率及系统阻尼比为

$$f=\omega/2\pi \tag{4-14}$$

$$\zeta=-\sigma/\sqrt{\sigma^2+\omega^2} \tag{4-15}$$

由此可以根据单机无穷大系统和多机系统的状态方程，得到对应机电振荡模式的特征值及阻尼比。

4.4.2 单机系统中 SMES 辅助 PSS 抑制低频振荡仿真

单机无穷大系统加入PSS和超导储能装置，系统基准值S_B=100 MW，U_B=230 kV；发电机参数P_N=192 MW，X_d=0.895 8 pu，X'_d=0.119 8 pu，X_q=0.864 5 pu，T'_{d0}=7.8 s；励磁系统参数K_A=100，T_R=0.02 s；变压器等效电抗X_l=0.062 5 pu；输电线路等效电阻r_l=0.001 pu，等效电抗x_l=0.28 pu；机端负荷采用恒阻抗模型，r=2 pu。详见参考文献[63]。单机无穷大算例中各性能指标权重均取 1。

当仿真时间$t=2.1$ s时，发电机机械功率突然减少 10%，且于$t=2.2$ s恢复。分别以下在 4 种情况下进行仿真，得到如图 4-8 所示发电机转速和电磁功率波形，并把不同情况下系统几点模式的特征值及阻尼比总结为如表 4-1 所示。

工况 1：无 PSS 和超导储能控制；

工况 2：只有 PSS，且 PSS 参数利用改进蝙蝠算法进行优化；

工况 3：同时加入 PSS 和超导储能控制（SMES），但超导储能只有有功控制部分，没有无功控制部分，且二者主要参数由改进蝙蝠算法进行优化；

工况 4：同时加入 PSS 和超导储能控制（SMES），但超导储能同时含有功控制和无功控制部分，且二者主要参数由改进蝙蝠算法进行优化。

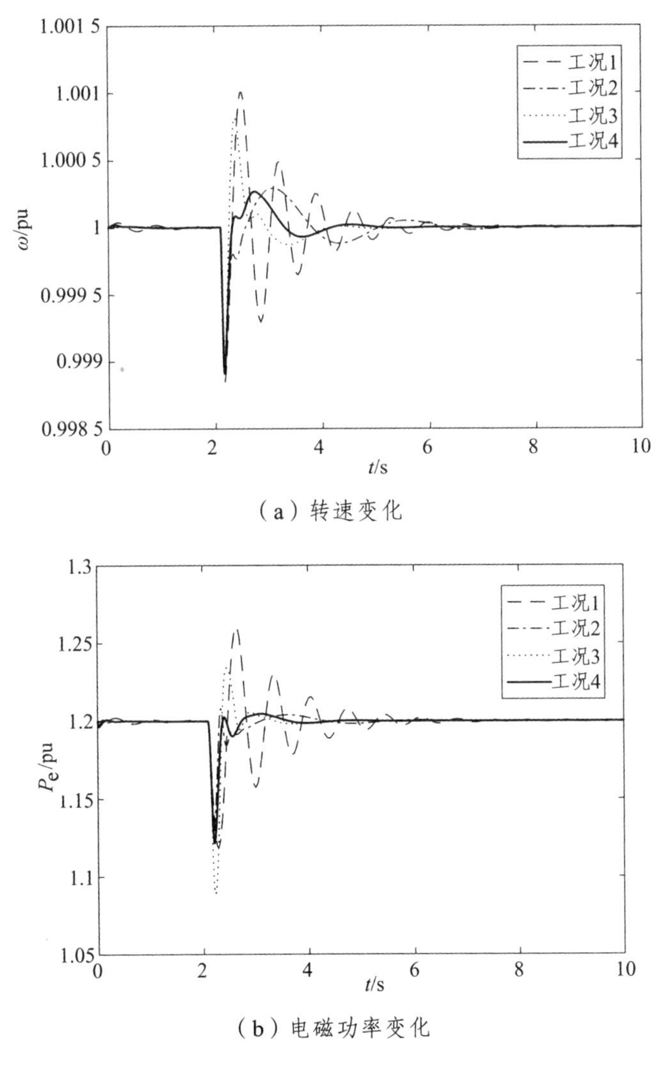

（a）转速变化

（b）电磁功率变化

图 4-8　单机小扰动时发电机输出相关量波形

表 4-1　不同情况下系统机电模式的特征值及阻尼比

工况	频率	阻尼比
1	1.338 3	0.036 5
2	1.16	0.144 2
3	1.203 8	0.203 0
4	1.096 5	0.251 9

由图 4-8 及表 4-1 可知，在未引入 PSS 和超导储能控制的情况下，发电机转速和电磁功率发生了振幅逐渐减小的振荡且衰减缓慢，系统阻尼比为 0.036 5；当加入了经 IBA 参数优化的 PSS 时，振荡的振幅减小，振荡次数变少，同时缩短了各输出量恢复平衡的时间，系统阻尼比提高到 0.144 2；而同时加入 PSS 和 SMES 后，振荡振幅继续减小，恢复稳定的时间也减小了，但添加了 SMES 无功控制部分的情况效果更好，系统阻尼比也增加到 0.251 9，这说明添加的 SMES 无功控制对系统特征根及阻尼比都有一定的影响。

借鉴传统 PSS 相位补偿法设计了超导储能有功控制方式，同时关注了超导储能无功控制方式，为使超导储能装置辅助 PSS 达到最优抑制效果，采用了基于时变惯性权重与经验因子及个体杂交的改进蝙蝠算法优化二者主要参数，同时在单机无穷大系统中仿真验证了超导储能装置辅助 PSS 的策略，取得了良好的抑制效果。

4.5　云南电网中 SMES 辅助 PSS 抑制低频振荡研究

为验证前文理论的正确性，本节将所提超导储能有功和无功控制方法运用到实际系统的仿真模型中，发电机的主要参数参考了云南电网中的发电机及输电线路的相关数据。利用改进蝙蝠算法优化控制器中的增益及时间常数等，以求达到比单独采用多个 PSS 协调优化方法抑制低频振更好的效果。

4.5.1　模型及相关数据

本节采用云南电网的部分电网作为系统仿真模型，其拓扑结构形成了类似于 3 机 9 节点系统的经典仿真模型，如图 4-9 所示。发电机 G_1、G_2 和 G_3 分别属于观音岩、鲁地拉和龙开口发电站，其中 G_1 设为平衡节点，G_2、G_3 设为 PV 节点；所有发电机均采用快速励磁，且发电机主要参数取自云南电网中该部分电网的发电机参数。发

电机 G_2 和 G_3 都配置 PSS，发电机 G_1 未配置 PSS，且仅在母线 B_3 处安装了超导储能装置。为考察系统在 2 种不同的运行方式下的小干扰稳定性，本节在 2 种不同的运行方式下进行分析，且每种运行方式按照与 4.4.2 节相同的 4 种工况进行仿真。两种运行方式下的主要数据如表 4-2 所示。

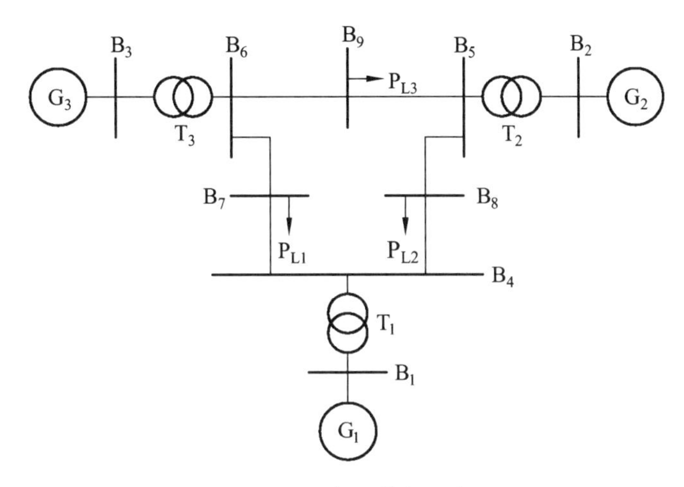

图 4-9　3 机 9 节点系统

表 4-2　3 机 9 节点系统运行方式

类　别	运行方式 1		运行方式 2	
	P	Q	P	Q
G_1	0.25	0.17	1.79	0.38
G_2	1.25	0.22	0.98	0.01
G_3	1.04	0.25	1.92	0.19
L_1	1.00	0.15	2.00	0.15
L_2	0.60	0.15	1.50	0.15
L_3	0.80	0.2	1.00	0.15

4.5.2　仿真结果及分析

当仿真时间 $t = 0.7$ s 时，设置发电机 G_3 的励磁电压参考值突然增加 10%，且于 $t = 0.1$ s 后恢复。根据式（4-8）中的目标函数，同时利用改进蝙蝠算法可以得到如表 4-3 所示的参数优化结果。同时在 2 种不同的运行方式下对 4 种工况进行仿真，发电机 G_3 的仿真曲线如图 4-10 和图 4-11 所示。

表 4-3　3 机 9 节点系统参数优化结果

控制器	K	T_{1m}	T_{2m}
PSS_2	28.357 9	0.835 1	0.178 2
PSS_3	17.730 1	0.493 4	0.058 9
超导储能有功部分	8.572 5	0.932 7	0.796 3
超导储能无功部分	45.301 3	—	—

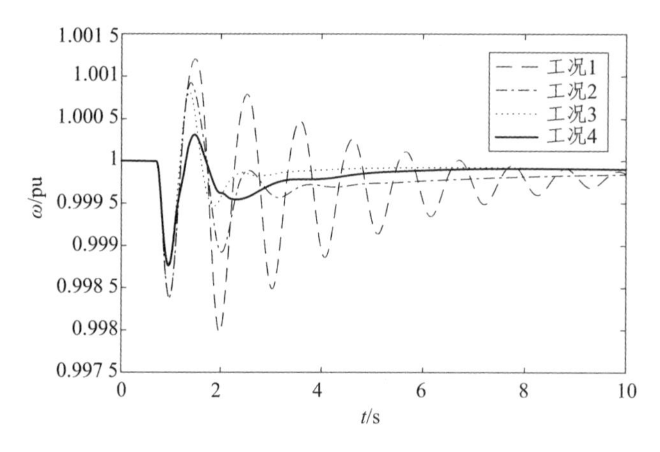

（a）转速变化

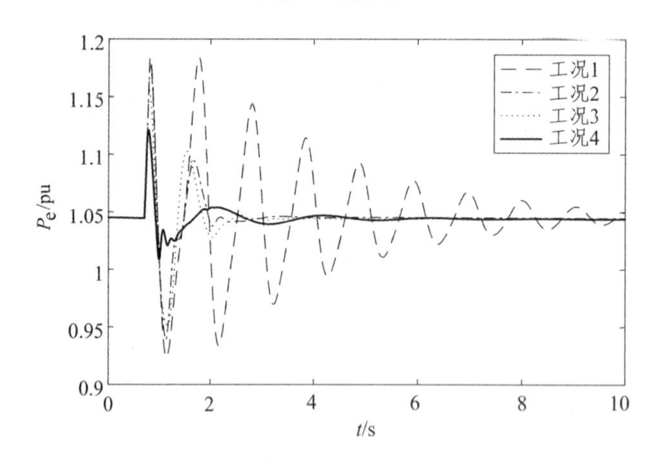

（b）电磁功率变化

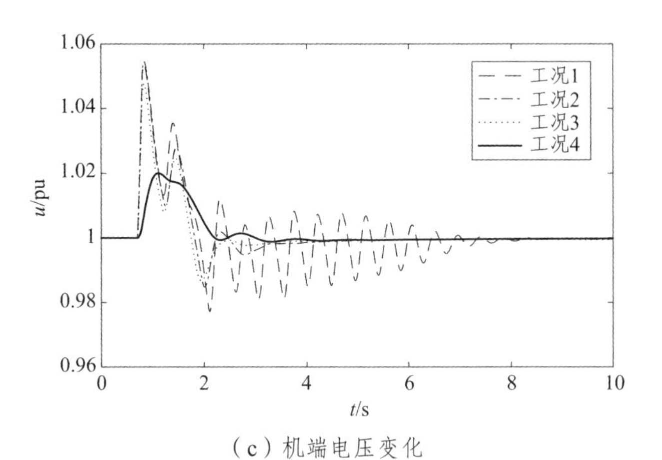

（c）机端电压变化

图 4-10　运行方式 1 下的仿真结果

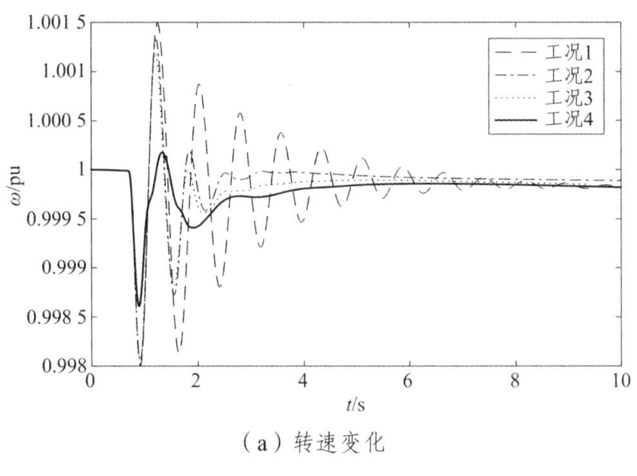

（a）转速变化

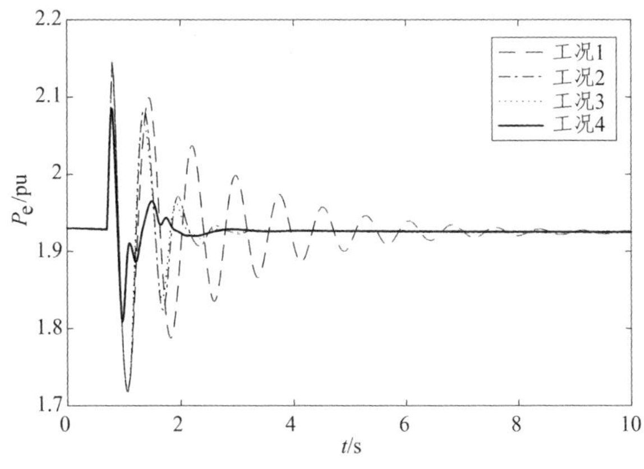

（b）电磁功率变化

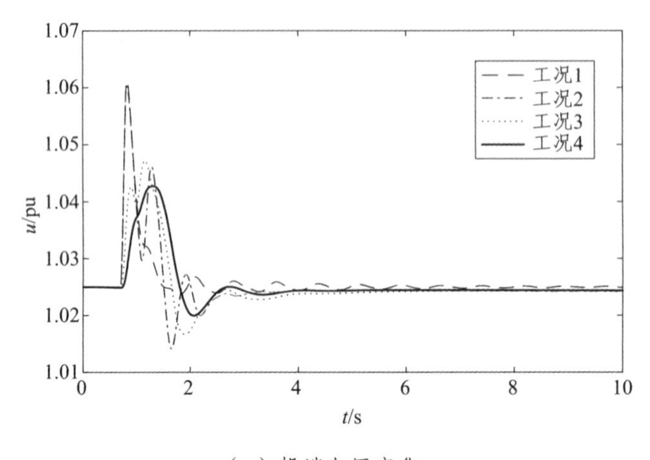

（c）机端电压变化

图 4-11　运行方式 2 下的仿真结果

根据前文阐述的特征值分析法，可得到不同运行情况下 3 机 9 节点系统机电模式的振荡频率及阻尼比，如表 4-4 所示。

表 4-4　不同情况下系统机电模式的频率及阻尼比

工　况	运行方式 1		运行方式 2	
	频率	阻尼比	频率	阻尼比
1	1.878 9	0.011 0	1.781 9	0.023 4
	1.044 8	0.089 8	1.294 8	0.014 5
2	1.803 1	0.144 3	1.787 5	0.160 9
	1.156 0	0.259 5	1.263 1	0.193 1
3	1.754 2	0.155 3	1.800 2	0.172 5
	1.206 6	0.258 8	1.393 4	0.179 1
4	1.840 0	0.164 9	1.739 9	0.173 2
	1.165 2	0.281 9	1.246 4	0.213 6

综合图 4-10、图 4-11 以及表 4-4 可以得到：两种不同运行方式下，当无 PSS 和超导储能装置时，系统出现幅值减小的低频振荡，且阻尼比均小于 0.1，而在发电机引入 PSS 后系统阻尼比得到了提高，该振荡恢复平稳的时间也相应减少。当引入 PSS 和超导储能装置时，同时含有功、无功控制的超导储能可以更好地辅助 PSS 抑制系统的低频振荡，且系统阻尼比得到了进一步提高。

4.6　本章小结

本章根据超导储能的有功功率和无功功率控制方式，研究了超导储能装置辅助 PSS 抑制低频振荡的相关方法和策略，同时利用改进蝙蝠算法对其主要参数进行了优化整定，得到如下结论：

（1）通过多种控制方式的仿真对比，说明了本章采用的超导储能环节辅助 PSS 抑制低频振荡策略能在一定程度上提高系统阻尼比，而且比仅依靠优化 PSS 参数来抑制低频振荡的效果更好。

（2）通过在超导有功控制方式基础上增加相应的无功控制环节，对超导储能控制方式的无功部分进行了弥补，使 3 机 9 节点系统仿真模型中的发电机 G_3 机端的电压稳定性得到了显著提高。

第5章

超低频振荡现象机理分析和云南电网仿真研究

5.1 引 言

超低频振荡现象在实际电网运行中的频繁出现，对电力系统的安全稳定运行带来了潜在威胁，引起了电网运行和研究人员的高度关注，已有部分文献对超低频振荡的机理展开了研究。文献[64]对云南电网与南方电网的异步联网试验中出现的超低频振荡问题进行了机理分析。在异步联网试验中进行预设的直流功率提升等试验项目时，发现云南电网频率出现长时间超低频率的振荡。通过大量现场试验数据分析，锁定了水电机组调速系统是造成本次振荡的直接原因，并对水电机组调速系统在振荡过程中提供负阻尼的机理进行了分析。在此基础上，利用离线数据仿真成功复现了试验过程中的超低频振荡现象[64]。文献[65]根据云南电网异步联网前后的系统结构，构建一个统一频率模型以模拟超低频振荡现象。随后，利用值集法计算了特征多项式在超低频频段的值集，并根据值集到复平面原点的距离判断系统的健壮稳定性。通过观察各不确定参数对值集的影响，分析了各参数对稳定性的交互作用，并提出改进措施。

研究结果表明，云南电网异步联网后水电比例过高是导致超低频振荡的重要原因，并且水轮机特性系数对稳定性的影响不容忽视，在稳定分析和模型建模时需要着重考虑。文献[66]基于简单电力系统模型对超低频振荡的机理进行研究。通过单机单负荷系统研究了超低频频率振荡的振荡频率、阻尼、振荡表现等关键特征，解析推导了简化模型下的振荡频率和阻尼，并分析了其影响因素。引入伯德图方法分析了详细模型下的振荡频率和阻尼，幅值交接频率、相角裕度分别与振荡频率、阻尼比对应，说明了阻尼转矩法在分析原动机系统阻尼特性时的适用性。结果还表明，超低频频率振荡中机械功率的振荡幅度大于电磁功率[66]。文献[67]提出一种适用于超低频频率振荡分析的系统等值方法，将多机系统等值为单机单负荷系统进行分析，提高了计算效率。各发电机原动系统的阻尼转矩相互解耦，和电磁功率中的阻尼转矩相叠加后共同影响系统的阻尼比。其研究结果可为实际系统超低频频率振荡的分

析与控制提供指导。文献[68]分析了负荷阻尼特性对超低频频率振荡的影响，以及准稳态方法在频率振荡分析中的应用。

针对实际电网和直流孤岛系统中发生的超低频振荡现象，部分学者对超低频振荡问题的抑制措施进行了研究。文献[38]中基于南方电网的实际模型，利用仿真工具开展了水电机组调速器导致超低频振荡的抑制措施研究，在单机系统中分析了水电机组调速器的不同参数以及直流频率限制控制器（FLC）对频率稳定性的影响，通过仿真分析提出了调整云南水电机组调速器死区、优化 PI 参数等措施，并比较了不同措施的特点。文献[43]建立了一个典型的孤岛送出系统，利用特征根分析和时域仿真的方法对超低频率振荡模式进行了排查和分析。结果表明，超低频率振荡是调速系统引起的机械振荡模式，对调速系统进行参数优化可从根本解决振荡问题，但有时也会降低机组一次调频能力。

另一方面，投入直流控制系统的 FLC 功能可快速调节直流电流或直流功率，能在一定程度上提高孤岛系统的频率调节性能，而且 FLC 的死区不易过大，其值可参考机组调速系统一次调频死区配置，因此可以通过调节 FLC 参数的方法抑制超低频振荡现象。文献[69]针对异步联网后的多直流送出系统，通过直流 FLC 提出了一种超低频振荡抑制方案。该方案利用最小二乘法-旋转不变技术的信号参数估计算法和改进粒子群优化算法，将多直流优化问题转化为多个单直流顺序循环优化问题，实现了对超低频振荡较好的抑制。

国际上也开展了对于超低频振荡抑制措施的研究，如土耳其电网对于其系统内发生的超低频振荡问题，展开了调速器参数优化的相关研究，通过调整水轮机调速器的参数来抑制超低频振荡现象[70]，哥伦比亚电网则是通过增加火电机组开机来抑制超低频振荡现象[71]。

针对实际电网和直流孤岛系统中发生的超低频振荡现象，本章通过机理研究及仿真分析确定了水电机组调速器参数和水锤效应引起的负阻尼效应是造成振荡的主要原因，并且对超低频振荡的机理和抑制措施的研究现状进行了相关阐述。结合相关数学模型对超低频振荡的机理、振荡现象、频率和阻尼等关键影响因素进行分析，基于小干扰稳定性和频域法等理论分析方法展开对超低频振荡抑制方法的研究。

5.2 超低频振荡分析的理论和方法

异步联网运行方式下，由于云南电网的系统规模显著减小，发电机外部系统的

频率响应特性显著变化，导致水电机组调速器由于参数及水锤效应造成的负阻尼问题凸显。此外，水轮机特性参数对稳定性的影响不容忽视，在稳定分析和模型建模时需要着重考虑。当然，调速器参数的实测与建模也需要引起足够重视。

超低频振荡属于频率稳定问题，而非功角稳定问题。本节综合采用理论推导和仿真分析的方法，对电力系统一次调频过程的超低频频率振荡展开研究。

5.2.1 小干扰稳定性分析

超低频振荡的主要理论分析方法有小干扰稳定性分析、频域分析法以及时域仿真法。电力系统小干扰稳定性的定义为：静态稳定是指电力系统受到小干扰后，不发生非周期性失步，自动恢复到起始运行状态的能力。因此，静态稳定性也称小干扰稳定性。和大干扰不同，小干扰的发生一般不会引起系统结构的变化，所以小干扰稳定性实质上是研究电力系统某一运行方式是否可能存在的问题。

电力系统的动态特性可以由一组非线性微分方程组和一组非线性代数方程组描述：

$$\left.\begin{aligned}&\frac{\mathrm{d}x_i}{\mathrm{d}t}=f_i(x_1,\ x_2,\ \cdots,\ x_n) && i=1,\ 2,\ \cdots,\ m\\&0=g_i(x_1,\ x_2,\ \cdots,\ x_n) && i=m+1,\ m+2,\ \cdots,\ n\end{aligned}\right\} \tag{5-1}$$

在稳态运行点进行线性化，并写成矩阵形式为

$$\begin{bmatrix}\Delta\dot{X}\\0\end{bmatrix}=\begin{bmatrix}\tilde{\boldsymbol{A}} & \tilde{\boldsymbol{B}}\\\tilde{\boldsymbol{C}} & \tilde{\boldsymbol{D}}\end{bmatrix}\begin{bmatrix}\Delta X\\\Delta Y\end{bmatrix}=\boldsymbol{J}\begin{bmatrix}\Delta X\\\Delta Y\end{bmatrix} \tag{5-2}$$

式中，$\boldsymbol{J}$ 为系统线性化矩阵，X 是状态（微分）变量，Y 是代数变量。式（5-2）中消去非状态变量，得

$$\Delta\dot{X}=(\tilde{\boldsymbol{A}}-\tilde{\boldsymbol{B}}\tilde{\boldsymbol{D}}^{-1}\tilde{\boldsymbol{C}})\Delta X=\boldsymbol{A}\Delta X \tag{5-3}$$

式（5-3）就是描述线性系统的状态方程，其中 $\boldsymbol{A}$ 为 $n\times n$ 维系数矩阵，称为该系统的状态矩阵。对于由状态方程描述的电力系统，系统的稳定性是由 $\boldsymbol{A}$ 矩阵如下的特征值所决定的：

（1）一个实数特征值对应于一个非振荡模式。负的实数特征值表示衰减模式，其绝对值越大，则衰减越快；正的实数特征值表示非周期性不稳定。与实数特征值相关的特征向量的值也是实数。

（2）复数特征值总是以共轭对的形式出现，每一对特征值对应一个振荡模式。

相应的特征向量也为复数，使得其值在每一时刻为实数，例如：

$$\begin{aligned}(a+b\mathrm{j})\mathrm{e}^{(\delta-\mathrm{j}\omega)t}+(a-b\mathrm{j})\mathrm{e}^{(\delta+\mathrm{j}\omega)t}&=\mathrm{e}^{\sigma t}(2a\cos\omega t+2b\sin\omega t)\\&=A\mathrm{e}^{\sigma t}\sin(\omega t+\theta)\end{aligned} \tag{5-4}$$

显然，特征值的实部刻画了系统对振荡的阻尼，虚部给出了振荡的频率。负实部表示正阻尼（衰减振荡），零实部表示无阻尼（等幅振荡），而正实部表示负阻尼（增幅振荡）。因此，对于 1 对复数特征值：

$$\lambda_{1,2}=\sigma\pm\mathrm{j}\omega \tag{5-5}$$

振荡频率 f（Hz）为

$$f=\frac{\omega}{2\pi} \tag{5-6}$$

阻尼比的计算公式为

$$\xi=-\frac{\sigma}{\sqrt{\sigma^2+\omega^2}} \tag{5-7}$$

显然，当 $\varepsilon<0$ 时，该模式是不稳定的；当 $\varepsilon=0$ 时，该模式处于稳定边界；当 $\varepsilon>0$ 时，该模式是稳定的，并且 ε 越大，该模式下稳定性的阻尼越强。

对于任一特征值 λ_i，当 n 列向量 α_i 满足 $\boldsymbol{A}\alpha_i=\lambda_i\alpha_i$ 时，就称为矩阵 $\boldsymbol{A}$ 关于特征值 λ_i 的右特征向量。同样对于 n 列向量 ψ_i 满足 $\psi_i\boldsymbol{A}=\lambda_i\psi_i$ 时，就称为矩阵 $\boldsymbol{A}$ 关于特征值 ψ_i 的左特征向量。不同的特征值的左、右特征向量是正交的。也就是说，如果 λ_i 不等于 λ_j，则 $\psi_j\alpha_i=0$；但对于同一个特征值的特征向量有 $\psi_j\alpha_i=C_i$，其中 C_i 是一个非零常数。

前面已经讨论了系统的时间响应，由于状态之间的交叉耦合，要分离那些显著影响运动的变量来进行研究比较困难。为了消除状态变量间的相交耦合，我们可以引入一个新的状态向量 z。原始状态向量 x 和 z 之间的相互关系如下：

$$\left.\begin{aligned}&\Delta x(t)=\alpha z(t)=[\alpha_1\ \alpha_2\ \cdots\ \alpha_n]z(t)\\&z(t)=\alpha^{-1}\Delta x(t)=\psi\Delta x(t)=[\psi_1\ \psi_2\ \cdots\ \psi_n]\Delta x(t)\end{aligned}\right\} \tag{5-8}$$

不难看出，变量 $x_1,x_2,\cdots,x_n$ 是用来表示系统动态性能的原状态变量，变量 $x_1,x_2,\cdots,x_n$ 是变换后的状态变量，变换后的每一个变量仅与一种模式有关。也就是说，变换后的变量 z 是直接与模式相关的。

从式（5-8）可见，右特征向量给出了模态，即是一个特定模式被激励时状态变量的相对活动情况。α_i 元素的幅值给出了第 i 个模式的 n 个状态变量的活动程度，

元素的角度则表征了各状态变量关于该模式的相位偏移。

在机电振荡模式中，右特征向量的模反映了系统中各机组对同一振荡模式的响应程度，表现为振荡的强弱程度，特征向量的模大，则振荡就较强，反之就较弱。特征向量的相位反映了系统中各机组对同一振荡模式的同调程度。

为了确定状态变量 Δx 和模式 z 之间的关系，把右特征向量 α 和左特征向量 ψ 结合起来，形成如下的参与矩阵（Participation Matrix）$\boldsymbol{P}$，用它来度量状态变量和模式之间的关联程度。

$$\boldsymbol{P}=[P_1 \quad P_2 \quad \cdots \quad P_i \quad \cdots \quad P_n] \tag{5-9}$$

式中，$P_i=[P_{1i} \ P_{2i} \ \cdots \ P_{ni}]^{\mathrm{T}}=[\alpha_{1i}\psi_{i1} \ \alpha_{2i}\psi_{i2} \ \cdots \ \alpha_{ni}\psi_{in}]^{\mathrm{T}}$，称参与矩阵 $\boldsymbol{P}$ 的元素 $P_{ki}=\alpha_{ki}\psi_{ki}$ 为参与因子，它度量了第 i 个模式与第 k 个状态变量的相互参与程度，反之亦然；矩阵 $\boldsymbol{P}$ 的第 i 列 P_i 为第 i 个模式的参与向量。

5.2.2 频域分析法

频率特性的图像是研究控制系统特性的重要工具，其形式可表示为

$$G(\mathrm{j}\omega)=\sqrt{P^2(\omega)+Q^2(\omega)}\angle\arctan\frac{Q(\omega)}{P(\omega)}=A(\omega)\mathrm{e}^{\mathrm{j}\varphi(\omega)} \tag{5-10}$$

式中，$P(\omega)$ 和 $Q(\omega)$ 分别为频率特性的实部和虚部，它们随 ω 变化的特性称为实频特性和虚频特性；$A(\omega)$ 和 $\mathrm{e}^{\mathrm{j}\varphi(\omega)}$ 分别为频率特性的幅值和相位，它们随 $\mathrm{j}(\omega)$ 变化的特性称为幅频特性和相频特性。

频率特性可以利用伯德图的表示方法研究系统稳定性与频率变化的关系，伯德图中一般用相角裕度和幅值裕度 h 来度量系统的相对稳定性。

相角裕度的含义是：对于闭环稳定系统，如果系统开环相频特性再滞后 γ 度，则系统将处于稳定状态。

$$\gamma=180^\circ+\angle G(\mathrm{j}\omega_{\mathrm{c}})H(\mathrm{j}\omega_{\mathrm{c}}) \tag{5-11}$$

幅值裕度 h 的含义是：对于闭环稳定系统，如果系统开环幅频特性再增大 h 倍，则系统将处于临界稳定状态。设 x 为系统的穿越频率，定义幅值裕度 h 为

$$h=\frac{1}{\left|G(\mathrm{j}\omega_x)H(\mathrm{j}\omega_x)\right|} \tag{5-12}$$

对于典型的二阶系统来说，其开环特性为

$$G(\mathrm{j}\omega)=\frac{\omega_n^2}{\mathrm{j}\omega(\mathrm{j}\omega+2\xi\omega_n)}=\frac{\omega_n^2}{\omega\sqrt{\omega^2+4\xi^2\omega_n^2}}\angle-\arctan\frac{\omega}{2\xi\omega_n}-90^\circ \tag{5-13}$$

截止频率为 ω_{c}，则有

$$\left.\begin{aligned}&\left|G(\mathrm{j}\omega_{\mathrm{c}})\right|=\frac{\omega_n^2}{\omega_{\mathrm{c}}\sqrt{\omega_{\mathrm{c}}^2+4\xi^2\omega_n^2}}=1\\&\omega_{\mathrm{c}}=\omega_n(\sqrt{4\xi^4+1}-2\xi^2)^{\frac{1}{2}}\end{aligned}\right\} \tag{5-14}$$

按相角裕度的定义可求得

$$\begin{aligned}\gamma&=180^\circ+\angle G(\mathrm{j}\omega_{\mathrm{c}})=90^\circ-\arctan\frac{\omega_c}{2\xi\omega_n}\\&=\arctan\frac{2\xi\omega_n}{\omega_{\mathrm{c}}}=\arctan\left[2\xi\left(\frac{1}{\sqrt{4\xi^4+1}-2\xi^2}\right)^{\frac{1}{2}}\right]\end{aligned} \tag{5-15}$$

因为 $\frac{\mathrm{d}}{\mathrm{d}\xi}(\sqrt{4\xi^4+1}-2\xi^2)=\frac{4\xi}{\sqrt{4\xi^4+1}}(2\xi^2-\sqrt{4\xi^4+1})<0$，故 ω_{c} 为 ω_n 的增函数和 ξ 的减函数，γ 只与阻尼比 ξ 有关，且为 ξ 的增函数。对于高阶系统，一般难以准确计算截止频率。在工程设计和分析时，经常采用闭环主导极点的概念对高阶系统进行近似分析。

判别高阶线性系统稳定的充分必要条件是：闭环系统特征方程的所有根均具有负实部。或者说，闭环传递函数的极点均位于复数坐标系的左半平面。根据稳定的充分必要条件判别线性系统的稳定性，需要求出系统的全部特征值，因此，希望使用一种间接判断系统特征值是否全部位于复数坐标系左半平面的代替方法。劳斯和赫尔维茨分别与 1877 年和 1895 年独立提出了判断系统稳定性的代数判据，称为劳斯-赫尔维茨稳定判据。

设线性系统的特征方程为

$$D(s)=a_0s^n+a_1s^{n-1}+\cdots+a_{n-1}s+a_n=0,\ a_0>0 \tag{5-16}$$

根据赫尔维茨稳定判据，线性系统稳定的充分必要条件应是：由系统特征方程各项系数构成的主行列式及其顺序主子式 $\Delta_i(i=1,2,\cdots,n-1)$ 全部为正，即

$$\Delta_1=a_1>0,\quad \Delta_2=\begin{vmatrix}a_1&a_3\\a_0&a_2\end{vmatrix}>0,\quad \Delta_3=\begin{vmatrix}a_1&a_3&a_5\\a_0&a_2&a_4\\0&a_1&a_3\end{vmatrix}>0,\ \cdots,\ \Delta_n>0$$

对于$n \leqslant 4$的线性系统，其稳定的充分必要条件可以表示为如下简单形式：

（1）$n=2$：特征方程各项系数为正；

（2）$n=3$：特征方程各项系数为正，且$a_1a_2-a_0a_3>0$；

（3）$n=4$：特征方程各项系数为正，且$\varDelta_2=a_1a_2-a_0a_3>0$，$\varDelta_2>a_1^2a_4/a_3$。

当系统特征方程的次数较高时，应用赫尔维茨稳定判据的计算工作量较大。已经证明：在特征方程的所有系数为正的条件下，若所有奇次顺序赫尔维茨行列式为正，则所有偶次顺序赫尔维茨行列式亦必为正；反之亦然。

本节阐述了小干扰稳定性分析法和频域分析法相关理论知识，利用系统阻尼特性可判断系统的稳定性，展开了对超低频振荡机理的研究。通过系统特征值判断系统阻尼状态，可反映整个系统的稳定性。借助频域分析方法中的伯德图，分析了超低频振荡模型中不同参数对于频率稳定性的影响，结合小干扰稳定性分析法对超低频振荡的机理、振荡现象和阻尼特性等关键影响因素进行了分析。

5.3 超低频振荡现象的理论建模和分析

实际电网中多次发生超低频振荡事件，研究发现调速系统产生的负阻尼是引起超低频振荡的重要原因。本节推导了水轮机调速系统在考虑 PID 参数下的阻尼转矩系数，并且引入分界频率的概念，作为判断发生超低频振荡现象时调速系统阻尼特性的重要依据。通过阻尼转矩法计算了考虑 PID 参数情况下调速系统的阻尼转矩；利用分界频率分析调速器的不同 PID 参数对超低频振荡的影响，展开对超低频振荡问题抑制方法的相关研究。接着，基于单机系统，提出了针对调速系统 PID 参数的粒子群优化算法，目标函数中考虑了调速系统的阻尼转矩；通过原动机调速系统的阻尼系数变化，说明了 PID 参数优化前后的系统阻尼变化情况。

5.3.1 数学模型

1）水轮机调速系统阻尼特性

水轮机组的调速器模型采用电调型调速系统[72]，为典型的 PID 型调速器，其关系如图 5-1 所示，传递函数为

$$G_{\text{gov}}(s)=\frac{\Delta\mu(s)}{-\Delta\omega(s)}=\frac{K_{\text{D}}s^2+K_{\text{P}}s+K_{\text{I}}}{B_{\text{P}}K_{\text{I}}+s}\frac{1}{T_{\text{G}}s+1} \tag{5-17}$$

式中，K_P、K_I、K_D分别为调速器的比例、积分和微分系数，B_P为调差系数，T_G为执行机构时间常数。

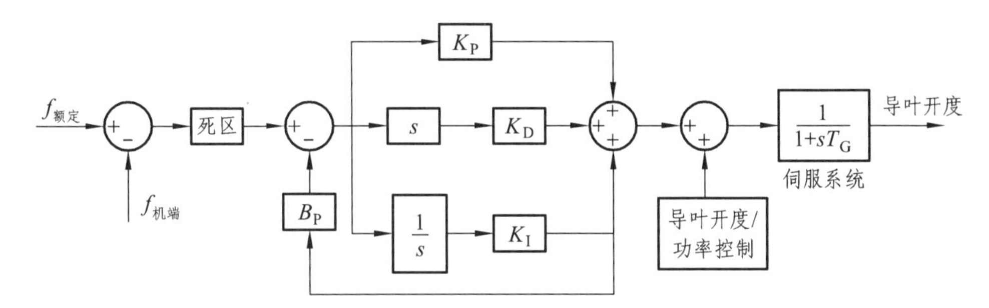

图 5-1　PID 型调速器模型

水轮机传递函数为

$$G_W(s)=\frac{\Delta P_m(s)}{\Delta\mu(s)}=\frac{1-T_W s}{1+0.5T_W s} \tag{5-18}$$

式中，ΔP_m为发电机的机械功率偏差；T_W为水锤效应时间常数，满载时一般取值在0.5～4.0 s。

设水轮机组调速系统传递函数为$G(s)$，当系统输入信号$\Delta\omega$时，根据 Phillips-Heffron 模型，原动机产生的机械偏差ΔP_m为

$$\Delta P_m=-G(s)\Delta\omega \tag{5-19}$$

式中，$G(s)=G_{gov}(s)G_W(s)$。将$s=j\omega_d$代入式（5-19），得

$$\Delta P_m=-D_{md}\Delta\omega-K_{ms}\Delta\delta \tag{5-20}$$

式中，D_{md}和K_{ms}为水轮机调速系统提供的阻尼和同步转矩系数，且

$$D_{md}=\frac{K_1\omega_d^6+K_2\omega_d^4+K_3\omega_d^2+K_4}{(B_P^2K_I^2+\omega_d^2)(1+T_G^2\omega_d^2)(1+0.25T_W^2\omega_d^2)} \tag{5-21}$$

式中，$K_1=-0.5T_W^2T_GK_D$，$K_4=B_PK_I^2$，$K_2=T_GK_D+0.5T_W^2K_DK_IB_P-0.5T_W^2K_P$，$-0.5T_W^2T_GK_PB_PK_I+0.5T_W^2T_GK_I+1.5T_WT_GK_DK_IB_P-1.5T_WT_GK_P+1.5T_WK_D$，$K_3=-K_DK_IB_P+K_P+T_GK_PB_PK_I-T_GK_I-0.5T_W^2B_PK_I^2-1.5T_WT_GB_PK_I^2+1.5T_WK_PB_PK_I-1.5T_WK_I$。

若令$D_{md}=0$，求解可得到振荡频率　d，且$d=2f_d$。定义f_d为分界频率，即调速系统提供阻尼为零时对应的振荡频率。当振荡频率$f>f_d$时，水轮机调速系统产生负阻尼转矩；$f<f_d$时，水轮机调速系统产生正阻尼转矩。

对调速器的控制参数进行阻尼转矩特性分析，在改变K_P、K_I、K_D、B_P参数的情

况下，分析水轮机调速器的阻尼转矩系数随频率变化情况，如图 5-2 和图 5-3 所示。

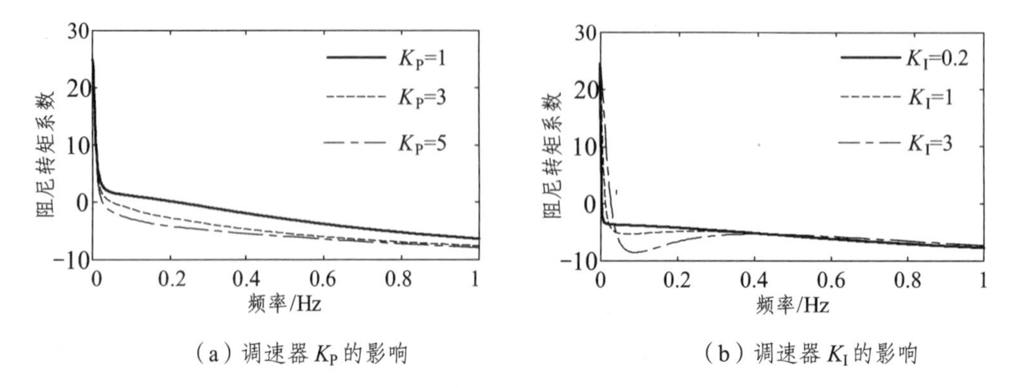

（a）调速器 K_P 的影响　　（b）调速器 K_I 的影响

图 5-2　K_P、K_I 对阻尼转矩系数的影响

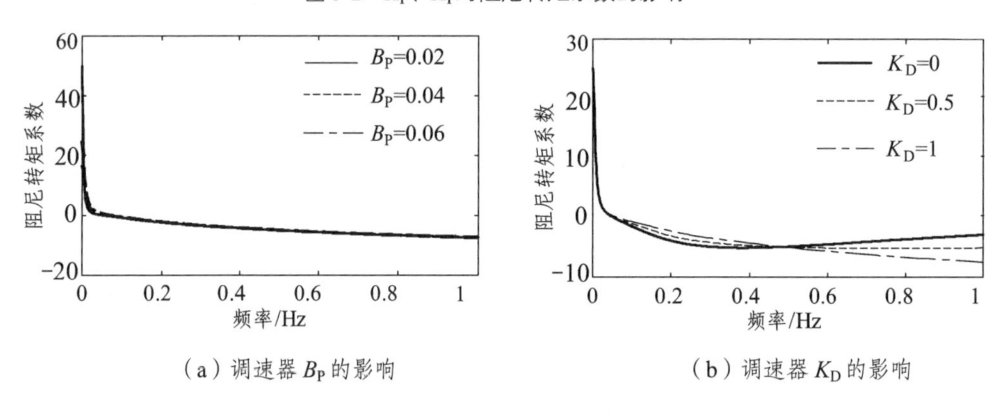

（a）调速器 B_P 的影响　　（b）调速器 K_D 的影响

图 5-3　B_P、K_D 对阻尼转矩系数的影响

图 5-2 中，在 0.01 ~ 0.1 Hz 的超低频段，当 K_P 增大时，其阻尼逐渐减弱，甚至出现负阻尼；K_I 在超低频段负阻尼特性显著，且 K_I 越大，负阻尼的幅值越大。图 5-3 说明在超低频段，B_P 减小时，阻尼变化很小；K_D 基本提供正阻尼。

2）机组运动特性分析

发电机运动方程为

$$\left.\begin{aligned} &T_J s\Delta\omega = \Delta P_m - \Delta P_e - D\Delta\omega \\ &s\Delta\delta = \omega_0\Delta\omega \end{aligned}\right\} \tag{5-22}$$

式中，T_J 为发电机的惯性时间常数，ΔP_e 为电磁功率偏差，D 为发电机阻尼系数，ω_0 为基准角速度。

基于复转矩系数法，ΔP_e 可写为

$$\Delta P_{\mathrm{e}} = D_{\mathrm{ed}}\Delta\omega + K_{\mathrm{es}}\Delta\delta \tag{5-23}$$

式中，D_{ed} 为阻尼转矩分量，K_{es} 为同步转矩分量。将式（5-20）和式（5-23）代入式（5-22），并忽略网损，得到系统的阻尼比为

$$\xi=\frac{D_{\mathrm{md}}+D_{\mathrm{ed}}+D}{2\sqrt{T_{\mathrm{J}}\omega_0(K_{\mathrm{ms}}+K_{\mathrm{es}})}} \tag{5-24}$$

式中，发电机的电磁功率变化量近似为负荷有功的变化量，即 $\Delta P_{\mathrm{e}} = K_{\mathrm{L}}\Delta\omega$，其中 K_{L} 为负荷频率调节系数。

为了方便分析，系统电磁功率变化量只考虑与 $\Delta\omega$ 有关的部分。由式（5-24）可得，D_{ed} 近似等于 K_{L}，不考虑 K_{es} 令其等于零，于是式（5-24）简化为

$$\xi=\frac{D_{\mathrm{L}}+D_{\mathrm{md}}}{2\sqrt{T_{\mathrm{J}}\omega_0 K_{\mathrm{ms}}}} \tag{5-25}$$

利用阻尼转矩法可以分析计算系统的阻尼特性，当 $D_{\mathrm{md}}>0$ 时，调速系统向系统提供正阻尼；当 $D_{\mathrm{md}}<0$ 时，调速系统向系统提供负阻尼。

5.3.2　基于粒子群算法的 PID 参数优化

1）粒子群优化算法

粒子群优化（PSO）算法为进化算法的一种。PSO 初始化为一群随机的粒子，通过不断的迭代找到最优解。在迭代过程中，每个粒子通过跟随个体极值和全局极值来更新自己。所有粒子都有自己的适应值，根据速度决定每个粒子的飞行方向和距离，每个粒子跟随当前的最优粒子在解空间进行搜索[73,74]。根据以下规则更新粒子的速度和位置：

$$\left.\begin{aligned} v_{id} &= wv_{id}+c_1r_1(p_{id}-x_{id})+c_2r_2(p_{gd}-x_{id}) \\ x_{id} &= x_{id}+v_{id} \end{aligned}\right\} \tag{5-26}$$

式中，w 为权系数，c_1 和 c_2 为学习因子，r_1 和 r_2 为[0，1]之间的随机数，v_{id} 为粒子 i 的飞行速度，x_{id} 为粒子 i 的位置，p_{id} 为粒子 i 的个体极值，p_{gd} 为粒子 i 的全局极值；$d=1,2,\cdots,D$。

为了改进 PSO 算法的计算性能，本节采用一种动态惯性权重系数的方法，其速度更新方程可写为

$$\left.\begin{aligned}v_{id} &= wv_{id} + c_1 r_1 (p_{id} - x_{id}) + c_2 r_2 (p_{gd} - x_{id}) \\ w &= (1 + r)/2\end{aligned}\right\} \tag{5-27}$$

式中，r 为[0，1]之间的随机数。传统的 PSO 算法一般以水轮机转速偏差的时间乘误差绝对值积分（ITAE）指标作为优化算法的目标函数，其表达式为

$$J_{\text{ITAE}} = \int_0^{t_s} t\left|\Delta\omega\right| \mathrm{d}t \tag{5-28}$$

本节提出了一种以调速系统提供的阻尼力矩作为目标函数的方法，即

$$J_{\text{Damping}} = \sum_i^n D_{\text{md}}(f_i) \tag{5-29}$$

式中，$n = (f_{\max} - f_{\min}) / f$，$f_{\max}$ 和 $f_{\min}$ 分别为振荡频率的最大和最小值，$f = 0.005$ Hz 为频率点步长，对第 i 个频率点有 $f_i = f_{\min} + (i-1)f$，将 $D_{\text{md}}(f_i)$ 做以下变换：

$$\left.\begin{aligned}D_{\text{md}}(f) &= \left|D_{\text{md}}(f_i)\right| \quad D_{\text{md}}(f_i) \leqslant 0 \\ D_{\text{md}}(f) &= 1/D_{\text{md}}(f_i) \quad D_{\text{md}}(f_i) > 0\end{aligned}\right\} \tag{5-30}$$

式中，$D_{\text{md}}(f_i)$ 为振荡频率为 f_i 时调速系统的阻尼转矩系数，根据式（5-21）可得到。

考虑了水轮机调速系统阻尼转矩后，粒子群优化算法的目标函数可写为

$$\min J = \alpha J_{\text{ITAE}} + (1-\alpha) J_{\text{Damping}} \tag{5-31}$$

式中，$J \in [0,1]$ 为权重系数；若 $J > 0.5$，说明目标函数中考虑转速偏差的比重较大；若 $J < 0.5$，说明目标函数中考虑阻尼转矩的比重较大。

2）单机系统中的仿真验证

单机系统模型中系统的基本参数为：$T_{\text{J}} = 10$ s，$K_{\text{P}} = 0.49$，$K_{\text{I}} = 1.0$，$K_{\text{D}} = 0.7$，$B_{\text{P}} = 0.04$，$T_{\text{G}} = 0.2$ s，$T_{\text{W}} = 1.0$ s。在初始扰动作用下，系统出现超低频振荡现象，经计算系统特征值为 0.000 4 ± j0.307 2。

采用 PSO 算法对调速器 PID 参数进行优化，初始设置为：种群规模为 20，最大迭代次数为 50，$c_1 = c_2 = 1.425$。初始扰动为 5%频率扰动和 10%负荷扰动，优化后 PID 参数为 $K_{\text{P}} = 2.77$，$K_{\text{I}} = 0.58$，$K_{\text{D}} = 0.24$。参数优化前后调速系统的阻尼转矩系数 D_{md} 的变化如图 5-4 所示。图 5-5 给出了相应的转速偏差变化。

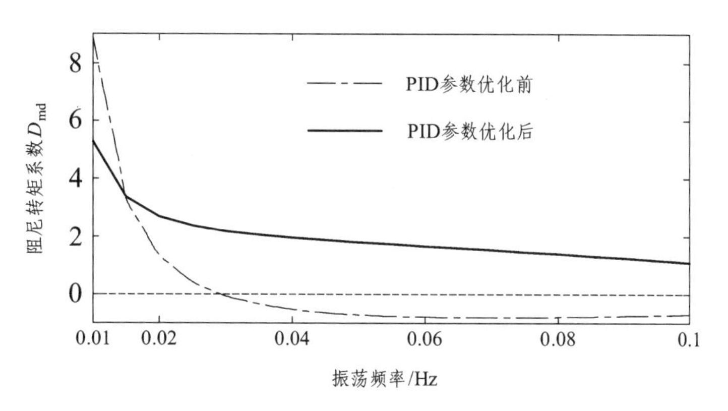

图 5-4　阻尼转矩系数对比

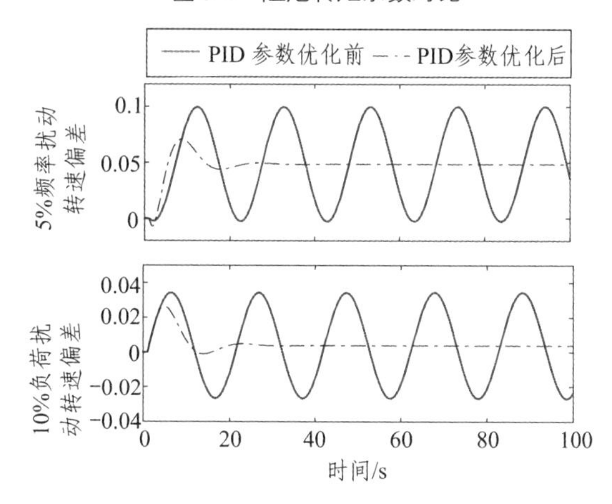

图 5-5　转速偏差对比

图 5-4 中，在 0.01～0.1 Hz 的超低频率范围内，PID 参数优化前的阻尼转矩特性较差，0.03～0.1 Hz 的范围中 D_{md} 均小于 0，说明此时的调速系统向系统提供了负阻尼。PID 参数优化后阻尼转矩特性明显得到改善，D_{md} 在 0.01～0.1 Hz 的超低频率范围内均大于 0，说明了本节提出的优化方法的有效性。

从图 5-5 可以看出，在扰动设置为 5%频率扰动和 10%负荷扰动时，调速器 PID 参数在优化后系统频率明显稳定，说明优化方法有效。由此说明，在单机系统中由于频率扰动和负荷扰动出现的超低频振荡现象，通过 PSO 算法对调速器的 PID 参数进行优化，系统频率逐渐稳定，达到了抑制超低频振荡的目的。

5.3.3 单机系统中的阻尼特性分析和验证

将优化前后的 PID 参数分别代入式（5-21）中，单机系统的分界频率、实际振荡频率、阻尼转矩系数、阻尼比计算结果如表 5-1 所示。

表 5-1 阻尼转矩计算结果

PID 参数	分界频率/Hz	振荡频率/Hz	D_{md}	阻尼比
优化前	0.029 0	0.048 9	−0.707 4	−0.001 3
优化后	0.164 1	0.042 8	1.895 8	0.600 0

表 5-1 中，优化前 PID 参数为 $K_P = 0.49$，$K_I = 1.0$，$K_D = 0.7$，系统出现超低频振荡。实际振荡频率 $f = 0.0489$ Hz，分界频率 $f_d = 0.0290$ Hz，此时振荡频率高于分界频率，调速系统提供了负阻尼转矩，$D_{md} = -0.7074$，说明调速器在系统出现超低频振荡时表现为负阻尼作用。优化后 $K_P = 2.77$，$K_I = 0.58$，$K_D = 0.24$，系统稳定。实际振荡频率 $f = 0.0428$ Hz，系统分界频率 $f_d = 0.1641$ Hz，此时振荡频率低于分界频率，调速系统提供了正阻尼转矩，$D_{md} = 1.8958$，说明调速器在 PID 参数优化后给系统提供的阻尼由负到正，相应的系统阻尼比增大到 0.6。

阻尼转矩分析法解释了超低频振荡时系统出现负阻尼的机理。上述分析过程对单机系统调速器 PID 参数优化前后的阻尼特性进行了深入的分析，计算结果表明在发生超低频振荡时，调速系统的阻尼转矩系数为负值，为超低频振荡提供了负阻尼振荡源。在改变 PID 参数后，调速系统不再产生负阻尼，系统阻尼变大，振荡现象随之消失，说明通过调速系统的阻尼转矩系数 D_{md} 能够判断调速器向系统提供的阻尼大小。

根据式（5-25），D_{md} 为 3 个不同参数情况下特征值法与阻尼转矩法得到的系统阻尼比的计算结果如表 5-2 所示，结果验证了阻尼转矩法分析系统阻尼的有效性。

表 5-2 系统阻尼比计算结果

D_{md}	特征值法	阻尼转矩法
0.400	−0.045 1	−0.047 4
0.687	−0.001 3	−0.001 9
1.100	0.060 5	0.064 8

由式（5-25）可知，系统振荡模式的阻尼主要来自发电机调速系统的阻尼转矩和负荷产生的阻尼。负荷所提供的阻尼一般都大于零，而发电机调速系统的阻尼受原动系统延时或者相位滞后的作用，容易产生负阻尼。对于系统出现的超低频振荡现象，本质上就是调速器产生的负阻尼大于负荷产生的正阻尼，系统呈现了负阻尼特性。

若不改变调速器提供的阻尼转矩，增加系统的正阻尼，可以利用一种针对水轮机设计的超前/滞后补偿器的方法进行分析，控制器传递函数为

$$G(s)=\frac{sK}{1+sT_1}\cdot\frac{1+sT_2}{1+sT_3}\cdot\frac{1+sT_4}{1+sT_5} \tag{5-32}$$

式中，K 为控制器的增益，T_1 为测量环节时间常数，$T_2 \sim T_5$ 为超前/滞后环节时间常数。一般 $T_2=T_4$，$T_3=T_5$。

图 5-6 为附加控制器的系统模型。在 5%频率扰动下，附加控制器与未附加控制器的系统转速偏差如图 5-7 所示。

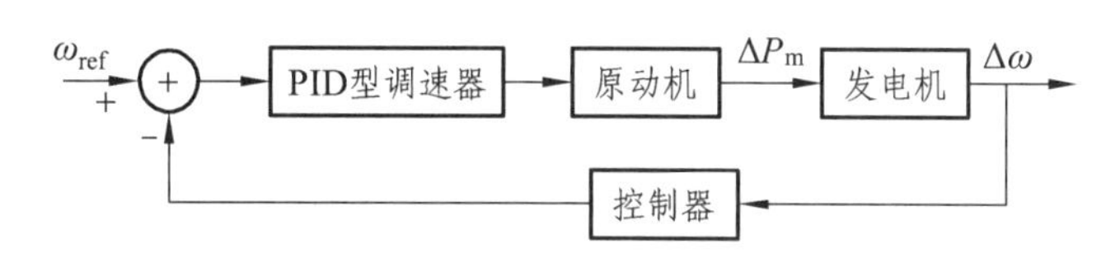

图 5-6　附加控制器系统模型

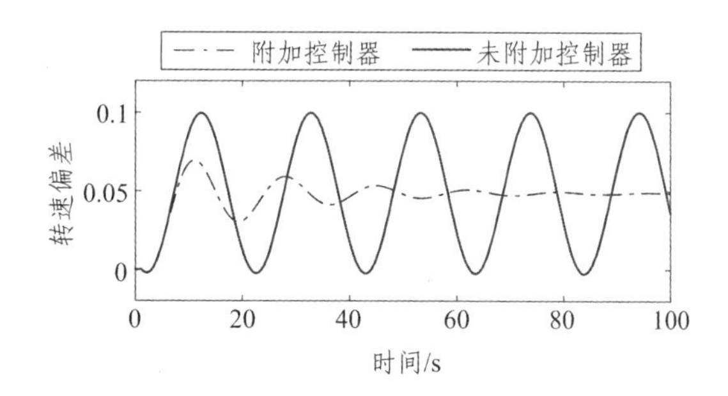

图 5-7　附加控制器系统频率变化曲线

图 5-7 中，在附加控制器后，经过特征值计算可知系统阻尼比由 0 增大为 0.129 7，正阻尼明显变大。在没有改变系统调速器阻尼的条件下，附加控制器相当于增加了负荷所提供的正阻尼，并且正阻尼大于调速器所提供的负阻尼，系统的总阻尼为正，从而使系统频率逐渐稳定。通过上述分析说明，优化 PID 参数和附加控制器均可有

效抑制超低频振荡，抑制超低频振荡实际上就是减小系统的负阻尼，增大系统正阻尼作用。

本节基于水轮机调节系统对超低频振荡的影响展开研究，得出的结论如下：

（1）基于 Phillips-Heffron 模型，推导了水轮机调节系统在考虑 PID 参数下的阻尼转矩系数，可通过振荡频率和分界频率的关系判断系统的阻尼特性。

（2）单机系统中，采用粒子群优化算法对 PID 参数进行了优化，优化后单机系统阻尼转矩系数由-0.707 4 增大到 1.895 8，阻尼比由-0.001 3 增大到 0.6；在采用附加控制器的方法后系统阻尼比由 0 增大到 0.129 7。

5.4 基于云南电网数据抑制超低频振荡的仿真试验

2016 年 3 月 28 日云南电网异步联网整体试验中，云南电网出现了振荡周期为 20 s 左右的超低频振荡现象，退出小湾、糯扎渡等主力水电厂的一次调频之后，电网频率恢复稳定。针对云南电网异步联网出现的超低频振荡问题，本节采用 PSD-BPA 软件进行超低频振荡仿真研究。首先阐述了云南电网中水电机组的相关模型，然后基于云南电网 2017 年 BPA 离线数据展开仿真试验，搭建了 4 机 2 区域、糯扎渡直流孤岛和楚穗直流孤岛模型，最后在云南电网中进行仿真验证。

5.4.1 云南电网水电机组的相关模型

云南电网中的主要发电机组模型包括 GS 型汽轮机调速器、GM 型水电 PID 调速器、GH 型水轮机调速器、GA 型伺服系统、TB 型汽轮机、TW 型水轮机模型。由于超低频振荡现象多发生于水电机组中，所以这里不对汽轮机相关模型进行介绍。GH 型水轮机调速器模型作为简化模式，难以反映调速器参数设置过于灵敏及水锤效应造成的负阻尼特性，故本节主要关注云南电网中更为详细表征调速器的控制系统模型（由表征一次调频功能的 GM 模型、表征执行机构的 GA 模型以及表征水轮机的 TW 模型构成）。图 5-8、图 5-9 和图 5-10 给出了水轮机电液伺服系统 GA 模型、调节系统 GM 模型和 TW 型水轮机模型[75]。

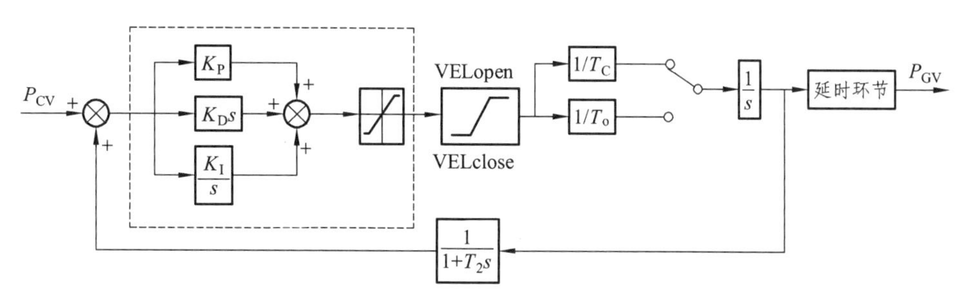

图 5-8　GA 模型

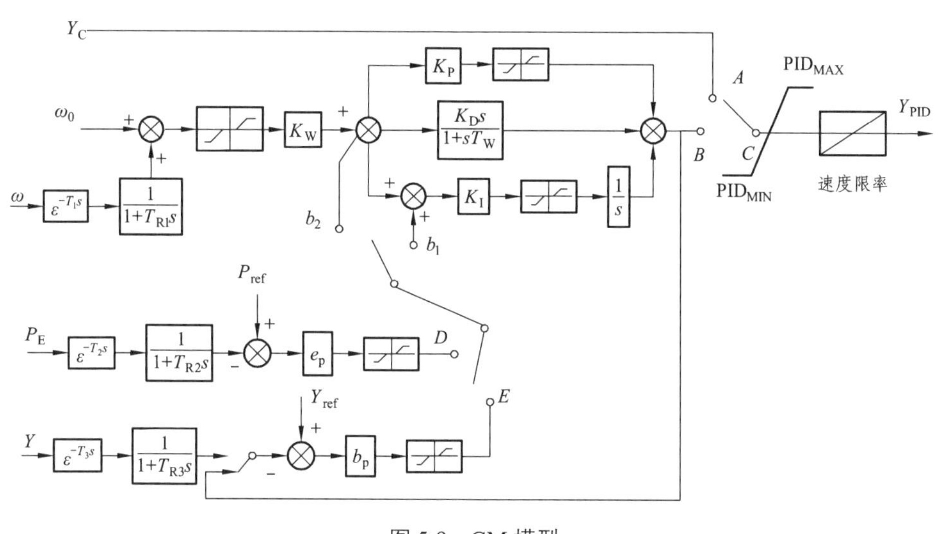

图 5-9　GM 模型

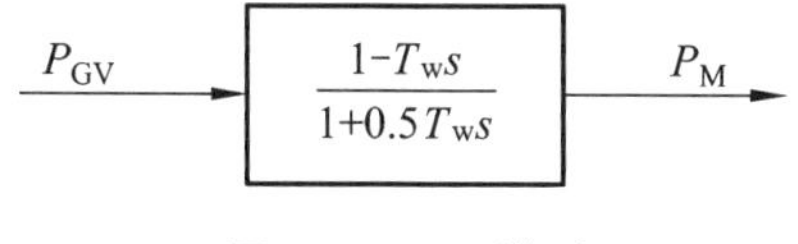

图 5-10　TW 模型

图 5-8 中，输入 P_{CV} 为调门指令，输出 P_{GV} 为调门开度，T_C 和 T_O 分别为油动机关闭和开启时间常数，T_2 为油动机行程反馈环节时间。图 5-9 中，GM 模型有两种控制模式，分别为功率控制和开度控制，通过 PID 环节输出至 GA 模型，再将开度指令输入 TW 模型中，所以 GM 模型、GA 模型和 TW 模型需要串联组成一个完整的模型，发电机的一次调频就是利用调速器和原动机对发电机转速进行调节的过程，超低频振荡问题与一次调频过程中的调速器和原动机转速调节密切相关。

图 5-11 给出了云南电网中的 FLC 模型，其中 T_f 为滤波器时间常数，Fband 为频

差死区限制范围，K_P 为比例增益，K_I 为积分增益。直流 FLC（频率限制器）通过两个闭环控制器实现，每个闭环控制器监测一个频率死区限值。当频率超过其死区上限或者下限时，FLC 自动被激活，其中死区范围可以整定。当整流侧系统频率低于死区下限时，FLC 根据频率偏差通过闭环方式减少直流功率，将系统频率控制在死区范围内，以保持系统频率稳定。同样，当整流侧系统频率高于死区上限时，FLC 通过增加直流功率来降低交流系统频率。

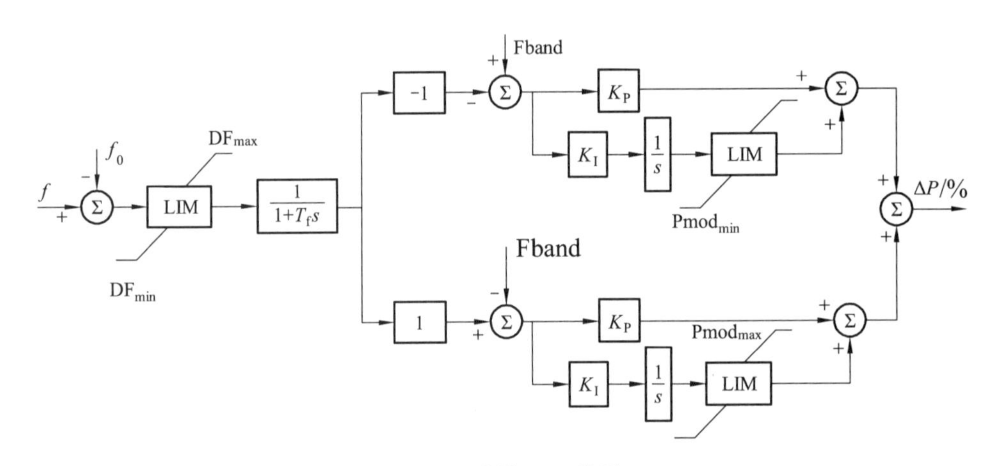

图 5-11　直流 FLC 模型

5.4.2　超低频振荡的仿真试验

1）4 机 2 区域系统

本节以改进的 4 机 2 区域系统[36]作为算例进行仿真分析。由于超低频振荡现象多发生于水电机组中，为了更方便地分析水电机组中超低频振荡现象的发生机理，4 台发电机组均采用水轮发电机。原 4 机 2 区域中的汽轮机模型均用水轮机替代，水轮发电机的相关参数参考云南电网中水轮发电机的实际数据，其中调速系统参数均设为：$K_P = 3.5$，$K_I = 0.4$，$K_D = 0.5$，$B_P = 0.05$，$T_G = 0.5\text{ s}$。负荷采用恒阻抗模型，其中有功功率的负荷频率调节系数 $K_L = 0.6$。进行切负荷扰动试验，系统出现超低频振荡，系统各发电机频率变化如图 5-12 所示。

图 5-12 中，4 台机组整体振荡，且各台发电机的频率偏差大小和相位一致，振荡幅值为 49.6 ~ 50.4 Hz。利用小干扰分析程序计算特征值，调速器参与模式下的特征值为 0.021 7±j0.311 3，属于超低频负阻尼模式。图 5-13 中给出了系统中该模式下超低频振荡的灵敏度分析结果。

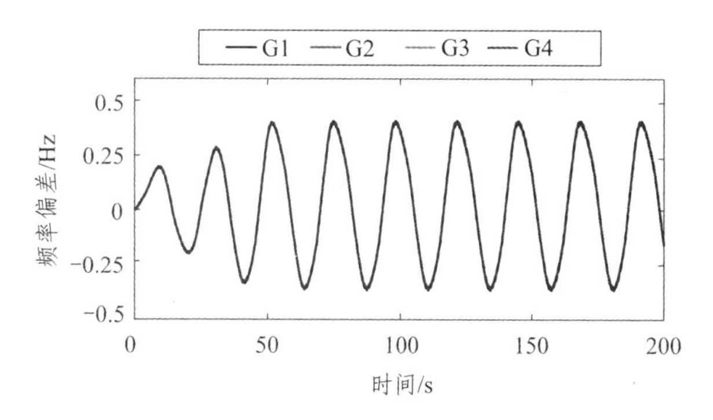

图 5-12　4 机系统频率曲线

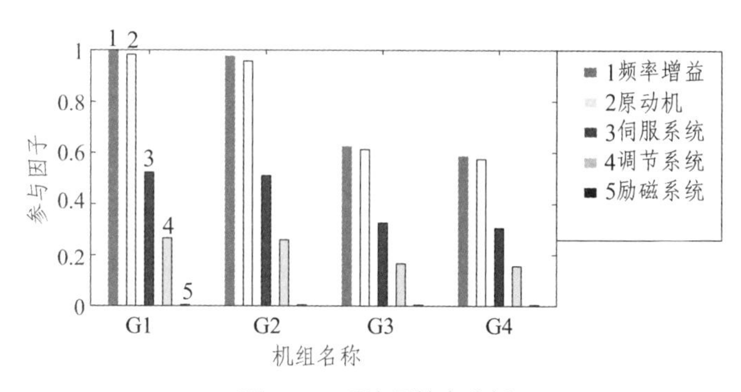

图 5-13　系统灵敏度分析

图 5-13 中，利用各模型对于特征值的参与因子定量地描述了系统各参数对于该模式的影响程度。从图可以看出，灵敏度的大小与调速系统中的水轮机原动机、伺服系统和调节系统的参数密切相关，水轮机调速系统深度参与了超低频振荡，励磁系统对超低频振荡的影响很小甚至没有。

2）糯扎渡直流孤岛系统仿真试验

糯扎渡水电站位于云南省西南部，直流电压为±800 kV，直流输电容量可达到 5 000 MW。糯扎渡水电站规划 9 台机组发电，均为水轮机，单机最大出力 650 MW，水电站和普洱换流站通过 3 回 525 kV 线路直流送电，再通过普洱换流站与思茅双回线与云南电网联络。当断开普洱换流站-思茅双回线后，也就切断了这一地区与云南电网主网的联系，形成了直流孤岛（本书称为水电站 N 直流孤岛），如图 5-14 所示。

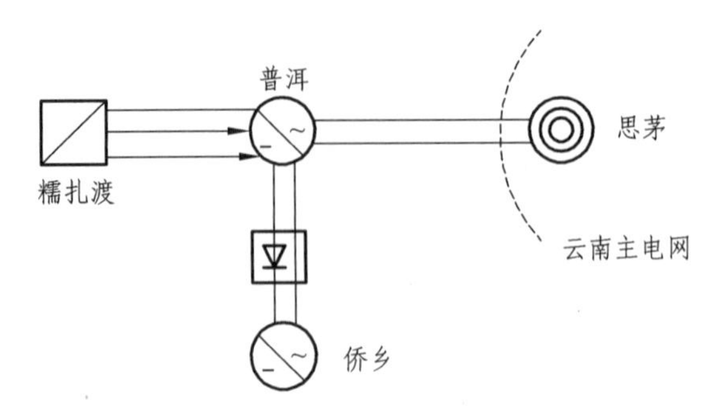

图 5-14　糯扎渡水电站地理接线

水电站 N 直流孤岛形成后，6 台发电机正常运行，3 台发电机作为备用容量。每台发电机出力为 650 MW。调速器参数为 $K_P = 3$，$K_I = 1$，$K_D = 1$，$B_P = 0.04$；设置 FLC 的死区 $D_F = \pm 0.2$ Hz。在发生初始扰动后，系统频率出现异常波动，波动周期约为 20 s，波动幅度为 49.80 ~ 50.28 Hz，且 6 台机组同相波动，频率低于正常机电振荡频率范围（0.1 ~ 2.0 Hz），属于超低频振荡现象，如图 5-15 所示。

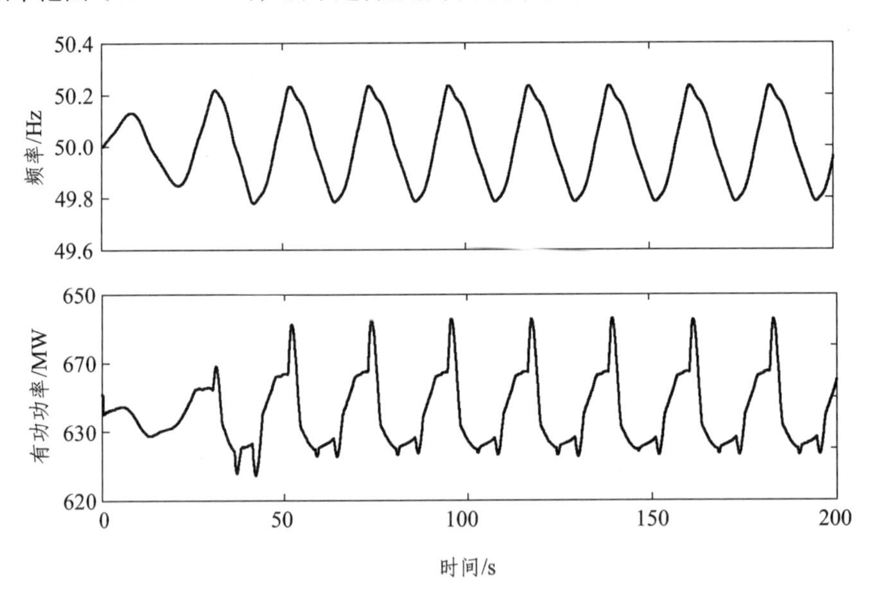

图 5-15　水电站 N 直流孤岛形成后频率和有功功率超低频振荡现象

（1）直流 FLC 死区的影响。

在调速系统投入控制的情况下，调速器的死区 D_G 设置为±0.05 Hz，直流 FLC 的积分环节系数 $K_{HI} = 22.2$，比例环节系数 $K_{HP} = 30$。改变直流频率控制器死区 D_F，分别取为±0.02 Hz 和±0.1 Hz。系统频率和普侨直流功率变化如图 5-16 所示。

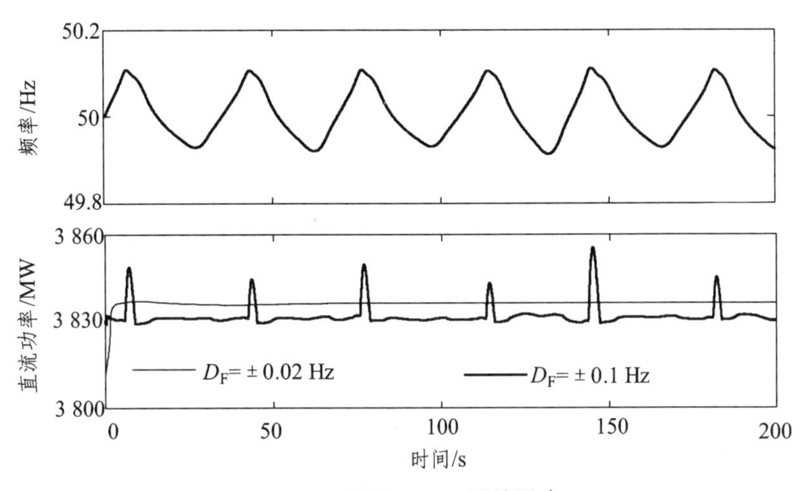

图 5-16　不同 FLC 死区的影响

图 5-16 中，当 $D_F = \pm 0.1$ Hz 时，相对于图 5-15 中 $D_F = \pm 0.2$ Hz 时的频率波动幅度明显减弱。调速器产生的负阻尼效应依然存在，由于 FLC 的限制，系统发生小幅度的振荡。当 $D_F = \pm 0.02$ Hz 时，FLC 死区小于调速器的死区，导致 FLC 先于调速器动作，系统频率在调速器动作之前由于 FLC 作用已经恢复稳定，频率振荡幅值不超过 50.03 Hz，而调速系统所提供的负阻尼振荡失去作用，从而达到抑制超低频振荡的目的。

（2）直流 FLC 的 PI 参数控制。

云南电网与南方电网主网异步联网实际运行时，由于系统惯性很大，FLC 在进行快速无差调节时可能导致直流功率频繁快速大范围的动作，一般将其积分系数 K_{HI} 置于零或较小数值，本节不做讨论。下面对系数 K_{HP} 进行仿真分析。根据云南电网的实际数据，水电站 N 直流孤岛中，$K_{HI} = 22.2$，$D_F = \pm 0.02$ Hz，调速器死区 $D_G = \pm 0.05$ Hz，取 K_{HP} 分别为 30 和 100，其频率变化如图 5-17 所示。可见，K_{HP} 变大时系统频率的波动峰值明显下降，且频率振荡幅度减弱，有功功率的变化趋势与孤岛频率的变化一致，说明 K_{HP} 变大时更有利于抑制超低频振荡现象。

通过上述试验可知，为了抑制直流孤岛中的超低频振荡现象，在调速系统与直流 FLC 的协调控制的前提下，可考虑放大调速系统的动作死区，同时减小直流频率控制器的死区。因为 $D_G > D_F$ 时可充分发挥 FLC 的调节作用，有利于调速器稳定性；增大 FLC 的比例系数 K_{HP}，可使得直流 FLC 在频率波动中尽量为线性调节；减小积分系数 K_{HI}，将其置于零或较小数值，可避免直流功率频繁快速的大范围调节。

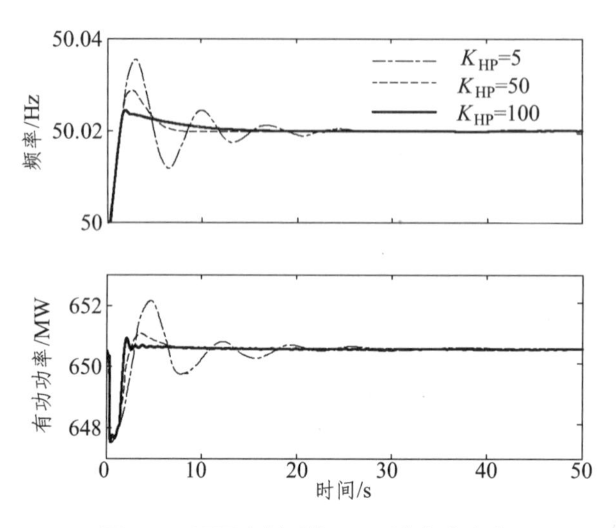

图 5-17　不同比例系数 K_{HP} 孤岛频率变化

3）楚穗直流孤岛系统仿真试验

通过断开楚雄换流站与和平变电站之间的其中一回线，将小和线与和楚线在和平站配串，实现和平变电站和楚雄换流站的电气隔离，形成直流孤岛系统，如图 5-18 所示。金安桥水电站有 4 台水轮发电机组，其中 2 台投入运行，每台机组实际有功出力为 600 MW；小湾水电站有 6 台水轮发电机组，其中 4 台投入运行，每台机组实际有功出力为 500 MW。

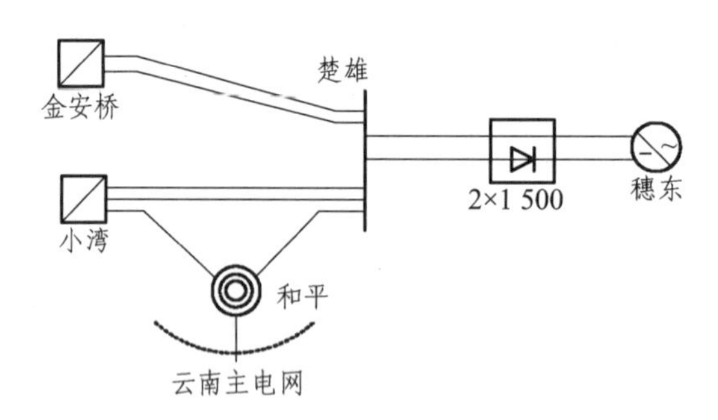

图 5-18　楚穗直流孤岛地理接线

利用云南电网 2017 年冬大方式下的离线 BPA 数据进行仿真，实施直流功率提升扰动试验，系统出现与云南电网异步联网试验中相似的超低频振荡现象。在 10 s 时直流功率向上调节，速度为 100 MW/min，70 s 时孤岛系统出现超低频振荡现象，频率波动幅值在 49.88 ~ 49.98 Hz，振荡周期约为 27 s，两个水电站所有发电机均参与振荡，转速同相同波形。

退出直流孤岛中的部分调速器，系统频率变化如图 5-19 所示，图中直流功率提升扰动下，未退出调速器之前，频率波动幅值在 49.88 ~ 49.98 Hz，退出调速器后频率波动明显减弱，频率幅值在 49.90 ~ 49.93 Hz，根据 Prony 分析结果可知，系统阻尼比由−0.002 3 增大到 0.013 7。

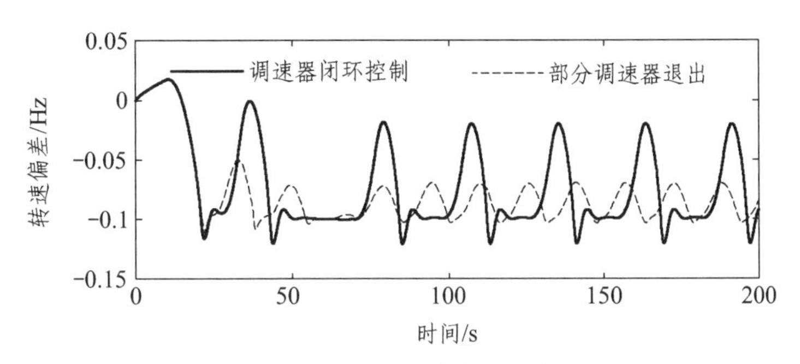

图 5-19　系统频率变化曲线

上述仿真说明超低频振荡与调速系统提供的负阻尼相关，调速系统产生了负阻尼转矩，而调速系统所导致的阻尼特性明显恶化可能来自两个方面：（1）调速器的实测模型和具体参数不够准确，不能准确反映调速器的动态性能；（2）调速器的参数存在问题，导致相位滞后太大，调速器产生的负阻尼增大，从而恶化了发电机组的阻尼特性。因此，对孤岛中调速器的 PID 参数进行整定，频率变化如图 5-20 所示。

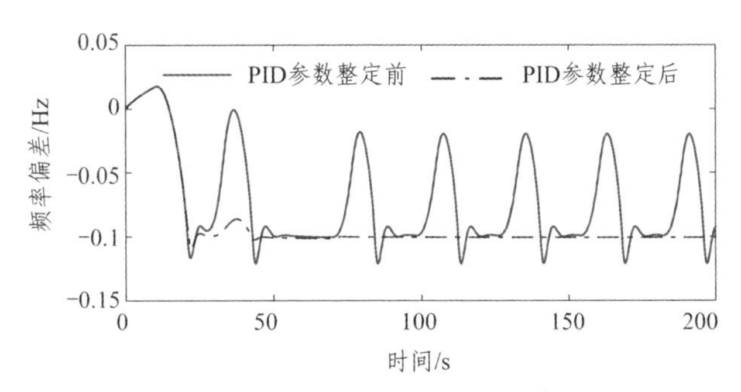

图 5-20　不同 PID 参数下系统频率曲线

图 5-20 中，在 PID 参数整定后，直流功率扰动下的频率稳定在 49.9 Hz。改变调速器 PID 参数后相当于改变了调速器的阻尼转矩系数，使得水轮机调速系统产生正阻尼转矩，系统逐渐稳定。仿真结果说明调速器的参数设计不合理会恶化系统阻尼，加大发生超低频振荡的风险，影响频率稳定性。原云南电网水电机组调速器参数 K_P 取值多为 3 ~ 5、K_I 取值为 2 ~ 4，调速系统基本提供负阻尼，在整定 PI 参数后，系统阻尼大为改善，说明了调速器参数决定了水电机组调速系统的稳定性和动态特

性，需要合理优化调速器的 PID 参数才能有效抑制超低频振荡现象。

4）云南电网仿真试验

在 PSD-BPA 软件中，利用 2017 年云南电网夏大数据进行直流功率向下扰动仿真试验，但选取了云南电网中的部分发电厂进行分析，给出其频率变化曲线如图 5-21 所示。

图 5-21 中，在发生直流功率扰动后，宣威电厂的频率在 100 s 后发生振荡，振荡周期约为 20 s，振荡范围在 48.82 ~ 52.23 Hz，水电厂和火电厂同频振荡。由 Prony 分析结果可得振荡频率为 0.050 2 Hz，其值小于 0.1 Hz，也属于超低频振荡现象。

图 5-22 中给出了糯扎渡水电厂和宣威火电厂中的频率和有功功率变化的对比情况。

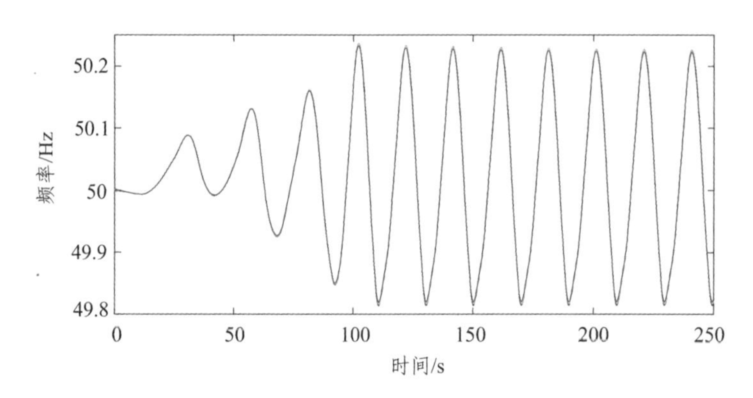

图 5-21　云南电网宣威电厂的频率变化曲线

由图 5-22（a）可以看出，糯扎渡水电厂中的发电机有功功率在 665 ~ 715 MW 波动，水电机组的有功功率与频率的振荡相位一致，说明水轮机助长了此次振荡，云南电网中的水电机组在超低频振荡中提供了负阻尼作用。根据图 5-22（b）可知，火电机组的有功功率与振荡频率相位相反，说明火电机组是抑制超低频振荡的，提供了正阻尼作用。

针对云南电网中出现的超低频振荡现象，本节提出下面的抑制措施，进行 3 种不同的仿真试验如下：

（1）调整调速器 PID 参数，即减小 K_P、K_I；

（2）退出主力水电厂 1 和 2 的调速系统；

（3）调整死区，调速器死区设置为 0.15 Hz，直流 FLC 死区设置为 0.1 Hz。

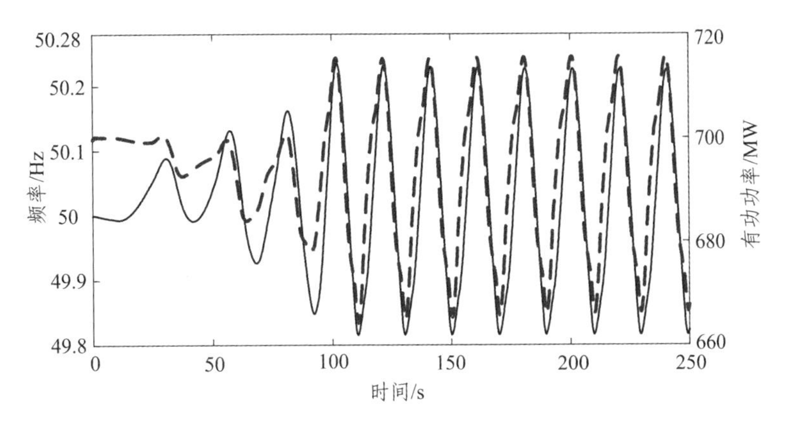

（a）糯扎渡水电厂的频率和有功功率变化

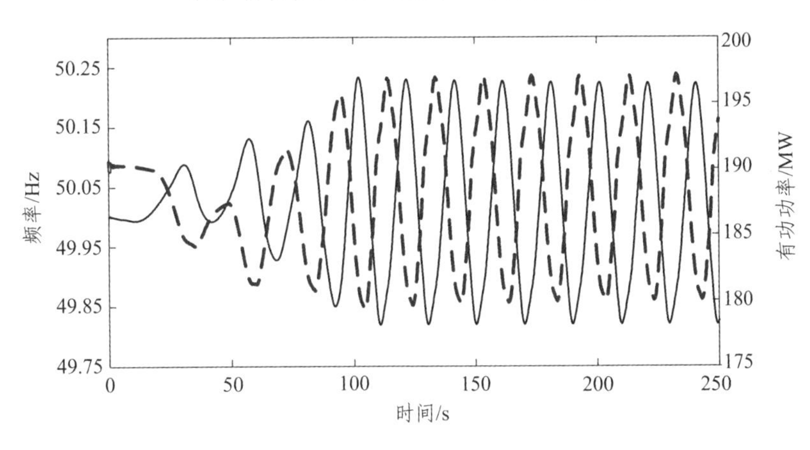

（b）宣威火电厂的频率和有功功率变化

图 5-22　云南电网中的电厂有功功率对比

仿真得出的系统频率变化如图 5-23 所示。

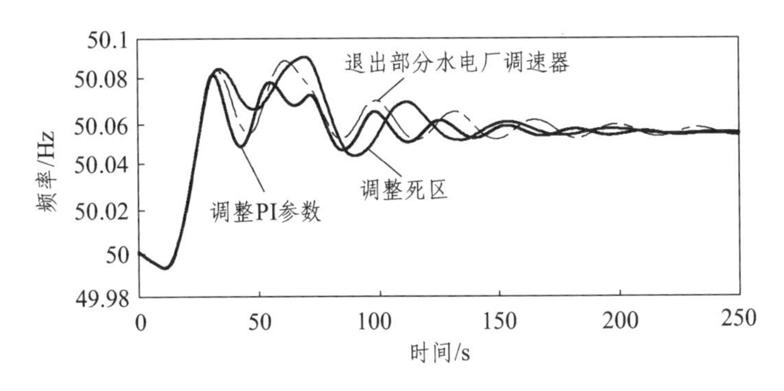

图 5-23　不同措施下系统频率响应曲线

图 5-23 中，在不同抑制措施下云南电网频率均趋于稳定，未产生振荡现象，频率稳定在 50.055 Hz 左右。以上仿真结果说明，水电机组调速器提供的负阻尼是引起超低频振荡的重要原因，优化调速器 PID 参数和调整 FLC 死区均可以有效抑制电网中出现的超低频振荡现象。

5.5 本章小结

本章针对云南电网中出现的超低频振荡现象进行了机理分析，并通过离线仿真对调速器的 PID 参数进行了整定，得到的结论如下：

（1）在 4 机 2 区域系统中，基于云南电网实际数据复现了超低频振荡现象，通过灵敏度分析表明水轮机的调速系统深度参与了负阻尼的超低频振荡模式。

（2）在糯扎渡直流孤岛系统中对一次调频与直流频率控制器的协调控制进行了仿真研究。结果表明，放大调速系统的动作死区，减小直流频率控制器的死区，可充分发挥 FLC 的调节作用，有利于调速器稳定性。

（3）在楚穗直流孤岛中进行了水轮机的调速器退出和 PID 整定等仿真试验，超低频振荡与调速系统提供的负阻尼相关，调速系统产生了负阻尼转矩。调速器参数决定了水电机组调速系统的稳定性和动态特性，因而需要合理优化调速器的 PID 参数才能有效抑制超低频振荡现象。

（4）云南电网中，利用水电机组和火电机组的有功功率对比表明，超低频振荡是由于水电机组调速系统产生的负阻尼引起的。接着，对不同措施下的云南电网频率稳定性进行了分析，证实了通过优化调速器 PID 参数和调整 FLC 死区，均可以有效抑制超低频振荡现象。

第 6 章

水电机组引起的超低频振荡特性及抑制措施研究

6.1 引　言

本章首先介绍了水轮机的调速器系统，包括液压调速器系统和热调速器系统。其次，给出了单机系统和多机系统中有关一次调频的数学模型，根据频率调节系统模型的传递函数，以及一次调频模型的开环传递函数和相应的 Nyquist 曲线，得到最小相位系统的相位和幅值裕度，进而揭示超低频振荡的机理，利用 Routh-Hurwitz 准则分析了 PID 调速器参数对系统稳定性的影响。然后，采用阻尼转矩法分析了 PID 型调速器控制系统的阻尼特性，提出了一种基于相位补偿原理的、叠加在调速器测的电力系统稳定器（Governor Power System Stabilitizer，GPSS）的设计方法，通过 GPSS 增加调速系统的阻尼以抑制超低频振荡现象。最后，基于云南电网系统的超低频振荡仿真研究，在 3 机 9 节点和云南电网系统中分析了超低频振荡的振荡机理，利用单机单负荷和云南电网中 13 个大容量水电厂系统，验证了本书设计的 GPSS 抑制超低频振荡的有效性。

6.2 参与一次调频的电力系统元件数学模型

水轮机的调速器系统由 PSD-BPA 中的控制器 GM\GM+、伺服电机 GA 和涡轮机 TW 模型组成，可以将其简化为常用模型如图 6-1（a）所示[36,39,40,42]，图中 K_P、K_I、K_D 分别为调速器的比例、积分和微分系数，B_P 为调差系数，T_G 为执行机构时间常数，T_W 为水锤效应时间常数。

汽轮机组的调速器系统由 PSD-BPA 中的控制器 GS 和涡轮机 TB 模型组成，如图 6-1（b）所示，图中 K 为永久速度下垂系数的倒数，T_a、T_b、T_c、T_{CH}、T_{RH} 和 T_{CO} 为时间常数，F_{HP}、F_{IP} 和 F_{LP} 分别为高、中、低压缸的功率比例。

在考虑发电机的情况下，建立的单机系统频率调节模型框图如图 6-1（c）所示，图中 H 是发电机的惯性常数，D 是机械阻尼系数。由于系统中产生超低频振荡现象时，各机组在运行过程中转子转速相同，可建立多机系统频率调节模型如图 6-1（d）所示，S_i 为第 i 台发电机的额定容量，K_i 为第 i 台发电机额定容量与电网总容量的比例，H_i 为第 i 台发电机的惯性常数，H_{ae} 为所有并联运行发电机的等效惯性常数，D_S 为等效阻尼系数，D_i 为第 i 台发电机机械阻尼系数，D_{ae} 为等效机械阻尼系数，K_{Lae} 为等效负荷频率调节效应系数，K_{Lj} 为第 j 个负荷的频率调节效应系数，S_{Lj} 为第 j 个负荷额定功率，其中 $K_i = S_i / \sum_{i=1}^{n} S_i$，$H_{ae} = \sum_{i=1}^{n} K_i H_i$，$D_S = D_{ae} + K_{Lae}$，$D_{ae} = \sum_{i=1}^{n} K_i D_i$，$K_{Lae} = \sum_{j=1}^{m} S_{Lj} K_{Lj} / \sum_{i=1}^{n} S_i$。

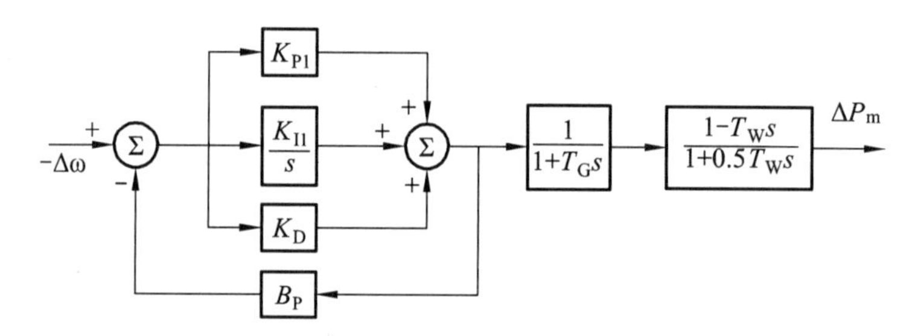

（a）水轮机调速器系统框图

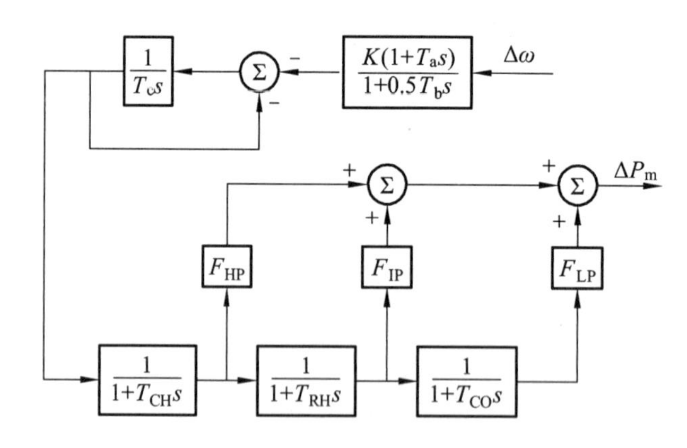

（b）汽轮机调速器系统框图

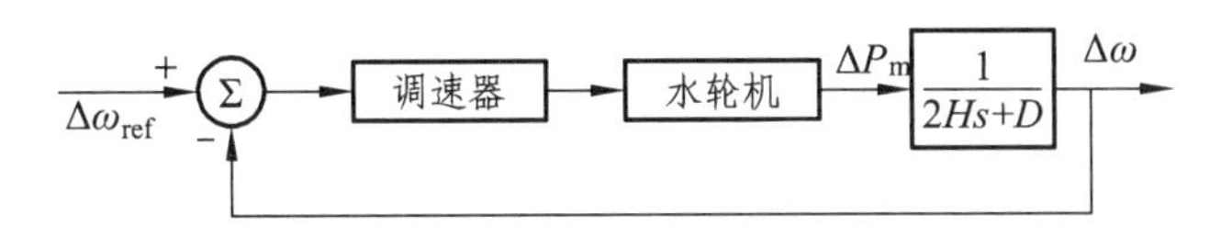

（c）单机系统一次调频框图

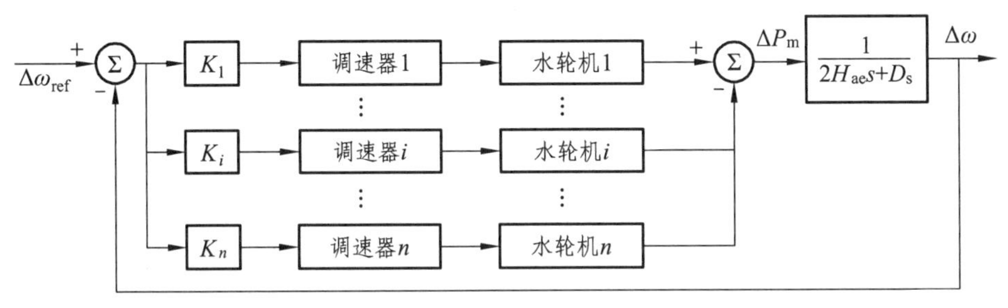

（d）多机系统一次调频框图

图 6-1　调速器系统模型框图

6.3　水电机组导致超低频振荡的机理分析

图 6-1（d）中，多机系统模型的闭环特征方程为

$$1+\frac{1}{2H_{ae}s+D_S}\sum_{i=1}^{n}K_iG_{ri}(s)G_{wi}(s)=0 \tag{6-1}$$

式中，$G_{ri}(s)$为调速器传递函数，$G_{wi}(s)$为水轮机传递函数。由于$\sum_{i=1}^{n}K_i=0$，式（6-1）可写为

$$\sum_{i=1}^{n}K_i\left[1+\frac{1}{2H_{ae}s+D_S}G_{ri}(s)G_{wi}(s)\right]=0 \tag{6-2}$$

式（6-2）可写为

$$\sum_{i=1}^{n}K_iF_i(s)=0 \tag{6-3}$$

式中，$F_i(s)$为单机系统一次调频模型中第 i 台发电机系统的闭环特征方程。令 $G(s)$

为多机系统闭环特征方程，则

$$G(\mathrm{j}\omega)=K_1F_1(\mathrm{j}\omega)+\cdots+K_iF_i(\mathrm{j}\omega)+\cdots+K_nF_n(\mathrm{j}\omega) \tag{6-4}$$

假设在频率 G_0 处的第 i 台发动机系统频率响应从 $F_i(\mathrm{j}\omega_0)$ 变为 $F_i(\mathrm{j}\omega_0)+\Delta F_i(\mathrm{j}\omega_0)$，多机系统的频率响应由 $G_i(\mathrm{j}\omega_0)$ 变为 $G_i(\mathrm{j}\omega_0)+K_i\Delta F_i(\mathrm{j}\omega_0)$。因此，当某台发电机的参数发生变化时，多机和单机系统频率响应的变化方向是一致的。如果某台发电机系统的 Nyquist 曲线发生变化并接近原点，则多机系统的 Nyquist 曲线也将接近原点，系统相位裕度和幅值裕度均为负，从而不利于系统的稳定性。为了直观地了解火电机组和水力发电机组对系统稳定性的影响，选择云南电网中糯扎渡水电厂（NZD）和小龙潭火电厂（XLT），并绘制其 Nyquist 曲线如图 6-2 所示。

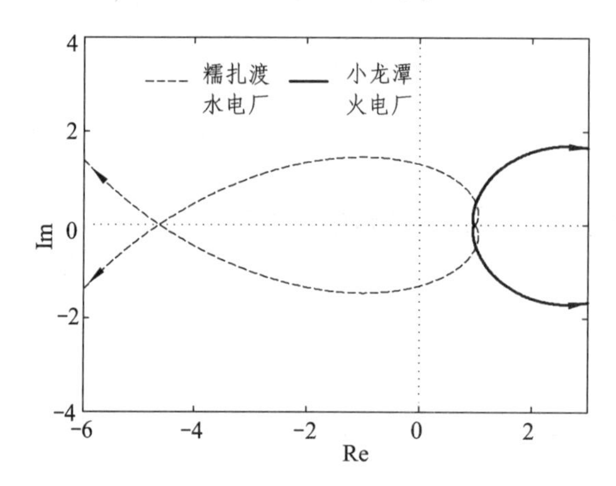

图 6-2　水电厂和火电厂调速器系统 Nyquist 曲线

图 6-2 中 Nyquist 曲线的分布表明：火电厂的 Nyquist 曲线比水力发电厂的 Nyquist 曲线离坐标原点更远。相比之下，火电厂的相位裕度和幅值裕度均为正，火电厂的稳定性较好，水电厂的稳定性较差。结合图 6-1（a）和（c），单水轮发电机系统一次调频模型的闭环特性方程可写为

$$\begin{aligned}2H\beta_3s^5+(2H\beta_2+D\beta_3)s^4+(2H\beta_1+D\beta_2-KT_1T_\mathrm{W})s^3+(2H\beta_0+D\beta_1+\\KT_1-KT_2T_\mathrm{W})s^2+(2H+D\beta_0+KT_2-KT_\mathrm{W})s+K+D=0\end{aligned} \tag{6-5}$$

式中，$T_1=K_\mathrm{D}/K_\mathrm{I}$，$T_2=K_\mathrm{P}/K_\mathrm{I}$，$T_3=1/(K_\mathrm{I}B_\mathrm{P})$，$K=1/B_\mathrm{P}$，$\beta_3=0.5T_\mathrm{W}T_\mathrm{G}T_1$，$\beta_0=T_2+T_3+T_\mathrm{G}+0.5T_\mathrm{W}$，$\beta_2=0.5T_\mathrm{W}T_\mathrm{G}T_2+0.5T_\mathrm{W}T_\mathrm{G}T_3+0.5T_1T_\mathrm{W}+T_1T_\mathrm{G}$，$\beta_1=0.5T_\mathrm{W}T_\mathrm{G}+T_1+T_2T_\mathrm{G}+T_3T_\mathrm{G}+0.5T_2T_\mathrm{W}+0.5T_3T_\mathrm{W}$。

然后，利用 Routh-Hurwitz 准则分析闭环特性方程的稳定性。令 $K_{\mathrm{D}}=0$，式（6-5）可写为

$$s^4+a_3s^3+a_2s^2+a_1s+a_0=0 \tag{6-6}$$

列出劳斯表如表 6-1 所示。

表 6-1　劳斯表

s^4	1	a_2	a_0
s^3	a_3	a_1	
s^2	b_1	b_2	
s^1	c_1		
s^0	d_1		

$$a_0=\frac{K+D}{2H\beta_2+D\beta_3}，\ a_1=\frac{2H+D\beta_0+KT_2-KT_{\mathrm{W}}}{2H\beta_2+D\beta_3}，\ a_2=\frac{2H\beta_0+D\beta_1+KT_1-KT_2T_{\mathrm{W}}}{2H\beta_2+D\beta_3}，$$

$$a_3=\frac{2H\beta_1+D\beta_2-KT_1T_{\mathrm{W}}}{2H\beta_2+D\beta_3}，\ b_1=\frac{a_2a_3-a_1}{a_3}，\ b_2=a_0，\ c_1=\frac{a_1b_1-a_3b_2}{b_1}，\ d_1=b_2$$

只有当劳斯判据系数大于 0 时，系统才能维持稳定。当糯扎渡发电厂水轮机调速器参数 K_{P} 和 K_{I} 变化时，劳斯判据系数 c_1 变化的情况如图 6-3 所示。

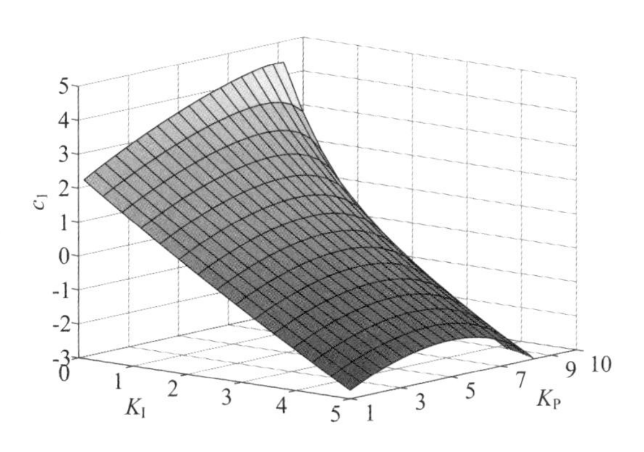

图 6-3　糯扎渡发电厂水轮机调速器系统 c_1 变化情况

式（6-6）可化为

$$(s-\lambda_1)(s-\lambda_2)(s+\sigma+\mathrm{j}\omega)(s+\sigma-\mathrm{j}\omega)=0 \tag{6-7}$$

将式（6-7）展开：

$$
\begin{aligned}
&s^4+(2\sigma-\lambda_1-\lambda_2)s^3+[\lambda_1\lambda_2+\sigma^2+\omega^2-2\sigma(\lambda_1+\lambda_2)]s^2+ \\
&[-(\sigma^2+\omega^2)(\lambda_1+\lambda_2)+2\sigma\lambda_1\lambda_2]s+(\sigma^2+\omega^2)\lambda_1\lambda_2=0
\end{aligned} \tag{6-8}
$$

显然，当式（6-8）中主导极点的实部大于 0 时，系统发生临界振荡。结合式（6-6）可得 $a_1=-\omega^2(\lambda_1+\lambda_2)$， $a_3=-(\lambda_1+\lambda_2)$。因此，当系统发生临界振荡时，其振荡频率的表达式为

$$
\omega=\sqrt{\frac{a_1}{a_3}}=\sqrt{\frac{2H+D_S\beta_0+K(T_2-T_{\mathrm{W}})}{2H\beta_1+D_S\beta_2-KT_1T_{\mathrm{W}}}} \tag{6-9}
$$

当其他参数保持一定时，系统临界振荡频率和 T_2、T_3 的关系如图 6-4 所示，由图 6-4 可以看出：T_2 过大或者 T_3 过小，式（6-9）中的频率将会为超低频；另外，由图 6-3 可知，较小的 K_{I} 有利于稳定性，排除了 T_3 过小导致超低频振荡的情况。可见，正是由于 $T_2=K_{\mathrm{P}}/K_{\mathrm{I}}$，即比例增益 K_{P} 与积分增益 K_{I} 的比值过小，才使得云南电网中出现了超低频振荡现象。适当地增加 K_{P} 和降低 K_{I}，有利于抑制系统中的超低频振荡。

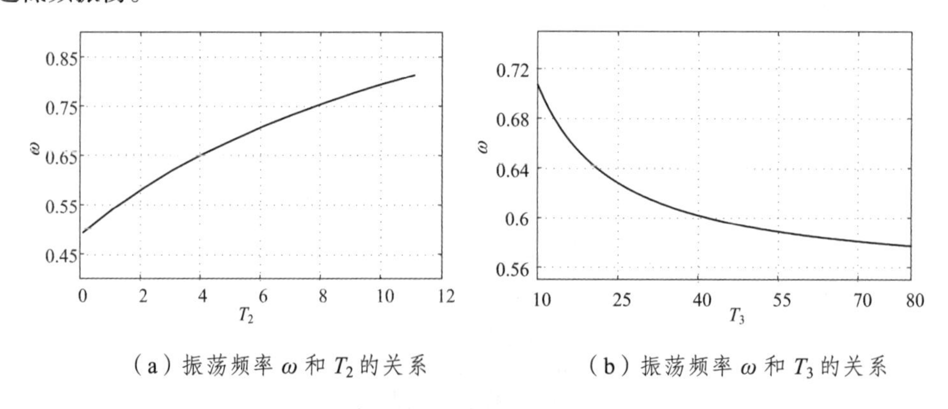

（a）振荡频率 ω 和 T_2 的关系　　（b）振荡频率 ω 和 T_3 的关系

图 6-4　临界振荡频率 ω 和 T_2、T_3 的关系

6.4　GPSS 抑制超低频振荡的原理及设计方法

通过在调速器控制系统中叠加一个和 PSS 结构及传递函数相似的 GPSS，可以增加调速系统的阻尼，从而抑制超低频振荡现象，其传递函数为

$$G_{GPSS}(s)=K_{GPSS}\frac{1+sT_2}{1+sT_1}\frac{1+sT_4}{1+sT_3} \tag{6-10}$$

式中，$0<T_1<T_2$，$0<T_3<T_4$，$K_{GPSS}<0$。

含有 GPSS 稳定器的调速器控制模型的模型如图 6-5 所示。

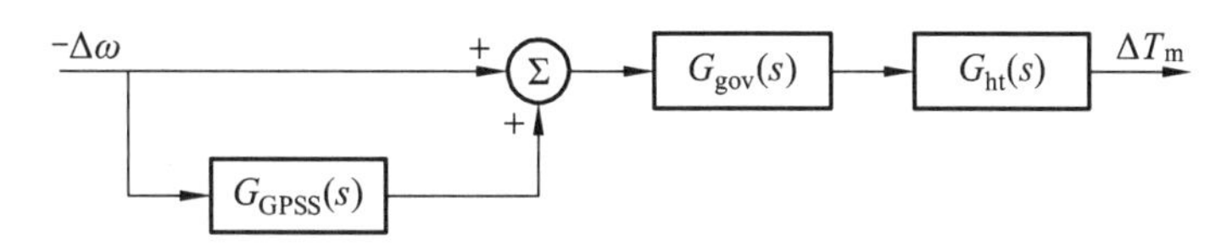

图 6-5　含有 GPSS 的调速器控制系统模型

6.4.1　GPSS 抑制超低频振荡的原理分析

本章建立的包含调速器控制系统的 Phillips-Heffron 模型如图 6-6 所示。下面采用阻尼转矩法分析 GPSS 抑制超低频振荡的原理。

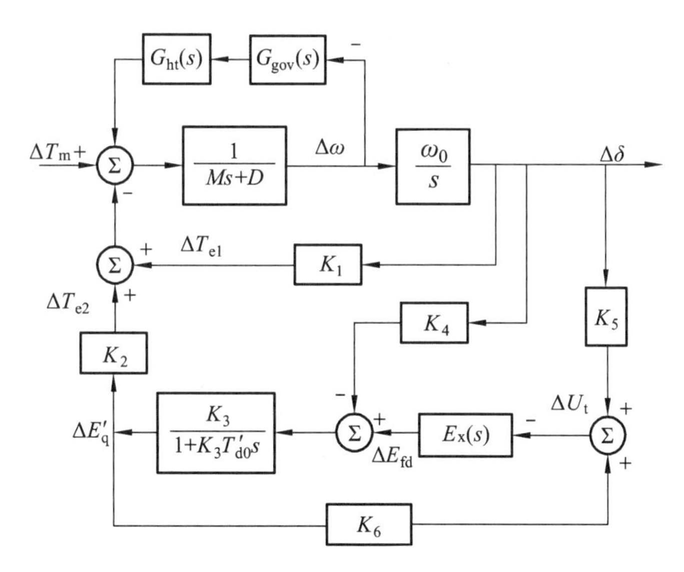

图 6-6　含有调速器控制系统的 Phillips-Heffron 模型

由于转速在暂态过程中变化很小，故可不考虑其变化而令 $\omega\approx 1\text{p.u.}$，从而 $\Delta P_m\approx\Delta T_m$，$\Delta P_e\approx\Delta T_e$。当振荡角频率为 ω_S 时，则有

$$j\Delta\omega\approx j\omega_S\Delta\delta/\omega_0 \tag{6-11}$$

根据图 6-6 的 Phillips-Heffron 模型，可得在系统机械振荡角频率为 ω_S 下的机械功率增量为

$$
\begin{aligned}
-\Delta P_m &= \bar{G}_m(j\omega_S)\Delta\omega = \mathrm{Re}[\bar{G}_m(j\omega_S)]\Delta\omega + j\,\mathrm{Im}[\bar{G}_m(j\omega_S)]\Delta\omega \\
&= \mathrm{Re}[\bar{G}_m(j\omega_S)]\Delta\omega - \frac{\omega_s}{\omega_0}\mathrm{Im}[\bar{G}_m(j\omega_S)]\Delta\delta = K_D\Delta\omega + K_S\Delta\delta
\end{aligned}
\quad (6\text{-}12)
$$

式中，$G_m(s)$ 为原动机系统的传递函数，K_D 和 K_S 为机械阻尼和同步转矩系数。

在 $\Delta\delta$ - $\Delta\omega$ 坐标系中，转子运动方程中的阻尼系数 $D>0$ 时起正阻尼作用。根据机械转矩矢量图 6-7（a）可知，当 $-\Delta P_m$ 在第 1 象限时，调速系统提供的是正阻尼转矩；当 $-\Delta P_m$ 在第 4 象限时，调速系统提供的是负阻尼转矩，如图 6-7（b）所示。水轮机组调速系统中的 $G_{gov}(s)$ 和 $G_{ht}(s)$ 均为滞后环节，使得 $-\Delta P_m$ 在相位上滞后于初始相位。当系统中发生超低频振荡现象时，水轮机组调速器控制系统提供了负阻尼，故 $-\Delta P_m$ 在第 4 象限。

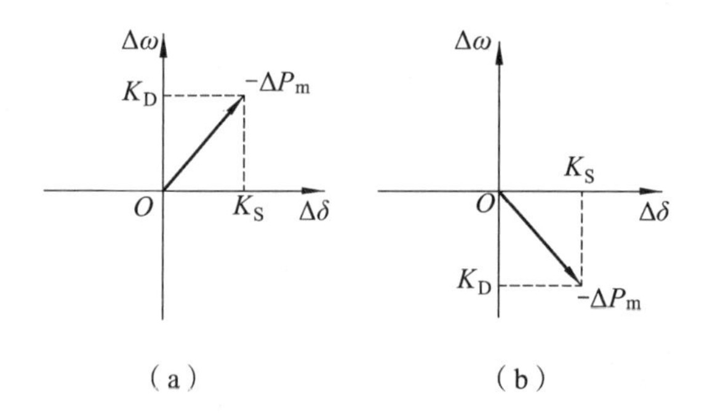

图 6-7　机械转矩矢量图

由于 $0<T_1<T_2$，$0<T_3<T_4$，$K_{GPSS}<0$，故 GPSS 稳定器产生超前相位，使得 $-\Delta P_m$ 由第 4 象限移动到第 1 象限，加入 GPSS 后，水轮机组调速系统将提供正阻尼，从而抑制系统产生的超低频振荡现象。

6.4.2　基于相位补偿原理的 GPSS 设计步骤

按照相位补偿法在单机系统中设计 GPSS，具有设计方法简单、调试与计算方便等优点。由图 6-5 可得 GPSS 提供的机械转矩为

$$
\Delta T_{GPSS} = -G_{GPSS}(s)G_m(s)\Delta\omega \quad (6\text{-}13)
$$

在系统的振荡角频率为 ω_S 时，可以将式（6-13）分解为

$$\Delta T_{GPSS} = -G_{GPSS}(j\omega_S)G_m(j\omega_S)\Delta\omega = -\mathrm{Re}[\bar{G}_{GPSS}(j\omega_S)\bar{G}_m(j\omega_S)]\Delta\omega + \frac{\omega_S}{\omega_0}[\bar{G}_{GPSS}(j\omega_S)\bar{G}_m(j\omega_S)]\Delta\delta = T_{GPSSD}\Delta\omega + T_{GPSSS}\Delta\delta \tag{6-14}$$

式中，T_{GPSSD} 和 T_{GPSSS} 分别为阻尼和同步转矩系数。为了实现高效设计，理想情况下 GPSS 应当只提供正的阻尼转矩，即

$$\Delta T_{GPSS} = D_{GPSS}\Delta\omega,\quad D_{GPSS} < 0 \tag{6-15}$$

式中，D_{GPSS} 为希望 GPSS 提供的阻尼转矩系数。由式（6-14）和式（6-15）可以看出，GPSS 设计应满足：

$$D_{GPSS} = -\bar{G}_{GPSS}(j\omega_S)\bar{G}_m(j\omega_S) \tag{6-16}$$

根据式（6-16）可知，应当将 GPSS 的相角 $\angle\bar{G}_{GPSS}(j\omega_S)$ 设置为前向通路的相角 $\bar{G}_m(j\omega_S)$ 的负值。GPSS 的设计应当使其补偿前向通路的滞后相角，确保提供一个正的纯阻尼转矩。式（6-16）即为采用相位补偿来设计 GPSS 的方法。若令

$$\left.\begin{aligned} \bar{G}_m(j\omega_S) &= |G_m|\angle\phi \\ \bar{G}_{GPSS}(j\omega_S) &= |G_{GPSS}|\angle\gamma \end{aligned}\right\} \tag{6-17}$$

式中，

$$\left.\begin{aligned} |G_m| &= \sqrt{(\mathrm{Re}[\bar{G}_m(j\omega_S)])^2 + (\mathrm{Im}[\bar{G}_m(j\omega_S)])^2} \\ \phi &= \arctan\frac{\mathrm{Im}[\bar{G}_m(j\omega_S)]}{\mathrm{Re}[\bar{G}_m(j\omega_S)]} \end{aligned}\right\} \tag{6-18}$$

将 $s = j\omega_S$ 代入原动机系统的传递函数，得

$$\left.\begin{aligned} \mathrm{Re}[\bar{G}_m(j\omega_S)] &= A(a_1\omega_S^4 + a_2\omega_S^2 + a_3) \\ \mathrm{Im}[\bar{G}_m(j\omega_S)] &= A(b_1\omega_S^5 + b_2\omega_S^3 + b_3\omega_S) \\ A &= [(\omega_S^2 + K_{I1}^2B_P^2)(1 + T_{CO}^2\omega_S^2 / K_{P2}^2)(1 + 0.25T_W^2\omega_S^2)]^{-1} \end{aligned}\right\} \tag{6-19}$$

式中，

$$\begin{cases} a_1 = -0.5K_{\mathrm{W}}K_{\mathrm{P1}}T_{\mathrm{W}}^2 - 1.5K_{\mathrm{W}}K_{\mathrm{P1}}T_{\mathrm{W}}T_{\mathrm{CO}} / K_{\mathrm{P2}} - 0.5(K_{\mathrm{W}}K_{\mathrm{P1}}K_{\mathrm{I1}}B_{\mathrm{P}} - \\ \qquad K_{\mathrm{W}}^2K_{\mathrm{P1}}K_{\mathrm{I1}})T_{\mathrm{W}}^2T_{\mathrm{CO}} / K_{\mathrm{P2}} \\ a_2 = K_{\mathrm{W}}K_{\mathrm{P1}} + 1.5(K_{\mathrm{W}}K_{\mathrm{P1}}K_{\mathrm{I1}}B_{\mathrm{P}} - K_{\mathrm{W}}^2K_{\mathrm{P1}}K_{\mathrm{I1}})T_{\mathrm{W}} - 0.5K_{\mathrm{W}}^2K_{\mathrm{P1}}K_{\mathrm{I1}}^2B_{\mathrm{P}}T_{\mathrm{W}}^2 + \\ \qquad (K_{\mathrm{W}}K_{\mathrm{P1}}K_{\mathrm{I1}}B_{\mathrm{P}} - K_{\mathrm{W}}^2K_{\mathrm{P1}}K_{\mathrm{I1}})T_{\mathrm{CO}} / K_{\mathrm{P2}} - 1.5K_{\mathrm{W}}^2K_{\mathrm{P1}}K_{\mathrm{I1}}^2B_{\mathrm{P}}T_{\mathrm{CO}}T_{\mathrm{W}} / K_{\mathrm{P2}} \\ a_3 = K_{\mathrm{W}}^2K_{\mathrm{P1}}K_{\mathrm{I1}}^2B_{\mathrm{P}} \\ b_1 = 0.5K_{\mathrm{W}}K_{\mathrm{P1}}T_{\mathrm{W}}^2T_{\mathrm{CO}} / K_{\mathrm{P2}} \\ b_2 = -0.5(K_{\mathrm{W}}K_{\mathrm{P1}}K_{\mathrm{I1}}B_{\mathrm{P}} - K_{\mathrm{W}}^2K_{\mathrm{P1}}K_{\mathrm{I1}})T_{\mathrm{W}}^2 - K_{\mathrm{W}}K_{\mathrm{P1}}T_{\mathrm{CO}} / K_{\mathrm{P2}} - 0.5(K_{\mathrm{W}}K_{\mathrm{P1}}K_{\mathrm{I1}}B_{\mathrm{P}} - \\ \qquad K_{\mathrm{W}}^2K_{\mathrm{P1}}K_{\mathrm{I1}})T_{\mathrm{W}}^2 - 1.5(K_{\mathrm{W}}K_{\mathrm{P1}}K_{\mathrm{I1}}B_{\mathrm{P}} - K_{\mathrm{W}}^2K_{\mathrm{P1}}K_{\mathrm{I1}})T_{\mathrm{W}}T_{\mathrm{CO}} / K_{\mathrm{P2}} + \\ \qquad 0.5K_{\mathrm{W}}^2K_{\mathrm{P1}}K_{\mathrm{I1}}^2B_{\mathrm{P}}T_{\mathrm{CO}}T_{\mathrm{W}}^2 / K_{\mathrm{P2}} \\ b_3 = (K_{\mathrm{W}}K_{\mathrm{P1}}K_{\mathrm{I1}}B_{\mathrm{P}} - K_{\mathrm{W}}^2K_{\mathrm{P1}}K_{\mathrm{I1}}) - 1.5K_{\mathrm{W}}^2K_{\mathrm{P1}}K_{\mathrm{I1}}^2B_{\mathrm{P}}T_{\mathrm{W}} - K_{\mathrm{W}}^2K_{\mathrm{P1}}K_{\mathrm{I1}}^2B_{\mathrm{P}}T_{\mathrm{CO}} / K_{\mathrm{P2}} \end{cases}$$

根据相位补偿法，应满足：

$$\left.\begin{aligned} T_{\mathrm{GPSSD}} &= |G_{\mathrm{GPSS}}G_{\mathrm{m}}|\cos(\phi+\gamma) = D_{\mathrm{GPSS}} \\ T_{\mathrm{GPSSS}} &= |G_{\mathrm{GPSS}}G_{\mathrm{m}}|\sin(\phi+\gamma) = 0 \end{aligned}\right\} \tag{6-20}$$

因而，可令

$$\gamma = -\phi\ ,\ |G_{\mathrm{GPSS}}| = D_{\mathrm{GPSS}} / |G_{\mathrm{m}}| \tag{6-21}$$

由式（6-10），GPSS 的传递函数可以写为

$$G_{\mathrm{GPSS}}(s) = K_{\mathrm{GPSS1}}\frac{1+sT_2}{1+sT_1}K_{\mathrm{GPSS2}}\frac{1+sT_4}{1+sT_3} \tag{6-22}$$

式中，$K_{\mathrm{GPSS}} = K_{\mathrm{GPSS1}}K_{\mathrm{GPSS2}}$。GPSS 的参数设置需满足：

$$\left.\begin{aligned} K_{\mathrm{GPSS1}}\frac{1+\mathrm{j}\omega_{\mathrm{S}}T_2}{1+\mathrm{j}\omega_{\mathrm{S}}T_1} &= \frac{D_{\mathrm{GPSS}}}{|G_{\mathrm{m}}|}\angle -\frac{\phi}{2} \\ K_{\mathrm{GPSS2}}\frac{1+\mathrm{j}\omega_{\mathrm{S}}T_4}{1+\mathrm{j}\omega_{\mathrm{S}}T_3} &= 1.0\angle -\frac{\phi}{2} \end{aligned}\right\} \tag{6-23}$$

从而使得 GPSS 提供正的阻尼转矩。由于发电机的调速控制系统与电力网络联系较弱，故 GPSS 所提供的机械阻尼不受网络侧运行方式及工况的影响。

由于多机系统的 GPSS 具有解耦特性[45]，基于相位补偿原理在单机系统中 GPSS 的设计方法可以推广到多机系统。因此，GPSS 为抑制多机系统中的超低频振荡现象和提高系统的稳定性，提供了一种简单有效的方法。多机 GPSS 不需要参数的协调设计，其设计方法和单机系统一样，具体步骤为：

（1）通过多机系统线性化状态空间模型，计算系统超低频振荡模式的振荡频率和阻尼比。

（2）根据式（6-18）和（6-19），由系统参数和振荡频率计算得幅值$|G_{\mathrm{m}}|$和相角ϕ。

（3）给定希望 GPSS 提供的阻尼转矩系数 D_{GPSS}，同时取时间常数$T_1=T_3$和$T_2=T_4$，根据式（6-23）可以计算得到所设计某台发电机调速器侧 GPSS 中的所有参数。

本节采用阻尼转矩法分析了 PID 型调速器系统的阻尼特性，在系统调速器侧加入具有超前相位环节的 GPSS，并将 GPSS 传递函数分为两个带有增益的超前/滞后环节；通过合理地设置每部分中的参数，达到补偿复杂水轮机组电调型调速系统产生的滞后相位以及向系统提供所希望的正阻尼转矩的目的，从而进一步抑制系统的超低频振荡现象。

6.5 基于云南电网部分数据的超低频振荡仿真研究

6.5.1 抑制超低频振荡的仿真研究

1）3 机 9 节点系统

本节以 3 机 9 节点系统为算例进行仿真分析，水轮发电机的相关参数参考云南电网中水轮发电机的实际数据。调速器控制系统采用 GM\GM+、GA 和 TW 模型，发电机采用 3 阶的 MG 模型，励磁系统采用 1 阶的 FG 模型，负荷为恒功率负荷模型。为了更方便地分析水电机组中出现的超低频振荡现象的机理，3 台发电机组均采用水轮发电机。发电机的 MG 模型和调速器控制模型中的动态参数均相同，各参数值如表 6-8 所示。

借助 PSD-BPA 软件对 3 机 9 节点系统进行仿真，设置仿真时间 100 s，在 10 s 时负荷的有功功率增加 10 MW，故障持续到仿真结束。得到 1 对超低频振荡模式的共轭特征根为 $\Delta\omega$=−0.010 1±j0.316 5，各状态变量对超低频振荡的参与因子如表 6-9 所示。

表 6-8　模型参数

参数名称	参数值	参数名称	参数值
H/s	4.28	K_{W}	1.8
X_{d}	0.146	K_{P1}	8.0
X'_{d}	0.060 8	K_{I1}	1.8

续表

参数名称	参数值	参数名称	参数值
X_q	0.096 9	B_P	0.05
X_q'	0.096 9	K_{P2}	5.5
T_{do}' / s	8.96	T_2/s	0.02
T_W/s	1.0	T_{CO}/s	1500

表 6-9　状态变量的参与因子

状态变量	参与因子	状态变量	参与因子
$\Delta\delta - G_1$	0.340 7	$\Delta x_1 - G_1$	0.192 6
$\Delta\delta - G_2$	0.506 4	$\Delta x_1 - G_2$	0.514 0
$\Delta\delta - G_3$	0.160 7	$\Delta x_1 - G_3$	0.268 0
$\Delta\omega - G_1$	0.902 3	$\Delta x_2 - G_1$	0.002 7
$\Delta\omega - G_2$	0.992 2	$\Delta x_2 - G_2$	0.007 3
$\Delta\omega - G_3$	0.948 4	$\Delta x_2 - G_3$	0.003 8
$\Delta P_m - G_1$	0.250 1	$\Delta E_q' - G_1$	0.001 1
$\Delta P_m - G_2$	0.667 3	$\Delta E_q' - G_2$	0.005 6
$\Delta P_m - G_3$	0.347 9	$\Delta E_q' - G_3$	0.000 0
$\Delta P_{GV} - G_1$	0.374 8	$\Delta E_{fd}' - G_1$	0.000 0
$\Delta P_{GV} - G_2$	1.000 0	$\Delta E_{fd}' - G_2$	0.000 0
$\Delta P_{GV} - G_3$	0.521 4	$\Delta E_{fd}' - G_3$	0.000 0

从表 6-9 中可以清楚地看出系统中的主要状态变量与超低频振荡模式的相关程度，发电机、频率增益、原动机、电液伺服系统和 PID 调节系统深度参与了超低频振荡。相关参数通常有一个大致合理的范围，如表 6-10 所示。

表 6-10　相关参数的取值范围

参数名称	取值范围	参数名称	取值范围
K_{P1}	3 ~ 23	K_{P2}	1.83 ~ 10
K_{I1}	1.13 ~ 10	K_W	0.8 ~ 3.2
B_P	0.005 ~ 0.095	T_W/s	0.5 ~ 1.8

设置某参数在表 6-3 所示的范围内由小到大变化，同时保持其余参数和在相同的运行方式下不变，通过多机系统线性化状态空间模型，分别计算不同参数变化下的对应超低频振荡模式的特征值，得到不同参数变化下超低频振荡模式的特征根轨迹变化曲线，如图 6-8 所示。

由图 6-8 的曲线可知，随着相关参数值的逐渐增加，超低频振荡模式所对应的阻尼比也逐渐变化，其变化规律如表 6-11 所示。

根据表 6-11 可以得到，在合理范围内改变调速器控制系统的参数，可以增大系统阻尼比，从而抑制系统的超低频振荡。

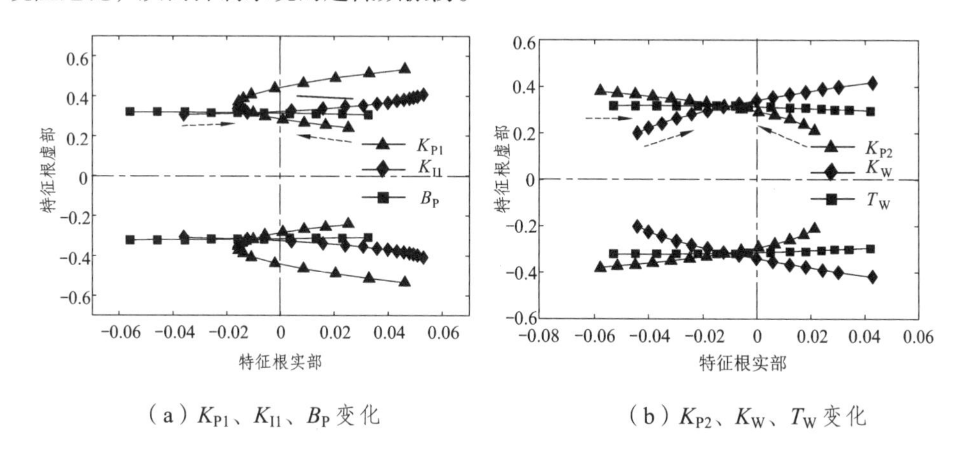

（a）K_{P1}、K_{I1}、B_P 变化　　（b）K_{P2}、K_W、T_W 变化

图 6-8　部分参数变化下的根轨迹

表 6-11　阻尼比的变化情况

参数名称	阻尼比	参数名称	阻尼比
K_{P1}	先增加后减小	K_{P2}	增加
K_{I1}	减小	K_W	减小
B_P	增加	T_W/s	减小

2）云南电网的局部系统

基于 2017 年云南电网夏大离线仿真数据，选取云南电网中额定容量较大的 13 个水电厂为研究对象，包括：小湾（XW）、金安桥（JAQ）、溪洛渡（XLD）、糯扎渡（NZD）、漫湾（MW）、大朝山（DCS）、功果桥（GGQ）、景洪（JH）、龙开口（LKK）、阿海（AH）、鲁地拉（LDL）、梨园（LY）、观音岩（GYY）等。13 个水电厂具体分布如图 6-9 所示。

当系统发生等幅的超低频振荡时，13 个水电厂的调速系统主要参数值如表 6-12 所示。由表 6-12 可知，水电厂中调速系统积分增益 K_I 较大时，相应地 T_2 较小，系统中产生了超低频振荡。

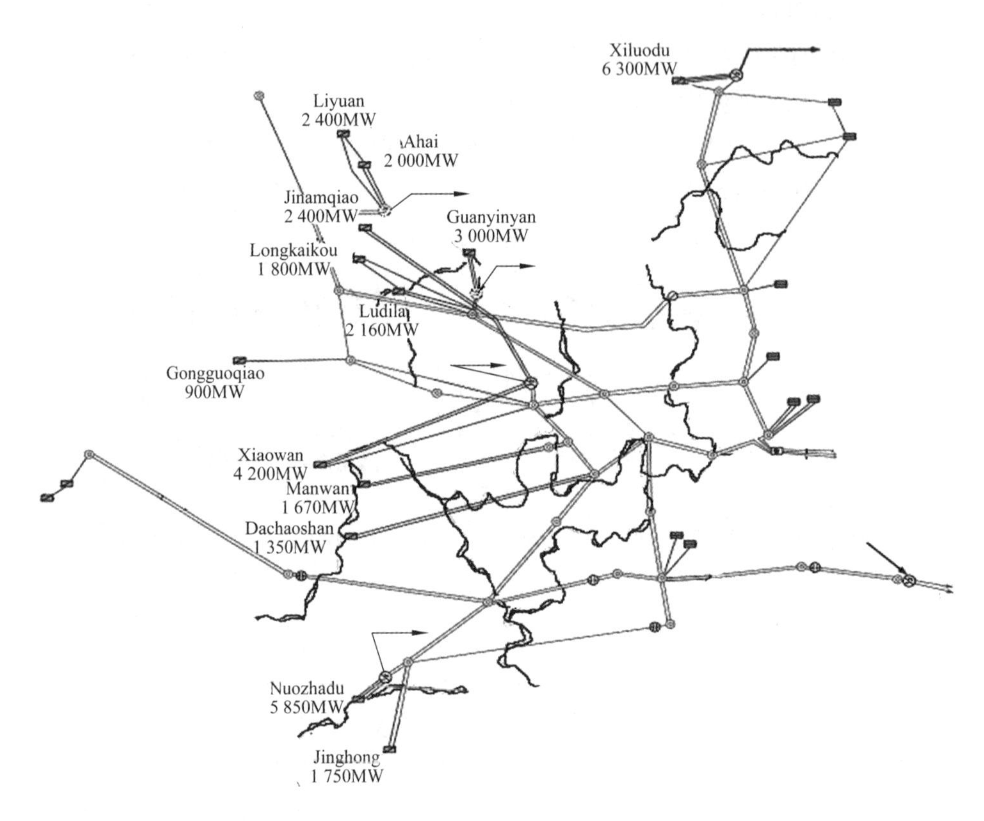

图 6-9　13 个水电厂空间位置分布示意图

表 6-5　13 个水电厂的调速系统主要参数值

发电厂	S/MVA	K_P	K_I	K_D	B_P	T_W/s	H/s
XW	6×778	5.0	3.00	1.0	0.04	3.0	4.36
JAQ	4×667	5.0	3.00	1.0	0.04	3.0	3.97
XLD	9×856	5.0	3.00	1.0	0.04	3.0	4.75
NZD	9×722	5.0	3.00	1.0	0.04	3.0	5.19
MW	2×801	2.0	0.63	1.0	0.04	3.0	4.80
DCS	6×250	4.0	0.05	0.0	0.04	3.0	4.45

续表

发电厂	S/MVA	K_P	K_I	K_D	B_P	T_W/s	H/s
GGQ	4×250	3.0	1.00	0.0	0.04	2.3	4.80
JH	5×389	1.5	0.25	0.0	0.04	3.0	4.30
LKK	5×400	2.5	0.50	3.0	0.04	3.6	4.04
AH	5×444	5.0	3.00	1.0	0.04	4.0	4.80
LDL	6×400	2.5	0.50	1.0	0.04	3.0	4.80
LY	4×667	2.0	0.38	1.0	0.04	2.8	4.42
GYY	5×667	2.5	0.50	1.0	0.04	3.0	3.90

图 6-10（a）为 NZD、GYY 和 LY 水电厂一次调频模型闭环传递函数的 Nyquist 曲线，图中系统的 Nyquist 曲线接近原点，相位裕度和幅值裕度均为负，表明系统是不稳定的。相应地，楚穗直流每分钟向下调节 600 MW 时，XW 水电厂角频率 ω 、机械功率变化 P_m 和电磁功率 P_e 变化曲线如图 6-10（b）所示，系统频率近似为无阻尼的等幅振荡。

通过云南电网主要水电厂的 PID 调速器系统参数，适当地增加 K_P 和降低 K_I，可更好地抑制系统中的超低频振荡。参数调整后 K_P、K_I 和 K_D 具体如表 6-13 所示。

表 6-13　部分水电厂的调速系统主要参数值调整

发电厂	K_P	K_I	K_D
NZD	5.0	1.20	1.0
GYY	4.5	0.50	1.0
LY	4.0	0.30	1.0

NZD、GYY 和 LY 水电厂一次调频模型闭环传递函数的 Nyquist 曲线如图 6-10（c）所示，图中系统的 Nyquist 曲线远离原点，相位裕度和幅值裕度均为正，表明系统是稳定的。相应地，XW 水电厂角频率的变化曲线如图 6-10（d）所示，系统频率发生振荡频率为 0.033 Hz、振荡阻尼比为 0.060 的超低频振荡。

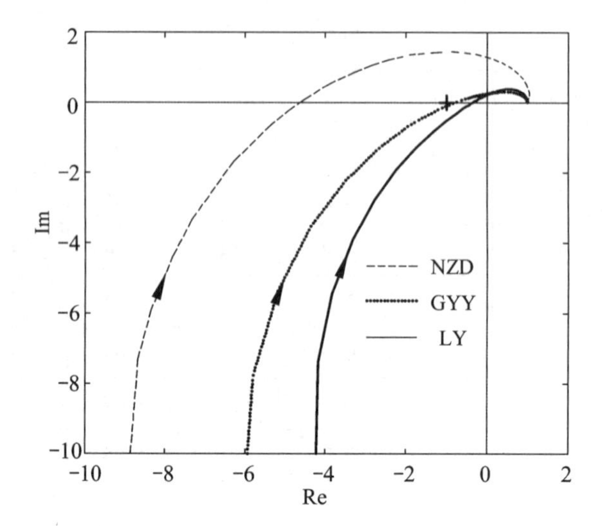

（a）水电厂调速系统 Nyquist 曲线

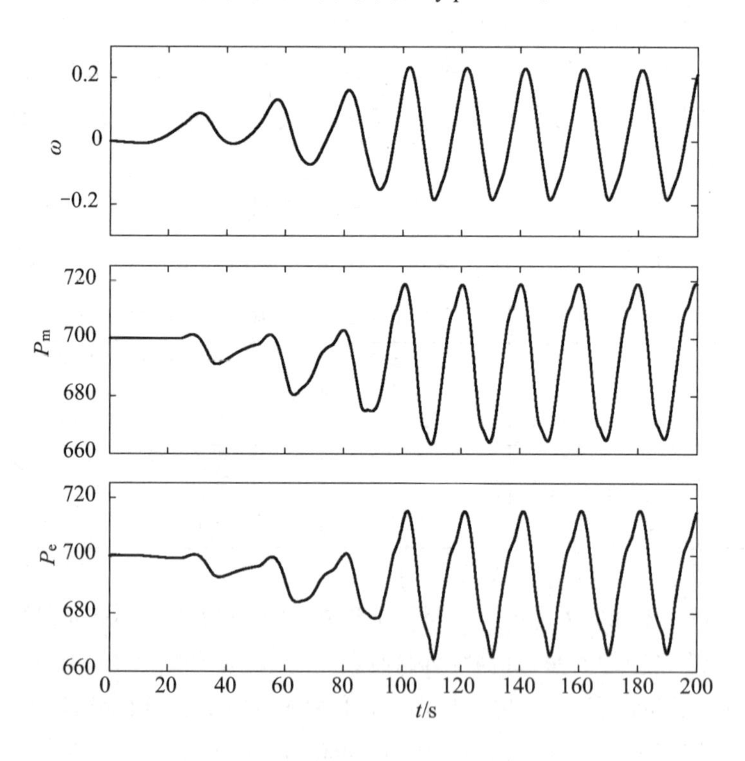

（b）XW 水电厂的 ω、P_m 和 P_e 变化曲线

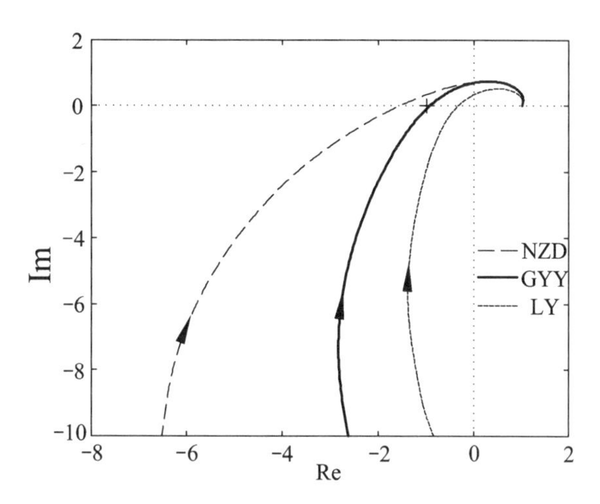

（c）调节参数后水电厂调速系统 Nyquist 曲线

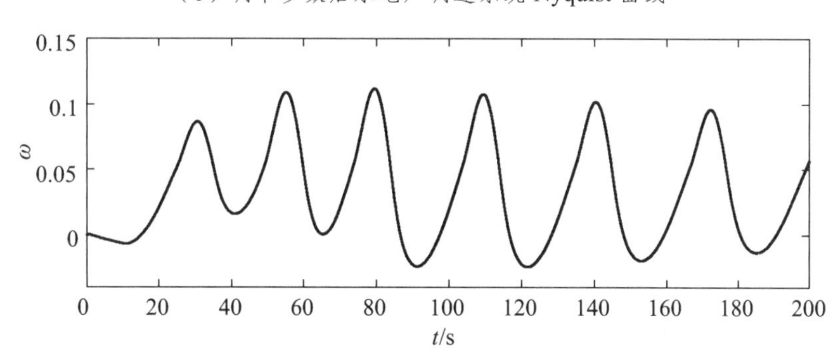

（d）调节参数后 XW 水电厂变化曲线

图 6-10　调节参数后 XW 水电厂的相关参数变化曲线

6.5.2　GPSS 抑制超低频振荡的仿真验证

1）单机单负荷系统

单机单负荷系统模型中，水轮发电机的相关参数参考云南电网中水轮发电机的实际数据，系统的参数为 $H=5.0\ \mathrm{s}$ ， $K_{\mathrm{W}}=1.5$ ， $K_{\mathrm{P1}}=3.8$ ， $K_{\mathrm{I1}}=0.53$ ， $B_{\mathrm{P}}=0.05$ ， $K_{\mathrm{P2}}=3$ ， $T_{\mathrm{CO}}=20\ \mathrm{s}$ ， $T_2=0\ \mathrm{s}$ ， $T_{\mathrm{W}}=1.0\ \mathrm{s}$ 。仿真时间设置为 100 s，在 2 s 时系统发生三相短路故障，故障持续 0.2 s。仿真得到发电机的角速度偏差和机械功率偏差的振荡情况如图 6-11 所示。计算得到系统的特征值为 $\Delta\omega_{1,2}=0.000\,0\pm \mathrm{j}0.308\,2$，系统中产生了角速度振荡周期为 20.384 s，振荡幅值为 0.1 Hz 的超低频振荡。

根据式（6-18）和式（6-19），得 $|G_{\mathrm{m}}|=1.004$ ， $\phi=109.6°$ ，也即 ΔP_{m} 滞后 $-G_{\mathrm{m}}$ 的

角度为109.6°，若期望在调速器控制系统中加入 GPSS 后，使得系统的机械功率阻尼增加了 0.142，也即设置 $D_{GPSS}=-0.142$，计算得到所设计 GPSS 的参数值为 $K_{GPSS}=-0.7766$，$T_1=T_3=0.592\text{ s}$，$T_2=T_4=7.0\text{ s}$。以此参数值设计 GPSS，得到加入 GPSS 抑制器前后系统角速度偏差的振荡曲线，如图 6-12 所示。

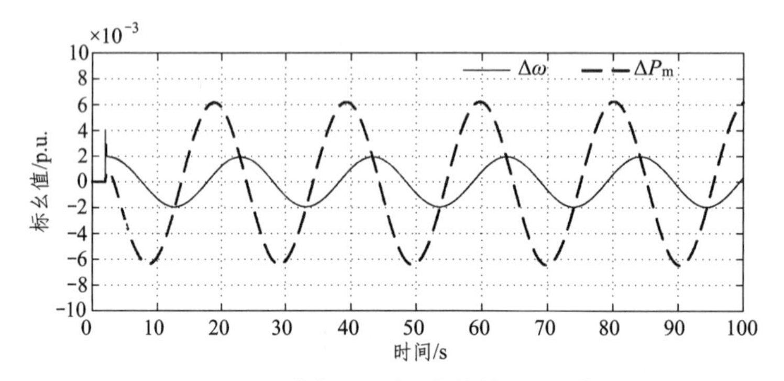

图 6-11　角速度和机械功率偏差的振荡情况

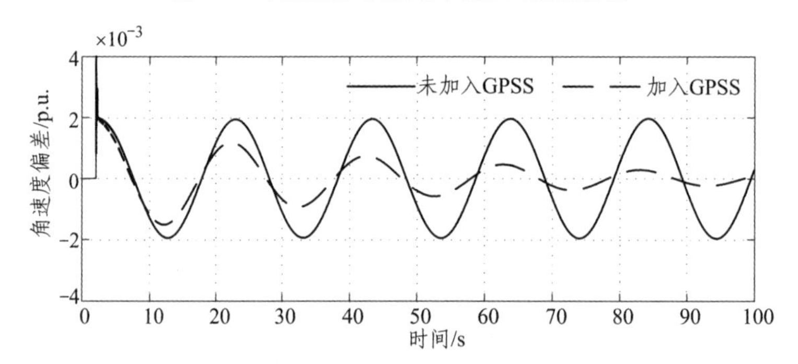

图 6-12　加入 GPSS 前后角速度偏差的振荡情况

经过计算可得，加入 GPSS 后系统的特征值为-0.044 2±j0.308 2。由图 6-12 可知，未加入 GPSS 时，调速器控制系统所提供的负阻尼和系统中的正阻尼相互抵消，系统处于零阻尼状态，呈现等幅的超低频振荡现象。加入 GPSS 后，GPSS 使调速器控制系统提供的负阻尼减少，系统处于正阻尼状态，因而呈现幅值衰减的超低频振荡现象。

2）云南电网中 13 个大容量水电厂系统

由于系统发生超低频振荡时，系统所有发电机组均同步振荡，为了突出云南电网中水电机组与超低频现象的紧密关系，本节忽略了火电机组和容量较小的水电厂的频率调节作用，仅考虑容量较大的 13 个水电厂的频率调节作用，仿真的目的是验证本章所设计 GPSS 抑制超低频振荡的有效性。

根据表 6-5 中的参数，计算得到 13 个发电厂的容量比例系数 K_i 如表 6-7 所示，其计算公式见图 6-1（d）。

表 6-7　13 个发电厂的容量比例系数 K_i

厂站	XW	JAQ	XLD	NZD	MW	DCS	GGQ
参数 K_i	0.11	0.06	0.19	0.16	0.07	0.04	0.02
厂站	JH	LKK	AH	LDL	LY	GYY	
参数 K_i	0.05	0.05	0.05	0.06	0.06	0.08	

发电厂的等效惯性时间常数 $H_{ae}=\sum_{i=1}^{n}K_iH_i=4.58\ \text{s}$，等效阻尼系数 $D_s=0.5$。在云南电网仿真系统中设置 GPSS 参数时，13 个发电厂发电机均加入 GPSS 模块，且假定 GPSS 提供的阻尼转矩系数 D_{GPSS} 相同，采用相位补偿法设计 GPSS 参数，计算得到所设计 GPSS 的参数值为 $K_{GPSS}=-0.27$，$T_1=T_3=0.01\ \text{s}$，$T_2=T_4=8.0\ \text{s}$。

仿真时间设置为 100 s，2 s 时在糯扎渡和景洪水电站间联络线处发生 650 MW 有功缺额，故障持续到仿真结束。仿真得到系统加入 GPSS 前后的角速度偏差振荡情况如图 6-13 所示。

由图 6-13 可以看出，加入 GPSS 后，系统中角速度偏差的振荡幅值逐渐衰减，GPSS 对系统提供了正阻尼。可见，在多机系统中加入 GPSS 后，同样也可以有效地抑制系统中出现的超低频振荡现象。

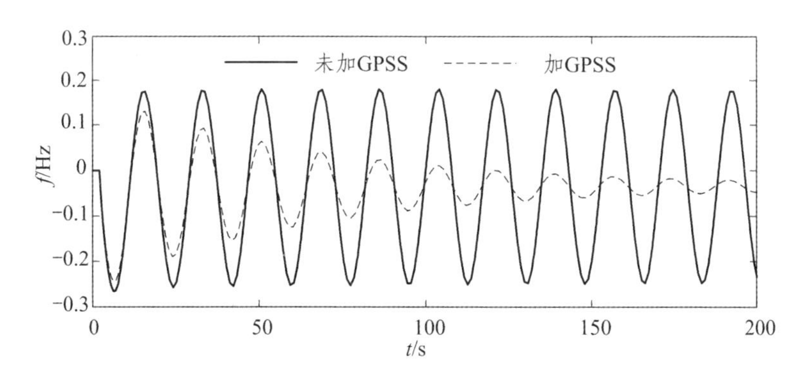

图 6-13　角速度偏差的振荡情况

6.6 本章小结

本章基于理论分析和云南电网数据的超低频振荡仿真，对水电机组引起的超低频振荡机理及抑制措施进行了研究，得出结论如下：

（1）3 机 9 节点系统中，状态变量$\Delta\delta$、$\Delta\omega$、ΔP_m、ΔP_{GV}和Δx_1的参与因子均大于 0.160，其他状态变量的参与因子均小于 0.008，甚至为 0，也即发电机、频率增益、原动机、电液伺服系统和 PID 调节系统均深度参与了超低频振荡。当 3 机 9 节点系统超低频振荡的振荡频率小于 0.056 Hz 时，适当增大调节系统比例环节放大倍数 K_{P1} 和适当减小 K_{P1}，均有利于抑制超低频振荡。随着 PID 型调速器的 K_{P1} 逐渐增加，系统的阻尼比先增加后减小。

（2）云南电网存在大量水电机组，调速器参数设置不合理，造成云南电网不稳定。云南电网中控制器的比例增益 K_P 与积分增益 K_I 的比值过小是造成云南电网电压变化的主要原因。通过尝试在系统中发电机的调速器侧加入具有超前相位环节的 GPSS，并将 GPSS 传递函数分为 2 个带有增益的超前/滞后环节，通过合理地设置各自的参数，达到补偿复杂水轮机组电调型调速系统产生的滞后相位以及向系统提供所希望的正阻尼转矩的目的，从而抑制系统的超低频振荡。

（3）通过单机单负荷系统模型，以及云南电网中容量较大的 13 个大容量水电厂系统模型：忽略了火电机组和容量较小的水电厂的频率调节作用，突出表现了云南电网中水电机组与超低频现象的紧密关系。结合云南电网的实际数据，仿真验证了本章所设计的 GPSS 抑制单机和多机系统中超低频振荡的有效性。

下篇·现场试验篇

第 7 章

水电机组调速器系统故障试验

7.1 异步联网现场试验情况介绍

南方电网发展快速，已形成“八交八直”的输电格局，交直流并联运行、强直弱交、远距离大容量输电、多回直流集中馈入的主网架结构特征，使得电网安全稳定问题异常复杂，大容量直流闭锁、多回直流换相失败等问题在近年来一直困扰着南方电网的安全稳定运行。2016 年南方电网实施云南电网与南方电网主网异步联网运行方式，使得南方电网的安全稳定水平得到了极大的提高，异步运行前云南送出直流故障后的暂态稳定问题在异步运行后转化为了云南电网的频率稳定问题。

2016 年 3 月 28 日，云南异步联网第 1 次系统性整体试验期间，云南电网出现了长时间、大幅度的超低频振荡现象，振荡周期约 20 s（振荡频率约 0.05 Hz），经研究，本次振荡主要是由云南大量水电机组的水锤效应引起的负阻尼所致，并且水电机组调速系统提供的负阻尼进一步加剧了该振荡。

2016 年 5 月 19 日，云南电网出现周期为 1 min 左右的频率振荡，振幅±0.05 Hz。频率振荡初始阶段，仅有火电机组一次调频动作，频率波动呈正阻尼效应。随后在漫湾、金安桥等快速响应电厂的 AGC 作用下，云南电网频率逐渐升高，调节量满足频率调整需求，然而糯扎渡、小湾等慢速响应的 AGC 也开始动作，使得频率进一步上升，最高达到 50.05 Hz，从而引发并维持了电网的频率波动。

2017 年 2 月 10 日，景洪水电厂 5 号机组开机并网后，有功功率、导叶开度出现规律性振荡。导叶开度振荡幅值约为 10%导叶开度（波峰-波谷），波峰与波峰间隔约 40 s（即波动周期为 40 s）。本次振荡主要是 5 号机组开机并网时，有功功率出现瞬时逆功率，此时监控内部程序判断功率变速器品质差，功率变送器切至交采表运行，交采表为通信模式，导致有功调节功率反馈采样滞后 4 s，引起有功功率周期型波动。

2017 年 7 月 20 日龙开口水电厂发生的两次功率振荡事件，第一次波动是在 4

号机开机并网后，全厂 AGC 在调度侧控制方式（AUTO 控制模式）下，运行人员执行手动增 4 号机负荷平衡全厂机组负荷过程中发生的。第二次波动是在 2 号机组停机前，全厂 AGC 在调度侧控制方式（AUTO 控制模式）下，运行人员执行 2 号机逐步减负荷停机过程中发生的。本次振荡主要 4 号机手动增负荷与调度下发 AGC 指令不匹配导致功率波动逐步形成。减负荷引起 500 kV 母线频率降低，全厂 5 台机组一次调频频繁动作，调度期间也多次下发 AGC 指令调整全厂有功设定值以稳定频率，因 2 号机手动减负荷与调度下发 AGC 指令不匹配导致功率波动逐步形成。

针对云南异步联网后事故原因进行深入分析，通过利用现有的数模仿真实验室或开发数值仿真软件对事故现象进行仿真再现，全面了解异步联网后云南电网当前频率控制策略及大型水电机组对云南电网频率稳定的影响，并给出合理化建议。

7.2 调速器仿真模型

云南异步联网后频率稳定问题已是主要问题。水电机组装机占全省装机 73%左右，水电机组调速系统性能、控制逻辑直接影响电网频率稳定，近年发生的多起频率振荡事故也与水电机组调速系统直接相关，因此运用仿真手段再现事故过程，进而查明事故原因并提出解决方案是技术人员的重要手段之一，但目前电力系统稳定计算 PSD-BPA 软件灵活性、容错性较差，不能模拟水电机组调速系统的相关逻辑功能，因此，研究开发适用于水电机组调节系统数值模拟仿真系统很有必要。

7.2.1　仿真软件及主要模型

采用的仿真软件为 MATLAB。MATLAB 是美国 MathWorks 公司出品的商业数学软件，用于算法开发、数据可视化、数据分析以及数值计算的高级技术计算语言和交互式环境，主要包括 MATLAB 和 Simulink 两大部分。MATLAB 的基本数据单位是矩阵，它的指令表达式与数学、工程中常用的形式十分相似，故用 MATLAB 来解算问题要比用 C、FORTRAN 等语言完成相同的事情简捷得多，并且 MATLAB 也吸收了像 Maple 等软件的优点，在 MATLAB 中发电机模型在 SimPowerSystems 工具箱 machines 库中。

主要模型如下：

（1）简化的同步发电机模型。如图 7-1 所示。

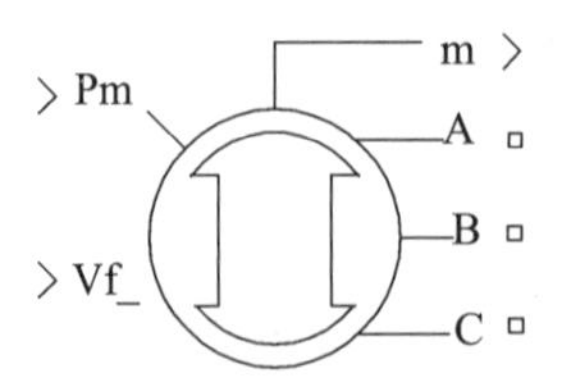

图 7-1　简化的同步发电机模型

（2）负荷模型。如图 7-2 所示。

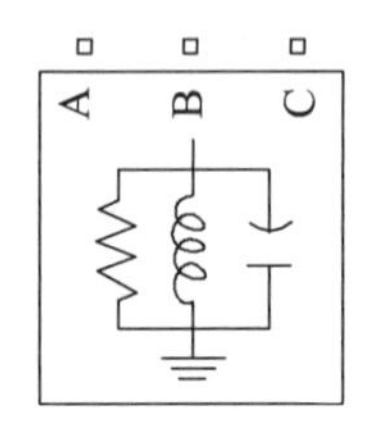

图 7-2　负荷模型

（3）断路器模型。如图 7-3 所示。

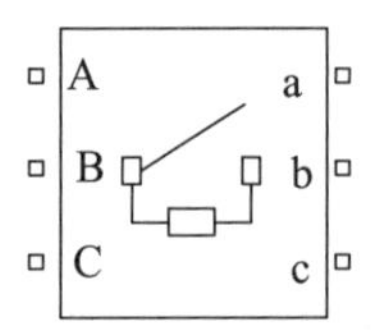

图 7-3　断路器模型

（4）水库及压力引水管道模型。如图 7-4 所示。

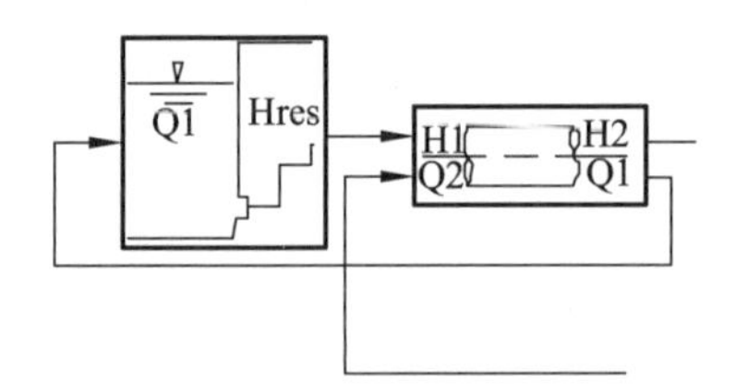

图 7-4　水库及压力引水管道模型

（5）调速器 PID 模型。如图 7-5 所示。

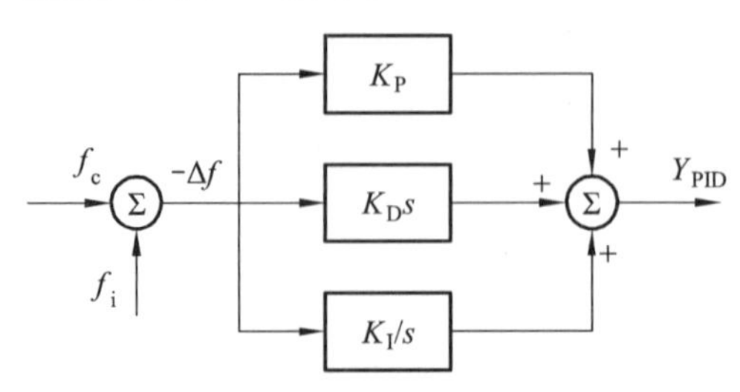

图 7-5　调速器 PID 模型

（6）执行机构模型。如图 7-6 所示。

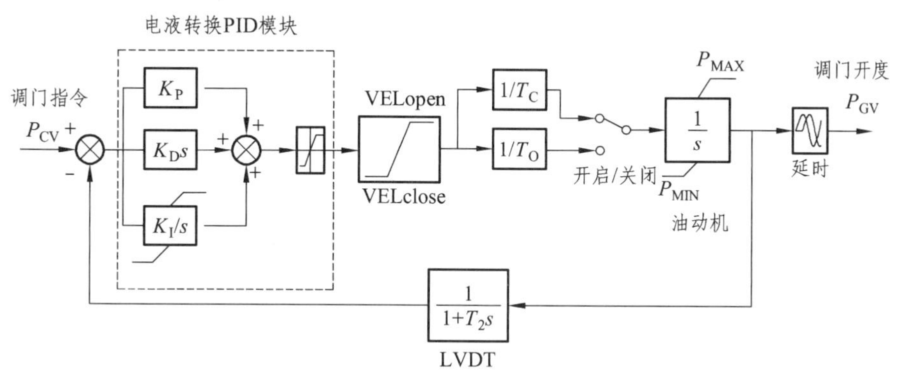

图 7-6　执行机构模型

7.2.2　水电机组调节系统数位模拟仿真系统

水电机组调节系统数值模拟仿真系统如图 7-7 所示。

水电机组调节系统数值模拟仿真系统主要考虑了压力引水管道及尾水管道压力管道、详细发电机、导叶分段关闭等对频率波动影响较大的模型。

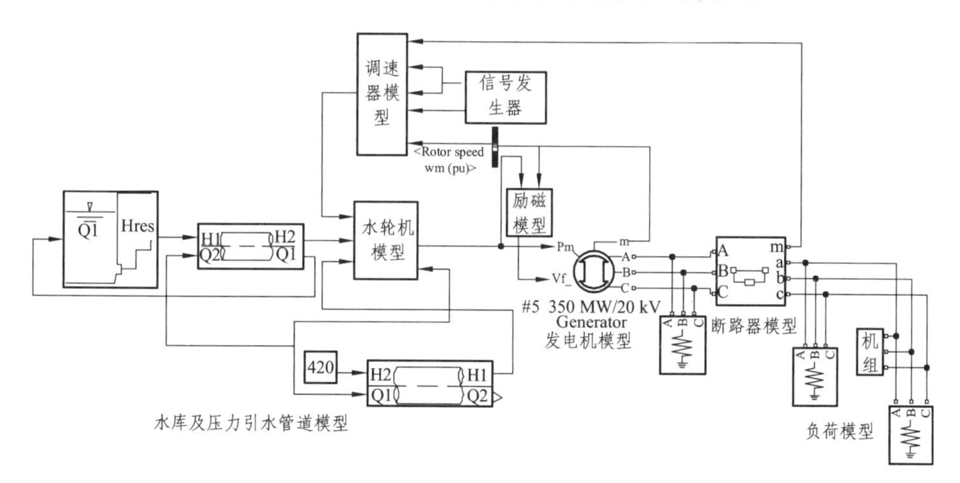

图 7-7　水电机组调节系统数值模拟仿真系统（RSS 模型）

7.3　景洪水电厂动态仿真

利用景洪水电厂详细参数建立 RSS 模型，进行空载扰动、甩负荷、一次调频、

二次调频动态仿真。

7.3.1 景洪水电厂详细参数

1）压力引水管道参数

景洪水电厂均为坝后式厂房，共布置 5 台机组，总装机容量为 5×350 MW。景洪水电厂引水系统采用单机单管供水方式。每条压力管道均由渐变段、上弯段、斜直段、下弯段及后水平段组成，如图 7-8 所示。

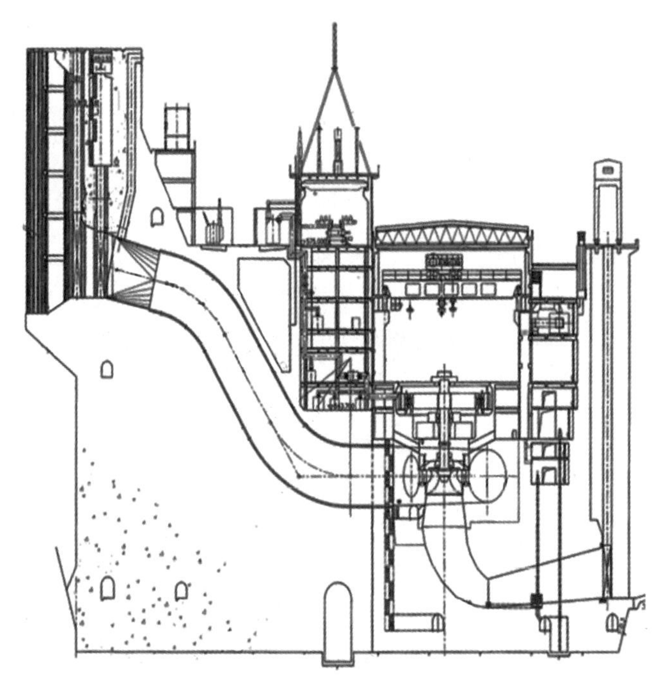

图 7-8　机组引水管道布置简图

2）机组参数

机组参数如表 7-1 所示。

表 7-1　机组参数

名　称	设计值
额定功率	350 MW
调速器控制模式	开度控制
水轮机类型	立轴混流式

续表

名　称	设计值
额定转速	75 r/min
飞逸转速	150 r/min
额定流量	667.9 m^3/s
额定水头	60 m
试验水头	59 m
水流惯性时间常数 T_w	1.3
发电机转动惯量 GD^2	$\geqslant 2.15\times10^8$ kg/m^2
额定电压	18 kV
额定电流	12 473.9 A
额定励磁电压	405 V
额定励磁电流	2 915 A
电厂并入电网电压等级	500 kV
调速器制造厂	南京南瑞公司

3）调速器参数

调速器参数如表 7-2 所示。

表 7-2　调速器参数

名　称	数　值
K_W，频率偏差放大倍数	1
T_R，频率测量时间常数	0.02
$-DB_1$，转速调节死区（负方向）	-0.001
DB_1，转速调节死区（正方向）	0.001
K_P，比例放大倍数	5.00
K_D，微分环节放大倍数	0.00
K_I，积分环节放大倍数	3.5
T_D，微分时间常数	0.20

续表

名　称	数　值
INT_MAX，PID 积分环节上限	1
INT_MIN，PID 积分环节下限	−1
PID_MAX，PID 输出限幅环节上限	1
PID_MIN，PID 输出环节下限	−1
DB_{MAX}，一次调频上限	1
DB_{MIN}，一次调频下限	−1
TR_2，功率测量时间常数	0.02
B_P，永态转差值系数	0.04
$-DB_2$，负方向死区	0
DB_2，正方向死区	0
DB_{MAX}，限幅上限	1
DB_{MIN}，限幅下限	−1
T_c，油动机关闭时间常数	15
T_o，油动机开启时间常数	15.081
VEL_{close}，过速关闭系数	−1.0
VEL_{open}，过速开启系数	1.0
P_{MAX}，原动机最大输出功率，油动机最小行程或调门最大开度	1.1
P_{MIN}，原动机最大输出功率，油动机最小行程或调门最小开度	0.0
T_1，油动机行程反馈环节（LVDT）时间	0.02
K_p，PID 模块比例放大环节倍数	10.0
K_d，PID 模块微分放大环节倍数	0.0
K_i，PID 模块积分放大环节倍数	0.0
PID 模块积分环节限幅最大值	1
PID 模块积分环节限幅最小值	−1
PID 模块输出限幅最大值	1
PID 模块输出限幅最小值	−1
延时时间	/
T_w	1.3
a	0.96

续表

名　称	数　值
b	0.39
Y_1	0.17
Y_2	0.52
Y_3	0.87
P_1	0.043
P_2	0.565
P_3	0.87

4）发电机参数

发电机参数如表 7-3 所示。

表 7-3　发电机参数

名　称	数　值
额定容量	388.9 MVA
额定功率	350 MW
额定定子电压	18.0 KV
额定定子电流	12 474 A
额定功率因数	0.9（滞后）
额定转速	75 r/min
额定励磁电压	405 V
额定励磁电流	2915 A
直轴同步电抗 X_d	0.918 1
直轴暂态电抗 X_d'	0.294
直轴超瞬变电抗 X_d''	0.206 9
交轴同步电抗 X_q	0.602
交轴暂态电抗 X_q'	0.602
交轴超瞬变电抗 X_q''	0.217 9
直轴次暂态时间常数 T_{do}''	0.056 s
定子绕组开路时励磁绕组的时间常数 T_{do}	7.7 s

7.3.2 景洪水电厂#5 机组仿真

利用景洪水电厂#5 机组实测数据与仿真曲线进行对比，如图 7-9 ~ 7-23 所示。

（1）一次调频仿真。

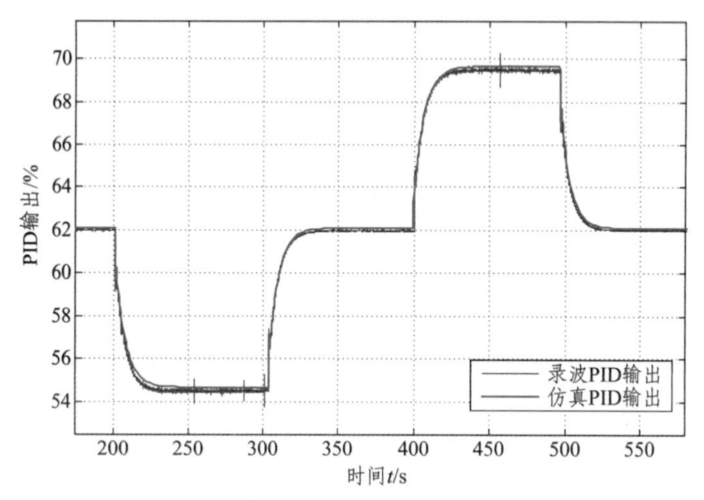

图 7-9 一次调频 PID 仿真与实测对比

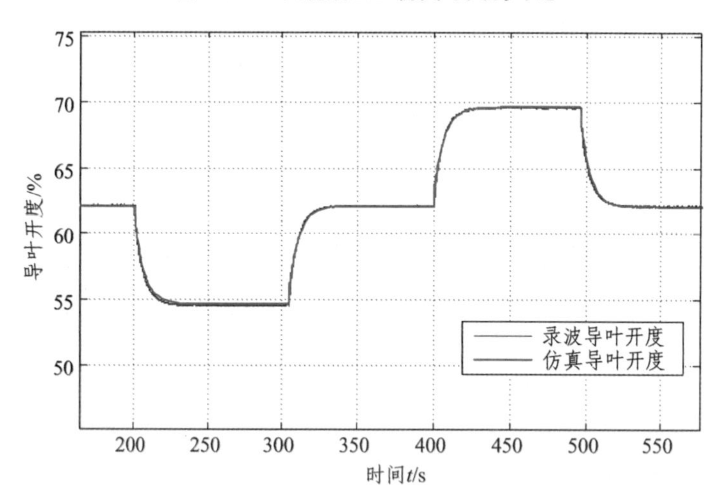

图 7-10 一次调频导叶开度仿真与实测对比

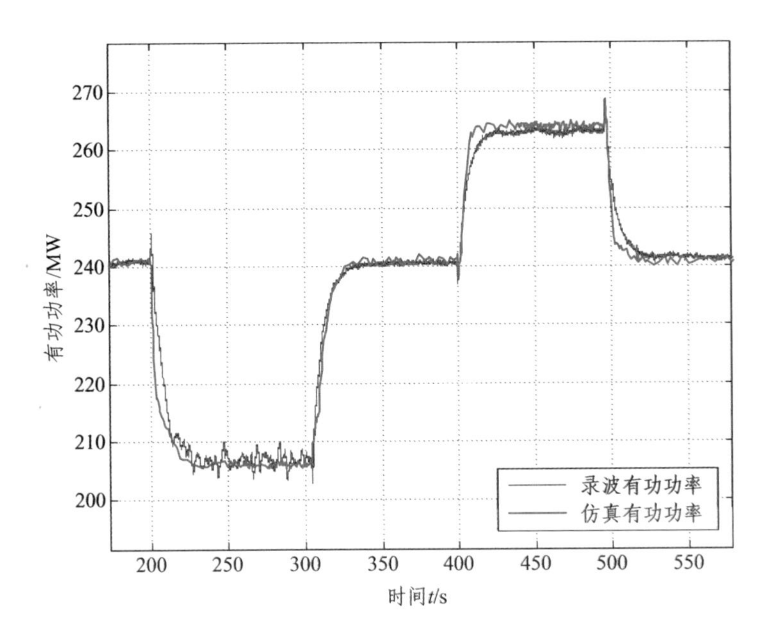

图 7-11　一次调频有功功率仿真与实测对比

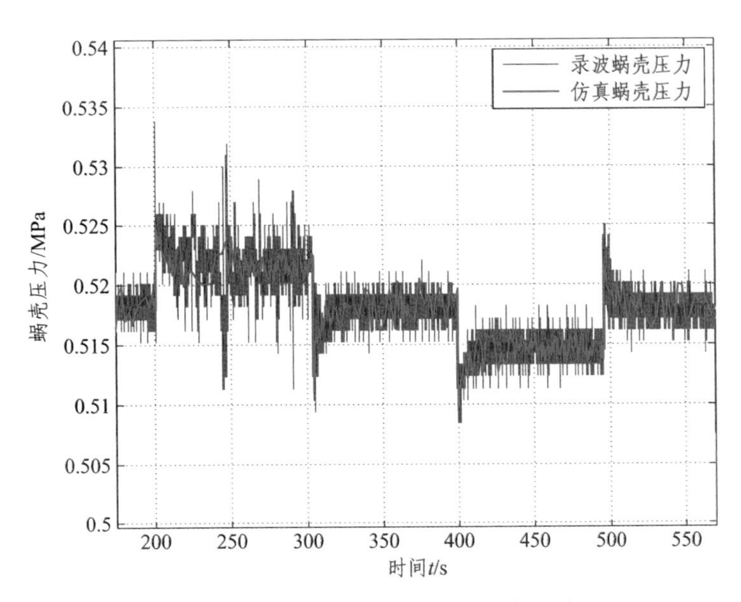

图 7-12　一次调频蜗壳水压仿真与实测对比

（2）二次调频仿真。

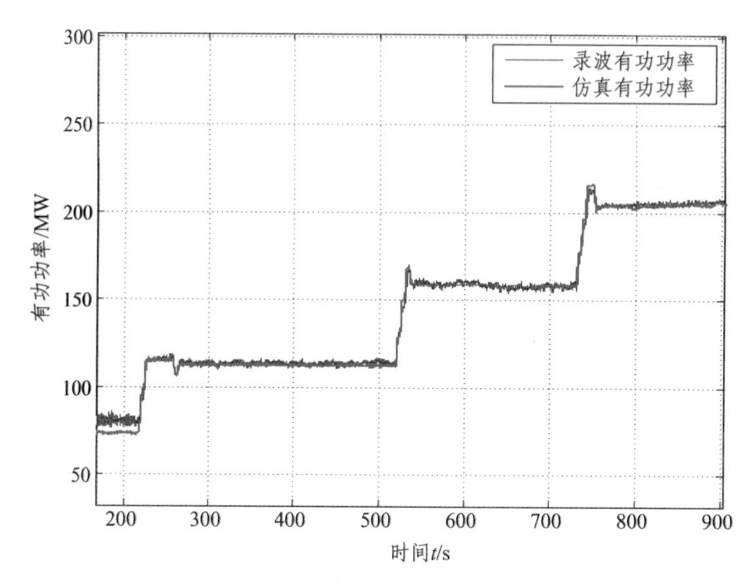

图 7-13　二次调频有功功率仿真与实测对比

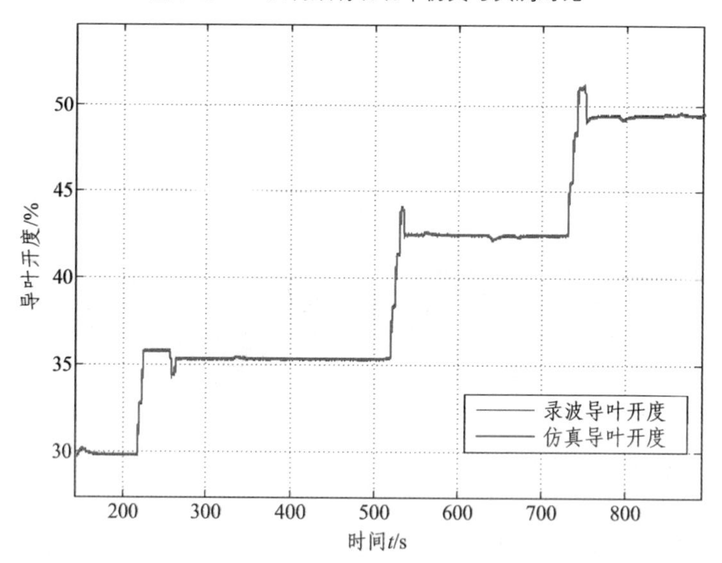

图 7-14　二次调频导叶开度仿真与实测对比

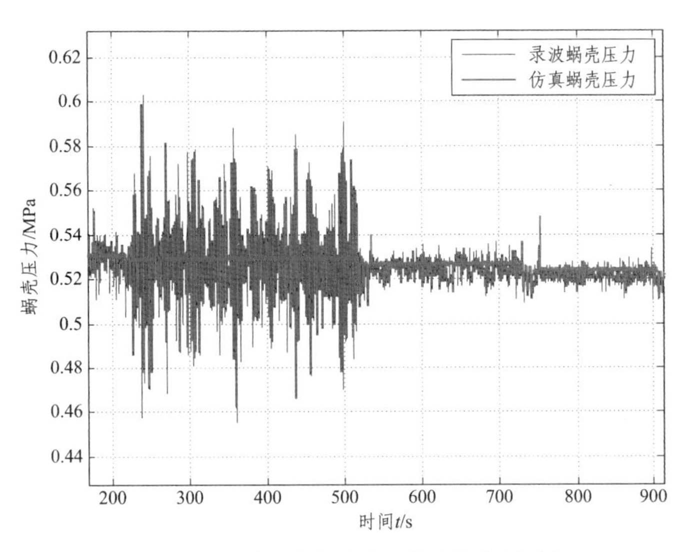

图 7-15　二次调频蜗壳水压仿真与实测对比

（3）甩负荷仿真。

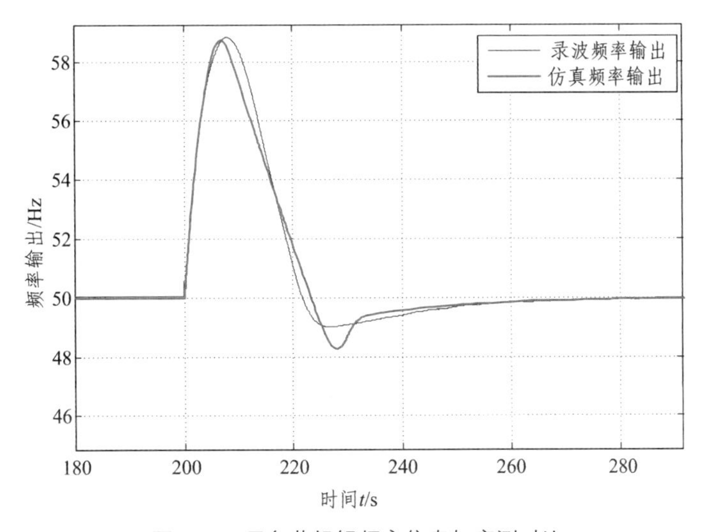

图 7-16　甩负荷机组频率仿真与实测对比

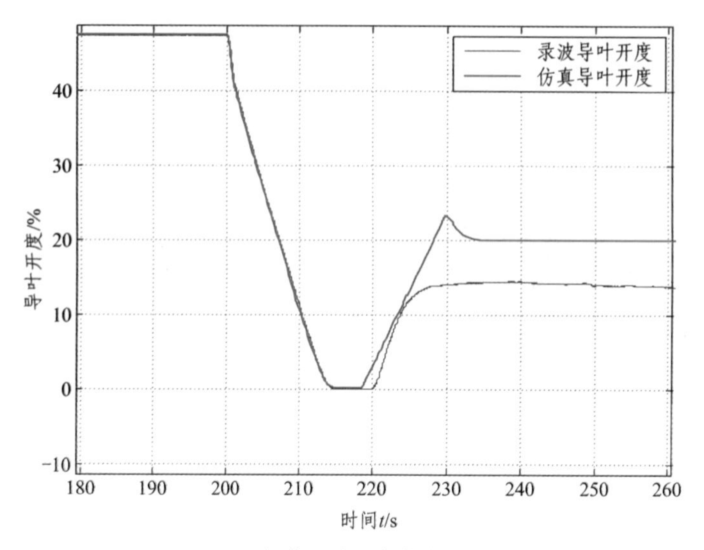

图 7-17　甩负荷导叶开度仿真与实测对比

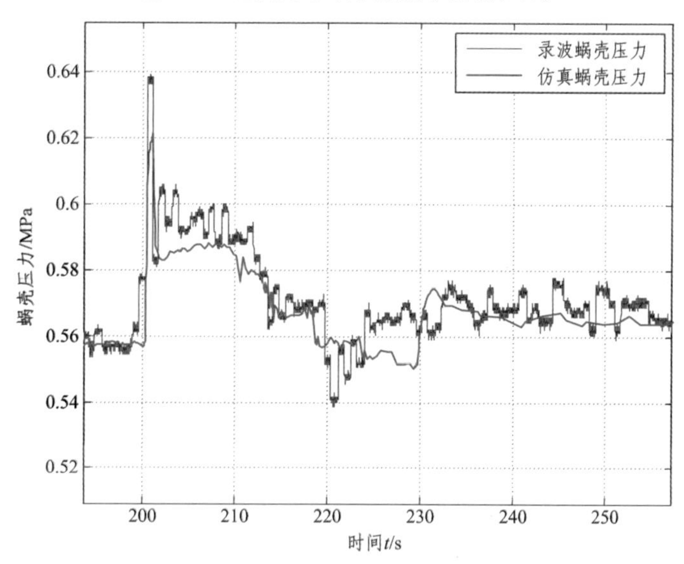

图 7-18　甩负荷蜗壳水压仿真与实测对比

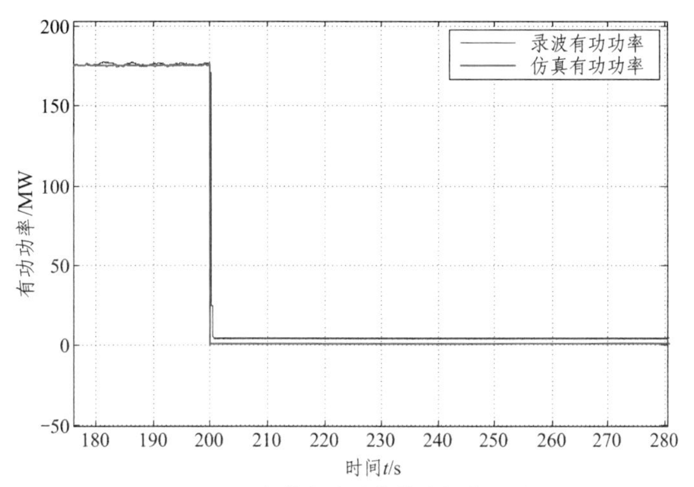

图 7-19　甩负荷有功功率仿真与实测对比

（4）空载扰动仿真。

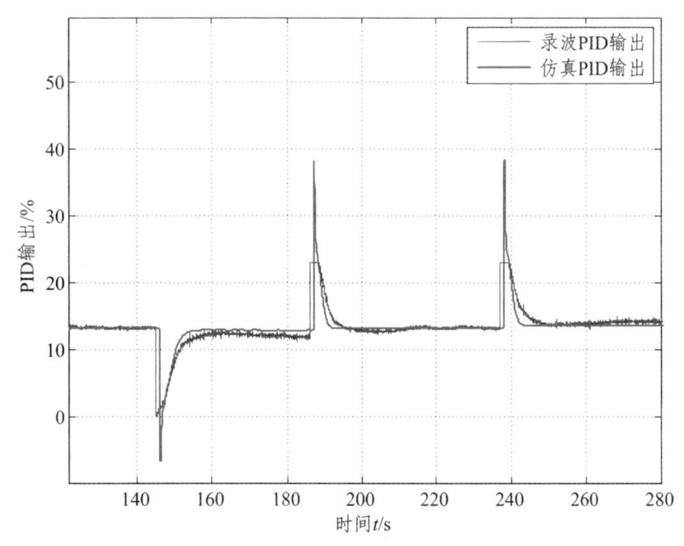

图 7-20　空载扰动 PID 仿真与实测对比

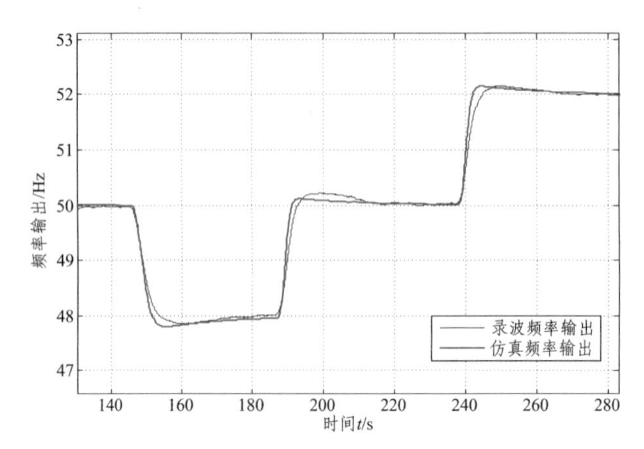

图 7-21　空载扰动频率仿真与实测对比

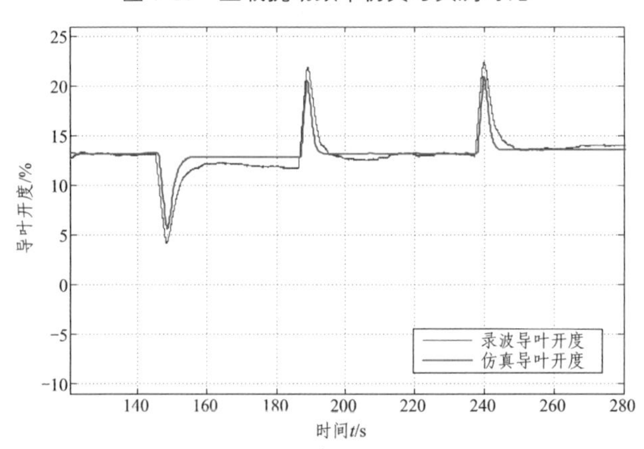

图 7-22　空载扰动导叶开度仿真与实测对比

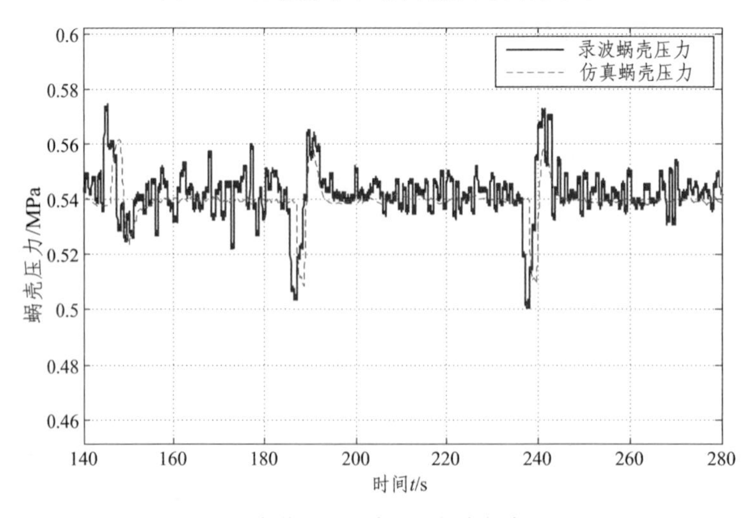

图 7-23　空载扰动蜗壳水压仿真与实测对比

7.3.3 结　论

通过对景洪水电厂#5 机组一次调频、二次调频、甩负荷、空载扰动在 RSS 系统的仿真结果分析，仿真结果很好地再现了其动态调节过程。RSS 仿真系统可用于调速器、AGC、频率/功率振荡、水流惯性时间常数测试等仿真。

7.4 景洪水电厂“2·10”功率振荡事故仿真

7.4.1 景洪水电厂#5 机组功率振荡事故过程

1. 事故发生过程

2017 年 02 月 10 日 00：20，集控远方开启 5 号机。5 号机于 00：20：54 经 051 断路器同期并网，并网运行负荷调整后 5 号机组出现有功波动。

2017 年 02 月 10 日 07：16，退出 5 号机 AGC。在 07：17 时，1、2、4、5 号并网机组有功功率出现大幅波动。在 07：52 ~ 07：54 期间，先后退出 1、2、4、5 号机组调速器一次调频功能，1、2、4 号机组有功功率波动平息，5 号机组有功功率继续波动。

在 07：46：01 时，投入 5 号机组 AGC；于 07：49：19，退出 5 号机组 AGC；在 08：01：49 时，5 号机组有功调节成功，设值 300 MW；此间 5 号机组有功功率继续波动。

在 0：26：12 时，集控远方发令 5 号机组停机。

简报窗口信号如表 7-4 所示。

表 7-4　简报窗口

时　间	事　件
00:20:54	5 号机组发电机以断路器 051 发电操作成功
00:21:21	集控电网 1b 通道 104 通道下发遥调：5 号机组有功调节操作成功，设值 30 MW
00:21:45	集控电网 1b 通道 104 通道下发遥调：5 号机组有功调节操作成功，设值 60 MW
00:22:21	集控电网 1b 通道 104 通道下发遥调：5 号机组有功调节操作成功，设值 90 MW

续表

时　间	事　件
00:23:15	集控电网 1b 通道 104 通道下发遥调：5 号机组有功调节操作成功，设值 120 MW
00:23:34	集控电网 1b 通道 104 通道下发遥调：5 号机组有功调节操作成功，设值 150 MW
00:23:51	集控电网 1b 通道 104 通道下发遥调：5 号机组有功调节操作成功，设值 180 MW
00:24:07	集控电网 1b 通道 104 通道下发遥调：5 号机组有功调节操作成功，设值 211 MW
00:24:43	集控电网 1b 通道 104 通道下发遥控：5 号机组 AGC 投入令 操作成功
00:58:10	集控电网 1b 通道 104 通道下发遥控：5 号机组 AGC 退出令 操作成功
00:59:46	集控电网 1b 通道 104 通道下发遥控：5 号机组 AGC 投入令 操作成功
07:16:05	集控电网 1b 通道 104 通道下发遥控：5 号机组 AGC 退出令 操作成功
07:46:01	集控电网 1b 通道 104 通道下发遥控：5 号机组 AGC 投入令 操作成功
07:49:19	集控电网 1b 通道 104 通道下发遥控：5 号机组 AGC 退出令 操作成功
08:01:49	集控电网 1b 通道 104 通道下发遥调：5 号机组有功调节操作成功，设值 300MW
08:26:12	集控电网 1b 通道 104 通道下发遥控：5 号机组发电机停机令操作成功

历史曲线如图 7-24 所示。

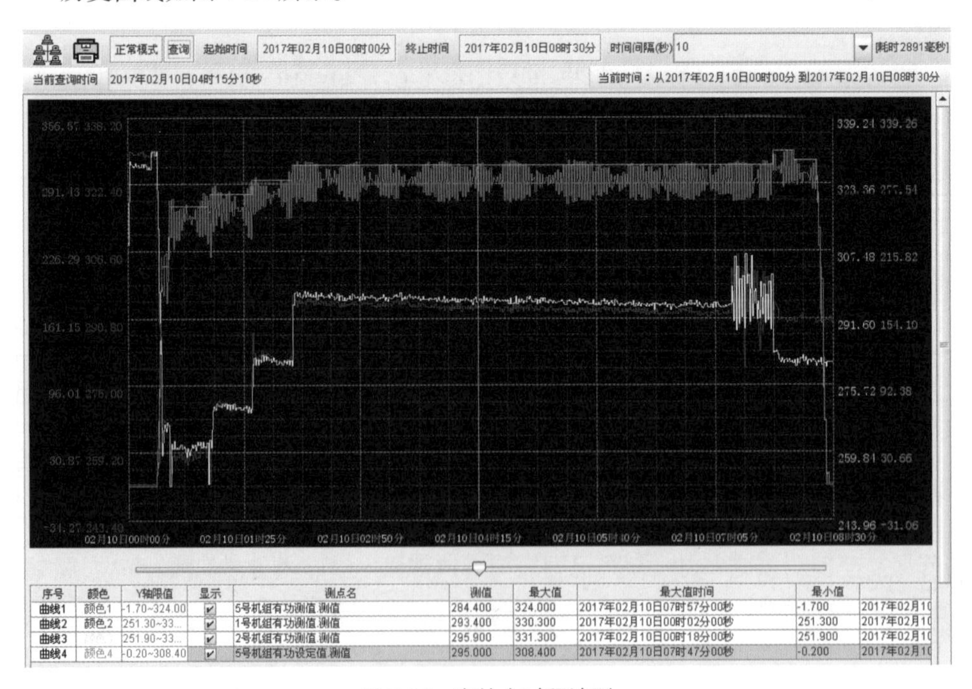

图 7-24　事故全过程波形

机组一次调频状变如下：

2017-02-10　07：52：55.031　1 号机组调速器一次调频功能投入复归
2017-02-10　07：53：29.305　2 号机组调速器一次调频功能投入复归
2017-02-10　07：53：52.034　4 号机组调速器一次调频功能投入复归
2017-02-10　07：54：10.181　5 号机组调速器一次调频功能投入复归

2. 事故分析过程

2017 年 2 月 10 日，5 号机组开机并网后，有功功率、导叶开度出现规律性波动。退出机组调速器一次调频功能后，导叶开度仍呈规律性波动。导叶开度波动幅值约为 10%导叶开度（波峰-波谷），波峰与波峰间隔约为 40 s（即波动周期为 40 s）。事故初期波形如图 7-25 所示。

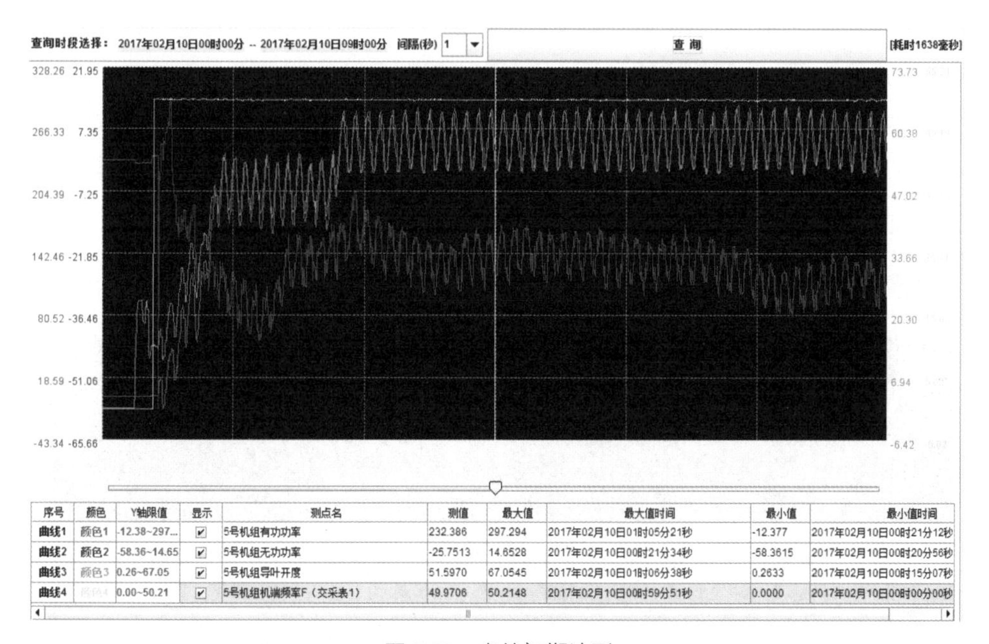

序号	颜色	Y轴限值	显示	测点名	测值	最大值	最大值时间	最小值	最小值时间
曲线1	颜色1	-12.38~297...	✔	5号机组有功功率	232.386	297.294	2017年02月10日01时05分21秒	-12.377	2017年02月10日00时21分12秒
曲线2	颜色2	-58.36~14.65	✔	5号机组无功功率	-25.7513	14.6528	2017年02月10日00时21分34秒	-58.3615	2017年02月10日00时20分56秒
曲线3	颜色3	0.26~67.05	✔	5号机组导叶开度	51.5970	67.0545	2017年02月10日01时06分38秒	0.2633	2017年02月10日00时15分07秒
曲线4	颜色4	0.00~50.21	✔	5号机组机端频率F（交采表1）	49.9706	50.2148	2017年02月10日00时59分51秒	0.0000	2017年02月10日00时00分00秒

图 7-25　事故初期波形

有功波动曲线（PMU）如图 7-26 所示。

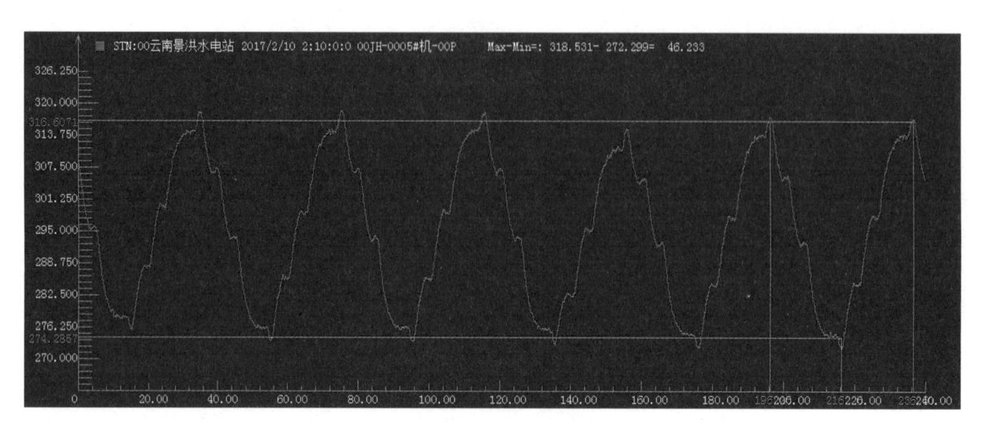

图 7-26　#5 机组有功功率放大波形

分析发现，波动周期约 40 s 且波动呈阶梯台阶状。调速器导叶波动或抽动周期远小于该波动周期，且增减脉冲幅度与调速器脉冲增减步长基本对应，有力地说明调速器收到外部有功调节增减信号，从而改变导叶给定。

查看 2 月 10 日 5 号机有功测量源测值信息发现：5 号机开机并网 2 s 后至停机全过程，机组单机有功调节测量源为交采表。如图 7-27 所示，分析有功变送器、交采表功率数据曲线可发现，交采表曲线滞后变送器曲线约 4 s。

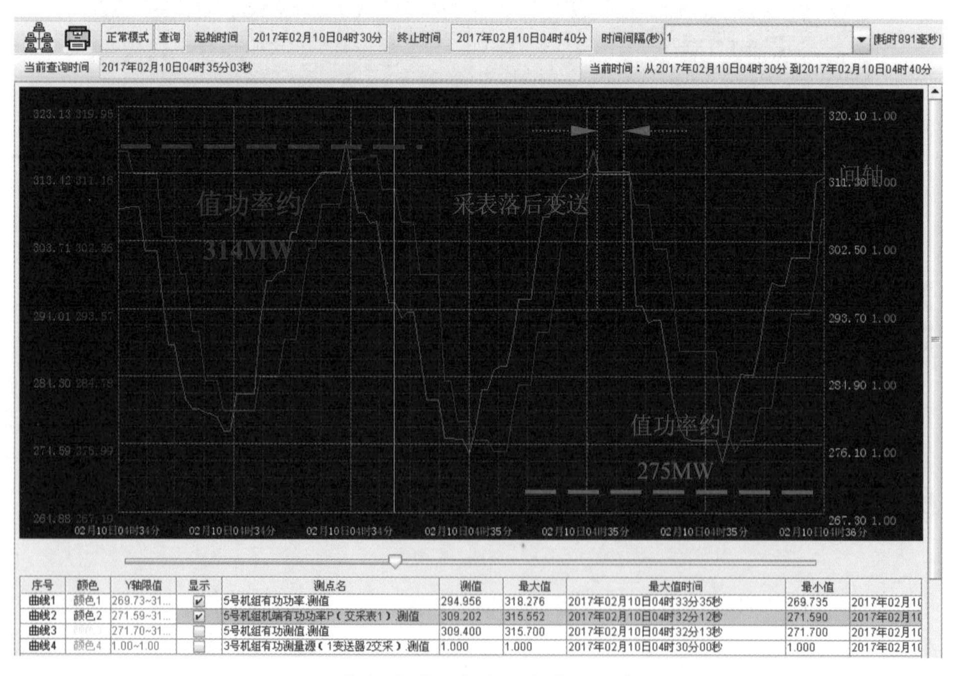

序号	颜色	Y轴限值	显示	测点名	测值	最大值	最大值时间	最小值	
曲线1	颜色1	269.73~31...	✔	5号机組有功功率.測值	294.956	318.276	2017年02月10日04时33分35秒	269.735	2017年02月1(
曲线2	颜色2	271.59~31...	✔	5号机組机端有功功率P（交采表1）.測值	309.202	315.552	2017年02月10日04时32分12秒	271.590	2017年02月1(
曲线3		271.70~31...		5号机組有功測值.測值	309.400	315.700	2017年02月10日04时32分13秒	271.700	2017年02月1(
曲线4	颜色4	1.00~1.00		3号机組有功測量源（1变送器2交采）.測值	1.000	1.000	2017年02月10日04时30分00秒	1.000	2017年02月1(

图 7-27　#5 机组变送器与交采表有功功率对比波形

综上初步推断，5 号机组有功功率波动的直接原因是单机有功调节脉冲增减。不断增减的根本原因是：监控单机有功调节功率反馈采样滞后。在负反馈采样相位滞后的前提下，如果控制环节没有特定滞后补偿模型，仍然采用常规 PID 控制，在反馈已经失真的情况下，自然会引起控制不稳，出现周期性波动现象。鉴于其他电站（四川官地水电厂）也曾发生过的类似波动，该现象应该可以复现。

7.4.2　景洪水电厂#5 机组功率振荡事故仿真

为了确定此次事故能够复现成功，我们对此次事故过程进行了仿真评估，在确定复现成功的同时，需确信复现后的风险问题。

利用 RSS 仿真系统，置入景洪电厂详细机组参数，#5 机组带 300 MW 负荷，模拟#5 机组有功功率反馈延迟 4 s，AGC 有功调节脉宽调节过程通过 PID 模型等效转换，仿真与实测结果对比如图 7-28、图 7-29 所示。

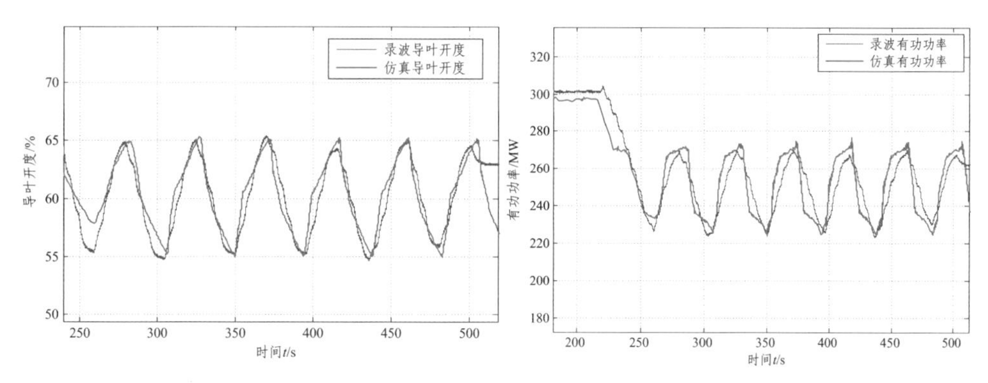

图 7-28　功率反馈加延迟 4 s 后的导叶开度仿真　图 7-29　功率反馈加延迟 4 s 后的有功功率仿真

从上述仿真波形中看出，仿真结果基本再现了事故过程，且波动周期、波动幅度稳定，未有发散趋势，说明此次事故复现在可控范围内。

7.4.3　景洪水电厂#5 机组功率振荡事故复现

根据前述分析，进行 5 号机并网试验，并对故障重现验证。

试验条件：5 号机开机并网，退出 5 号机单机 AGC、全厂 AGC、5 号机一次调频，投入 5 号机单机有功调节，调整 5 号机有功负荷至 300 MW 附近运行。

试验步骤：5 号机并网后检查变送器作为有功测量源时，负荷调整是否正常；若正常，则切换测量源至交采表进行负荷增减，检查是否出现 5 号机有功波动现象。

试验过程如下：

（1）调速器手动增减负荷，波形如图 7-30 所示，再次对调速器进行动态检测，试验结果表明导叶开度与有功功率调节稳定，排除调速器是此次事故的源头。

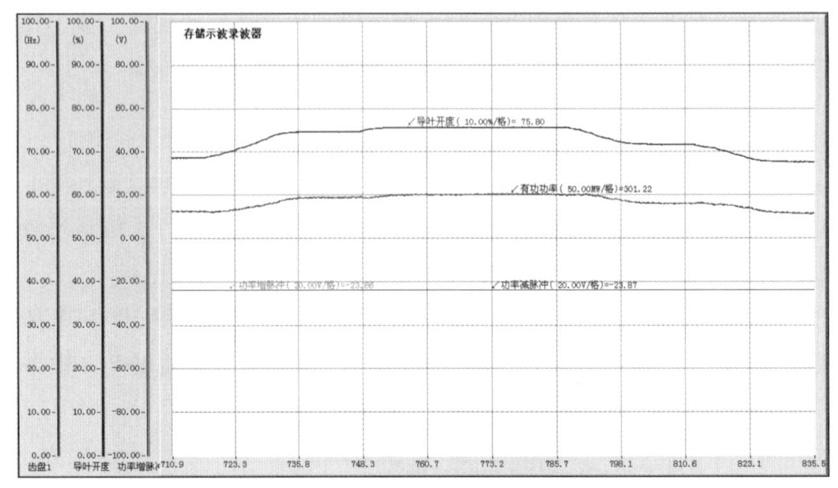

图 7-30　调速器手动增减负荷波形

（2）功率稳定 300 MW，模拟功率变速器故障，监控功率反馈切交采表运行，监控下达单步调节负荷指令 20 MW，波形如图 7-31 所示。试验结果表明，单步调节负荷指令 20 MW 后出现两个周期振荡波形，振荡过程符合预期，但是两个周期后完全收敛。

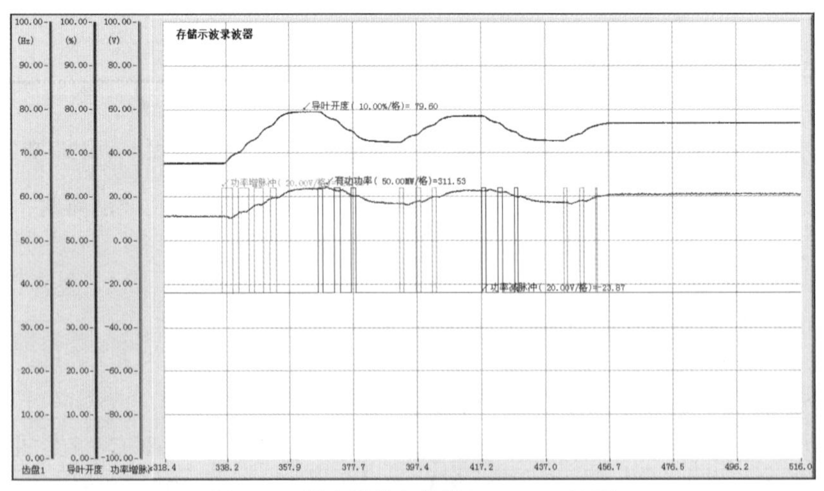

图 7-31　单步调节负荷增加 20 MW 波形

（3）功率稳定 300 MW，模拟功率变速器故障，监控功率反馈切交采表运行，监控下达单步调节负荷指令 30 MW（事故简报窗口：集控电网 1b 通道 104 通道下发遥

调：5 号机组有功调节操作成功，设值 30 MW），波形如图 7-32 所示，负荷设定与事故发生事件一致。试验结果表明，单步调节负荷指令 30 MW 后完全复现事故振荡过程，振荡周期 40 s，监控下达功率增减调节脉宽为 3 个。

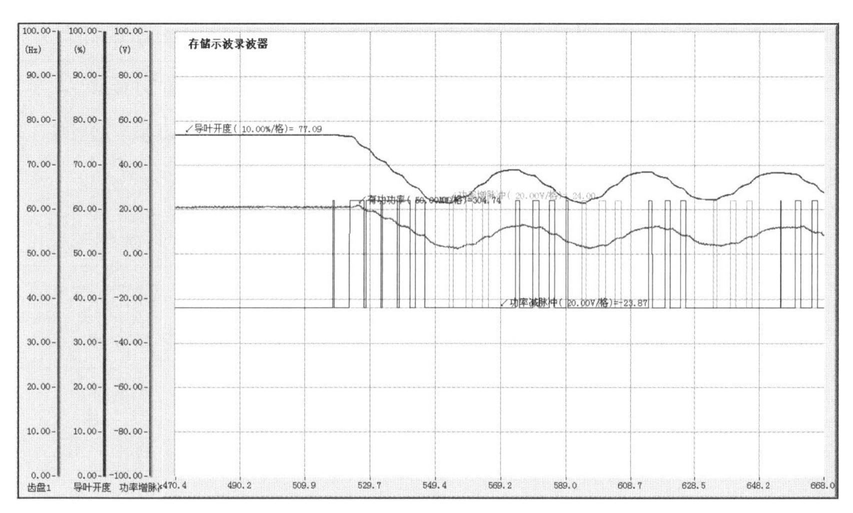

图 7-33　单步调节负荷增加 30 MW 波形

（4）功率稳定 300 MW，模拟功率变速器故障，监控功率反馈切交采表运行，监控下达单步调节负荷指令 50 MW，波形如图 7-33 所示。试验结果表明，单步调节负荷指令 50 MW 后调节幅度更大，监控下达功率增减调节脉宽为 4 个。

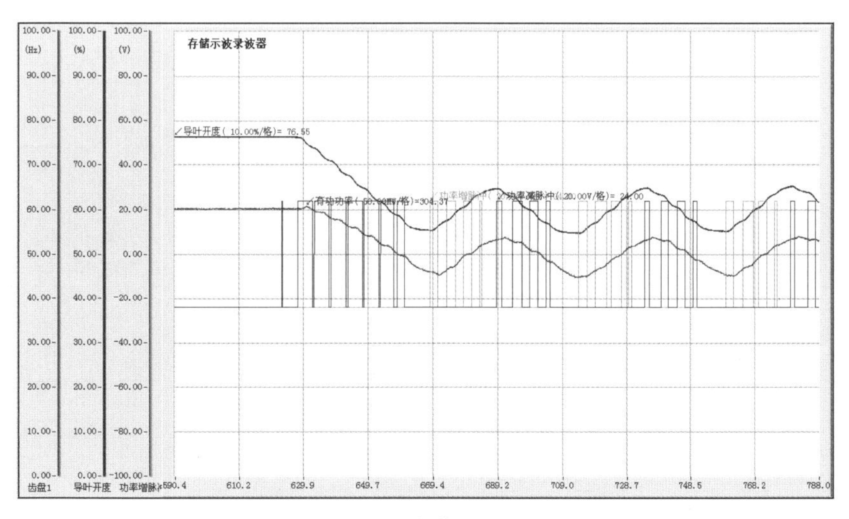

图 7-33　单步调节负荷增加 50 MW 波形

7.4.4　景洪水电厂#5 机组功率振荡事故结论

5 号机组有功功率波动的直接原因是 5 号机组开机并网时，有功功率出现瞬时逆功率，此时监控内部程序判断功率变速器品质坏，功率变送器切至交采表运行，交采表为通信模式，导致有功调节功率反馈采样滞后 4 s，引起有功功率周期型波动。

建议在监控系统新引进一套功率测量源作为备用，并保证新引进的功率测量源与原功率变送器 PT、CT 回路完全独立，从而形成可靠的备用功率测量源，新增的功率测量源与主用应不同。

第 8 章

云南水电机组并网逆功率发生机理及防范措施

2017 年，景洪水电厂、观音岩水电厂、阿海水电厂多次出现并网时逆功率现象，逆功率持续时间长、幅值大，尤其景洪水电厂、观音岩水电厂逆功率现象，发生时由于功率采样装置设计逻辑缺陷，导致机组出现大幅度的有功震荡。基于此背景，对云南异步联网后大型水电机组并网有功功率进行试验分析，并给出防范措施。

8.1 水电机组并网逆功率机理分析

为避免电流、功率以及由此引起的发电机内部的机械应力冲击，机组并网应满足：

（1）发电机频率与电网频率相同，即 $f_g = f_c$。

（2）发电机激磁电势和电网电压应具有相同的幅值、极性和相位，即 $E_0 = U_0$。

如果机组频率和电网频率不等，则机组和电网的电压相量之间将有相对运动，设 $f_g > f_c$，并将电网电压看成相对静止，则机组的电势相量将以 $\omega_g \sim \omega_c$ 的相对速度向前旋转，此时机组和电网之间将出现一个大小和相位均为不断变化的电位差，并网时电位差将在机组与电网内产生一个大小和相位不断变化的环流，在某些瞬间功率因数交小于 90°，机组将向电网输出功率，在另一瞬间开始，功率因数大于 90°，机组向电网吸收功率，对电网将引起一定的功率振荡，对机组由于存在巨大的暂态电流和转矩，引起发电机内部机械应力冲击，有损发电机性能。

8.2 景洪水电厂并网逆功率试验及分析

根据云南电网多数大型机组发生逆功率后，在景洪水电厂进行了多次并网试验，测试机组频率、导叶开度、有功功率等，试验结果如图 8-1 ~ 8-5 以及表 8-1 ~ 8-5 所示。

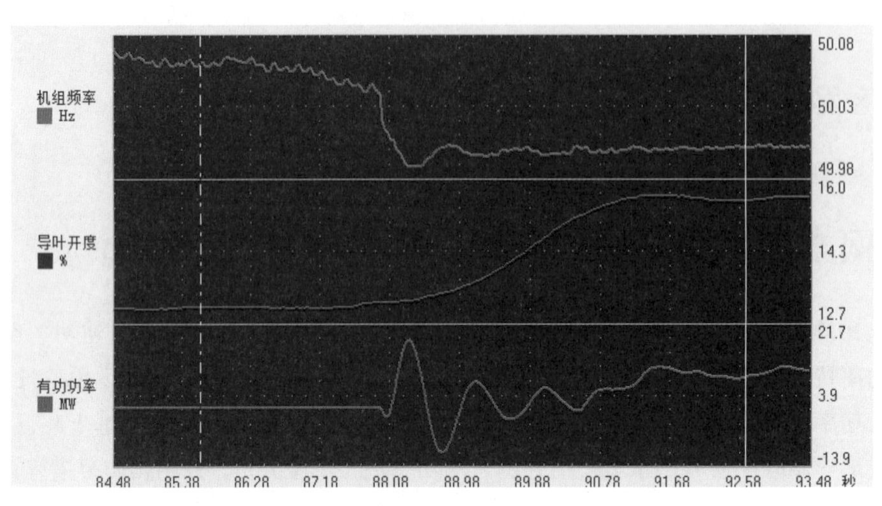

图 8-1　频差 0.027 Hz 并网过程波形

表 8-1　频差 0.027 Hz 并网过程结果

<table>
<tr><td rowspan="2">并网前</td><td colspan="2">机组频率/Hz</td><td>50.047</td><td></td></tr>
<tr><td colspan="2">导叶开度/%</td><td>13.2</td><td></td></tr>
<tr><td rowspan="4">并网后</td><td colspan="2">系统频率/Hz</td><td>50.02</td><td>频差 0.027</td></tr>
<tr><td colspan="2">导叶开度/%</td><td>14.4</td><td></td></tr>
<tr><td rowspan="2">有功功率/MW</td><td>第一次波动</td><td>18.1</td><td>功率变化率 5.2%</td></tr>
<tr><td>第二次波动</td><td>-10.1</td><td>功率变化率 2.85%</td></tr>
</table>

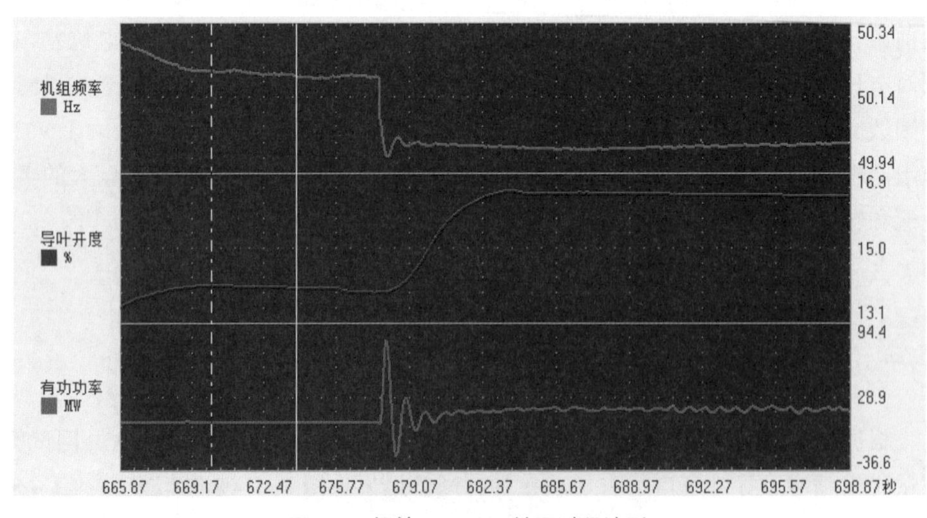

图 8-2　频差 0.101 Hz 并网过程波形

表 8-2　频差 0.101 Hz 并网过程结果

并网前	机组频率/Hz		50.201	
	导叶开度/%		13.8	
并网后	系统频率/Hz		50.1	频差 0.101
	导叶开度/%		14.8	
	有功功率/MW	第一次波动	80.5	功率变化率 23%
		第二次波动	−23.4	功率变化率 6.7%

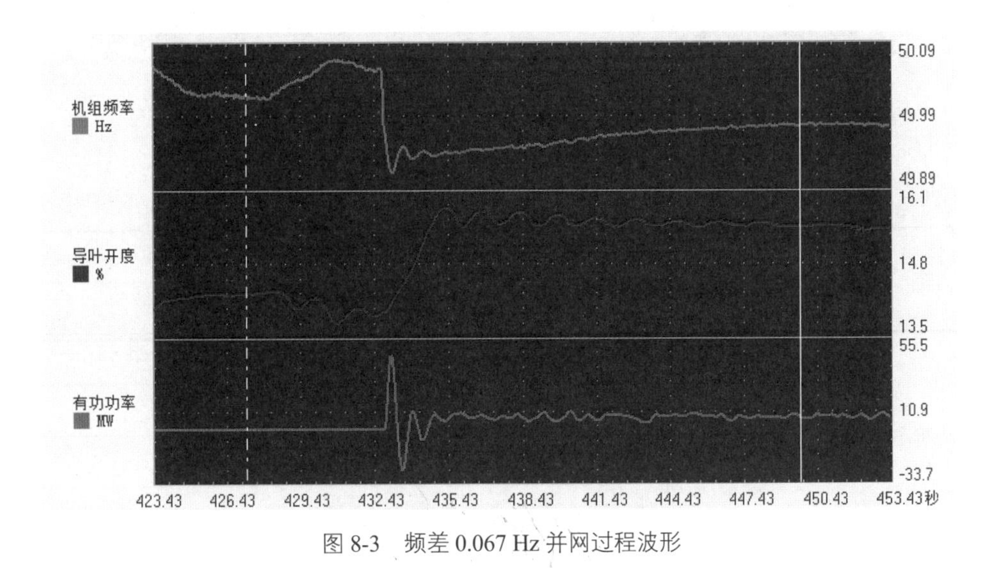

图 8-3　频差 0.067 Hz 并网过程波形

表 8-3　频差 0.067 Hz 并网过程结果

并网前	机组频率/Hz		50.053	
	导叶开度/%		13.9	
并网后	系统频率/Hz		49.986	频差 0.067
	导叶开度/%		15.8	
	有功功率/MW	第一次波动	46.4	功率变化率 13.2%
		第二次波动	−24.8	功率变化率 7%

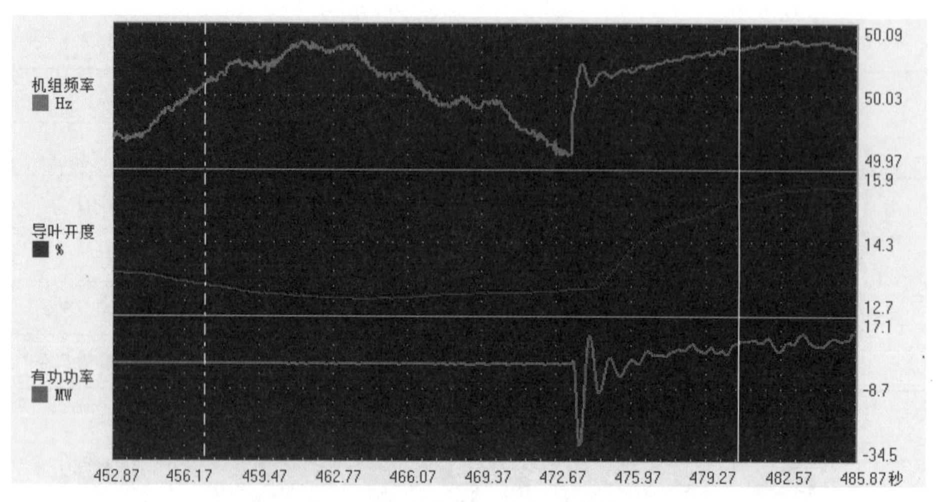

图 8-4 频差 0.031 Hz 并网过程波形

表 8-4 频差 0.031 Hz 并网过程结果

<table>
<tr><td rowspan="2">并网前</td><td colspan="2">机组频率/Hz</td><td>49.987</td><td></td></tr>
<tr><td colspan="2">导叶开度/%</td><td>13.3</td><td></td></tr>
<tr><td rowspan="4">并网后</td><td colspan="2">系统频率/Hz</td><td>50.018</td><td>频差-0.031</td></tr>
<tr><td colspan="2">导叶开度/%</td><td>14.7</td><td></td></tr>
<tr><td rowspan="2">有功功率/MW</td><td>第一次波动</td><td>−29.2</td><td>功率变化率 8.3%</td></tr>
<tr><td>第二次波动</td><td>11.2</td><td>功率变化率 3.2%</td></tr>
</table>

表 8-5 并网过程结果分析

机组与电网频差/Hz	第一次波动功率变化率/%	第二次波动功率变化率/%
−0.031	−8.3	3.2
0.027	5.2	−2.85
0.067	13.2	−7
0.101	23	−6.7

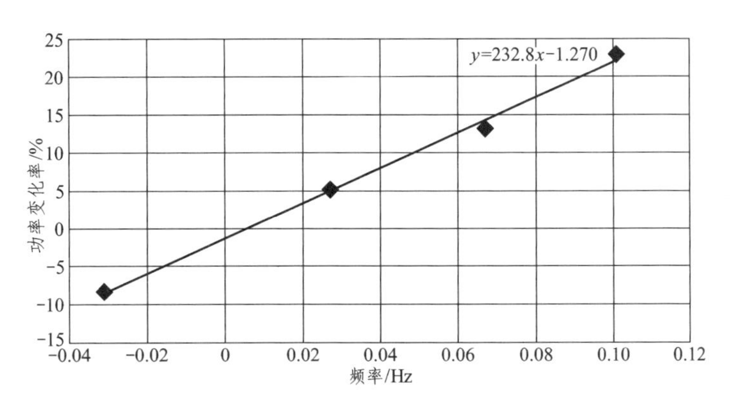

图 8-5　功率变化率随频差变化过程

分析景洪水电厂多次并网试验结果发现，机组并网时机组频率和电网频率差值与有功功率第一次波动冲击呈线性关系，根据测试结果可以为机组并网同期频率定值设置提供参考依据。

8.3 异步运行后云南电网频率及机组空载频率分析

8.3.1　云南异步运行后频率分析

云南异步运行后频率幅值变化显著，如图 8-6 ~ 8-8 所示。根据云南电网多时段频率实测数据，分析电网频率波动范围。

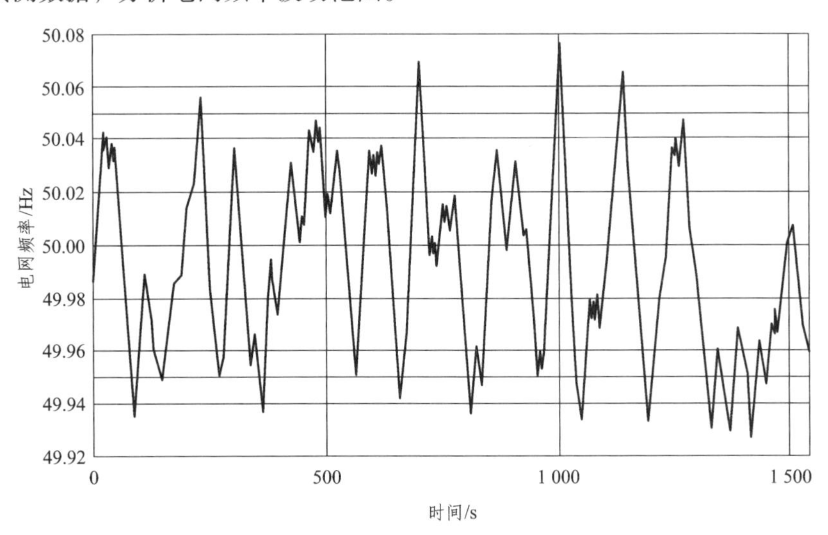

图 8-6　云南电网异步后频率波动

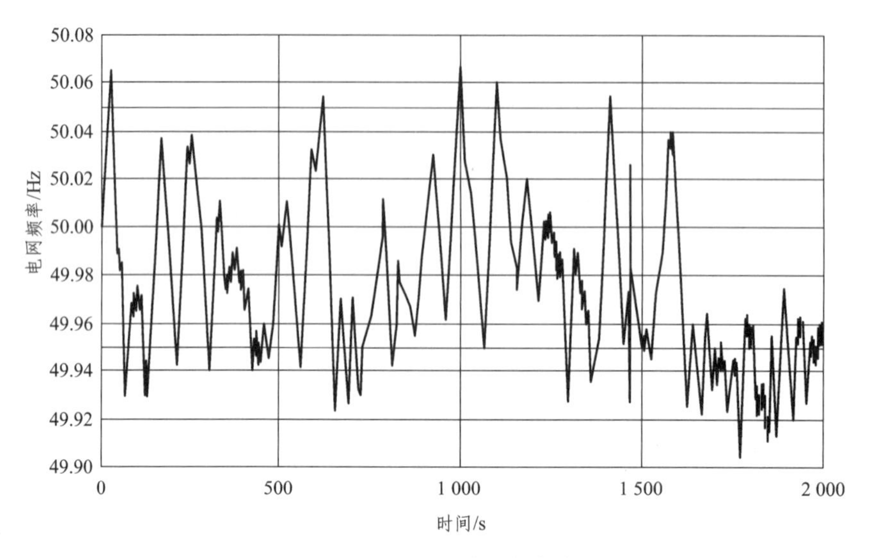

图 8-7　云南电网异步后频率波动

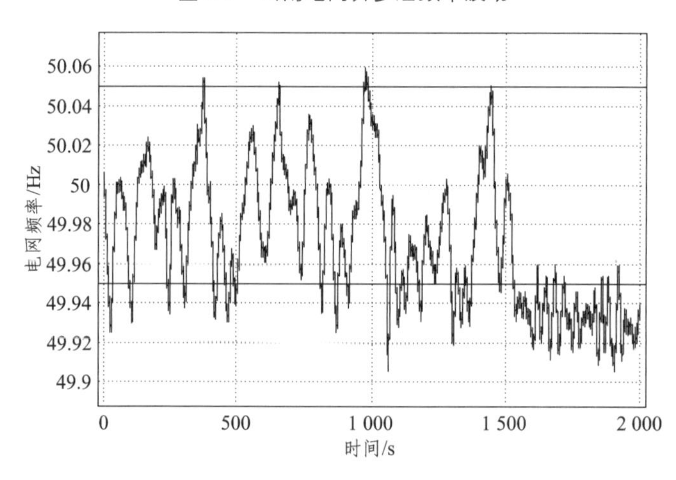

图 8-8　云南电网异步后频率波动

从上图可以看出，运行异步后云南电网频率大概率在频率死区（±0.05 Hz）外运行，最大频率接近±0.1 Hz。

8.3.2　机组空载运行频率分析

《水轮机电液调节系统及装置技术规程》（DLT563—2016）规定：自动空载运行时，3 min 内机组转速摆动相对值不得超过±0.15%，即±0.075 Hz，云南大型水电机组空载频率波动如图 8-9 所示，由图可知机组频率均在标准范围内。

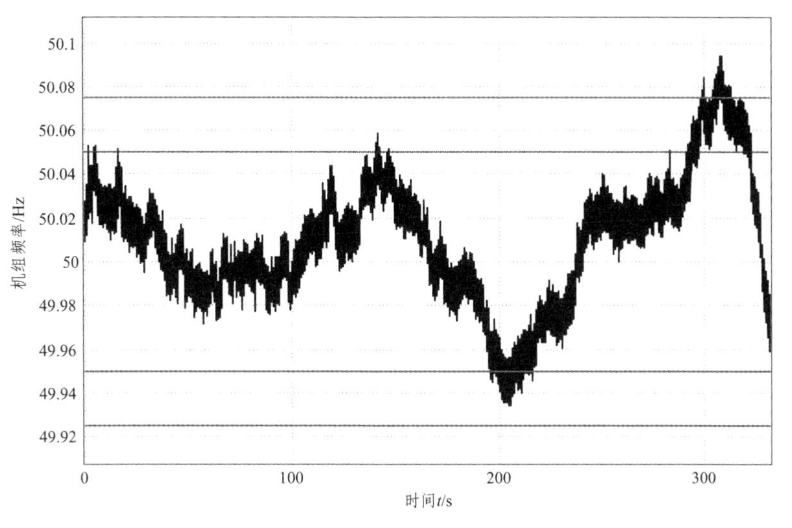

图 8-9　机组空载频率波动

8.4 结论及建议

异步联网后，云南电网呈大机小网模式，系统频率波动较大。大型机组并网时，可能会由于机组频率与系统频率偏差较大而产生较大的功率冲击。

云南电网未进行异步运行时，电网频率很少越限±0.05 Hz，机组并网时极限频差超过 0.1 Hz 的概率很小。异步运行后云南电网频率波动幅值明显增大，分析异步后云南电网频率实测数据发现，电网频率大概率时间接近±0.1 Hz，机组并网时极限频差可能超过 0.15 Hz，从景洪电厂实测并网曲线中看出，频差在 0.101 Hz 时，功率最大波动为 80.5 MW，而景洪电厂功率变送器逆功率切换值为 90 MW，这就解释了异步运行后景洪电厂大概率发生逆功率切换功率变送器的原因，同时也印证了云南其他水电厂逆功率问题。

机组并网时机组频率与电网频率有一定偏差，并网后这些偏差就会立刻被电网拉入同步，逆功率的发生是由于机组频率低于电网频率，机组向电网吸收功率。根据逆功率分析机理及云南大型水电厂逻辑缺陷提出以下建议：

（1）多数水电厂调速器所用有功功率变送器无法测量逆功率，建议更换变送器。

（2）优化功率采样装置设计逻辑。

（3）优化同期频率定值，溪洛渡水电厂为减小逆功率影响同期频率从±0.18 Hz 减小至±0.15 Hz，阿海水电厂同期频率从±0.2 Hz 改变为 0.2 Hz。

第 9 章

龙开口水电厂“7·20”功率振荡事故仿真

9.1 龙开口水电厂功率振荡事故过程

9.1.1 事故发生过程

2016 年 7 月 20 日，龙开口水电厂发生功率振荡事故。第一次振荡是在 4 号机开机并网后，电厂 AGC 在调度控制模式下，运行人员手动增加 4 号发动机负荷中发生相关事故，事故过程如图 9-1 所示。

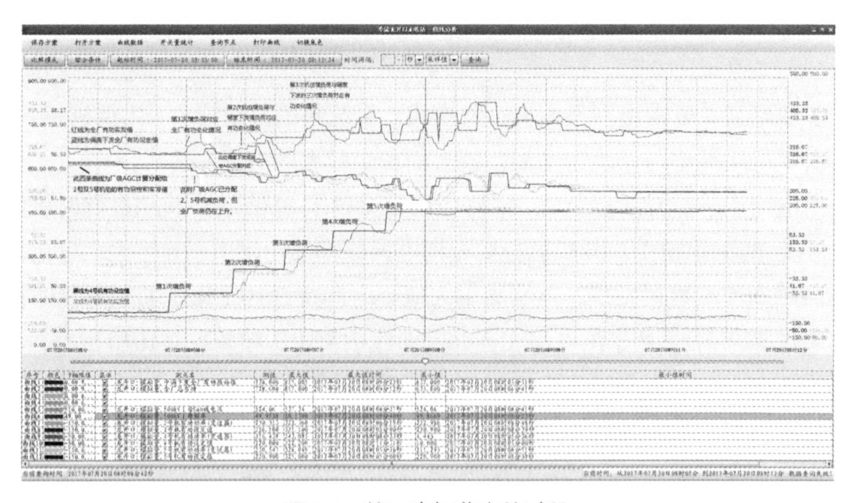

图 9-1　第一次振荡事故过程

4 号机增负荷时间段为 08：06：04 至 08：08：18，分五次逐步增加负荷（10 MW→50 MW→100 MW→140 MW→180 MW→220 MW），增负荷引起 500 kV 母线频率升高，2、4、5 号机组一次调频频繁动作，调度期间也多次下发 AGC 指令调整全厂有功设定值以稳定频率，因 4 号机手动增负荷与调度下发 AGC 指令不匹配，导致功率波动逐步形成，08：06：44 至 08：10：24，龙开口电厂全厂有功实发值与调度下发设定值最大差值达到 126.6 MW。

第二次振荡是在 2 号机组停机前，全厂 AGC 在调度侧控制方式下，运行人员执行 2 号机逐步减负荷停机过程中发生的，事故过程如图 9-2 所示。

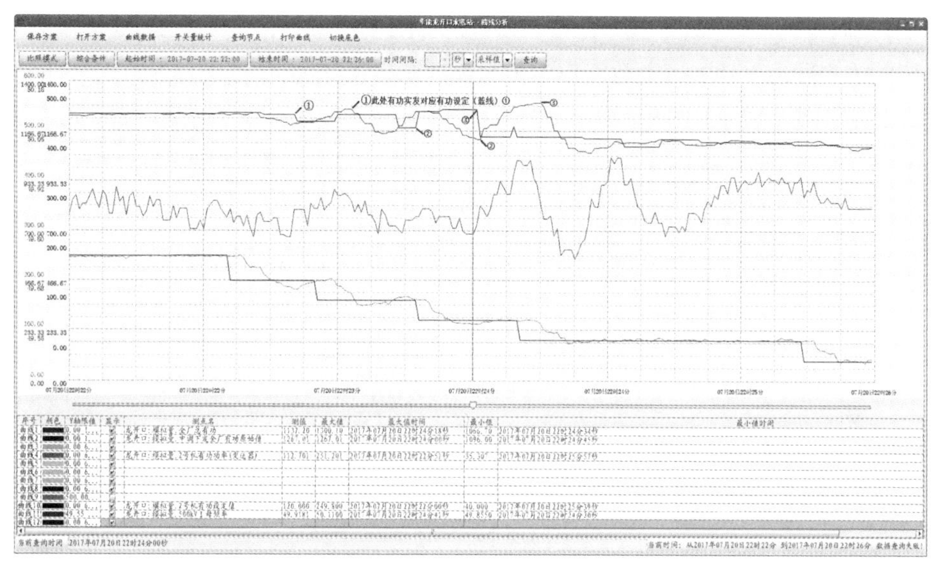

图 9-2　第二次振荡事故过程

2 号机减负荷时间段为 22:22:44 至 22:26:14，分六次逐步减少负荷（249.8 MW→200 MW→160 MW→120 MW→80 MW→40 MW→10 MW）。减负荷引起 500 kV 母线频率降低，全厂 5 台机组一次调频频繁动作，调度期间也多次下发 AGC 指令调整全厂有功设定值以稳定频率，因 2 号机手动减负荷与调度下发 AGC 指令不匹配，导致功率波动逐步形成。22:24:15 至 22:24:34，AGC 因全厂有功设定与实发差值过大退出，22:24:15 时调度下发全厂有功设定与实发最大差值达到 160 MW。

9.1.2　事故分析过程

两次功率波动均为电厂运行值班员在机组开、停机过程中，对单台机组进行手动分步增或减有功负荷时，电厂 AGC 响应调度指令滞后，电厂 AGC 在收到调度下发指令到计算分配有约 7 s 延迟（数据库扫描周期 2 s，AGC 运算周期 4 ~ 5 s）；计算分配后发送到各机组 LCU 改变设定值有 2 s 数据库扫描周期，整个遥调过程电厂侧从接收指令到分配下发 LCU 有约 9 s 的延迟。在电厂运行值班员手动调整单台机组负荷时，母线频率变化，调度为稳定系统频率多次下发 AGC 指令调整全厂有功设定值，因电厂 AGC 响应调度指令及调节过程明显滞后，导致调度下发 AGC 指令与调节过程不匹配，引起功率波动形成。

9.2 龙开口水电厂功率振荡事故仿真

利用 RSS 仿真系统，置入龙开口水电厂详细机组参数，仿真以 2016 年 7 月 20 日两次功率波动事件的历史数据作为仿真数据源，并将 AGC 调节延迟时间、机组有功调节死区以及 AGC 分配值跟踪未投 AGC 机组（实发或设定）情况作为参考变量。模拟电厂 AGC 响应调度指令延迟 9 s，AGC 有功调节脉宽调节过程通过 PID 模型等效转换，仿真与实测结果对比如图 9-3 ~ 9-6 所示。

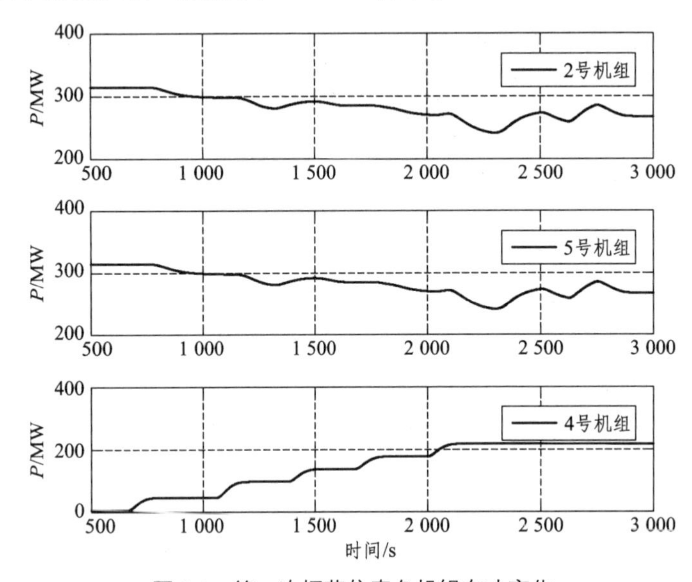

图 9-3 第一次振荡仿真各机组有功变化

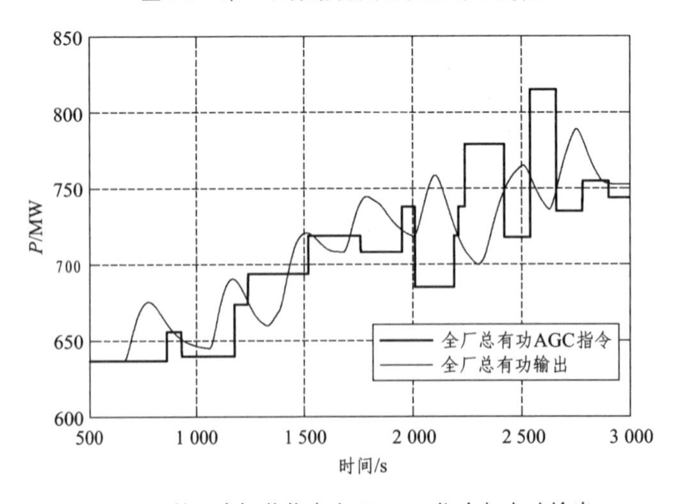

图 9-4 第一次振荡仿真全厂 AGC 指令与有功输出

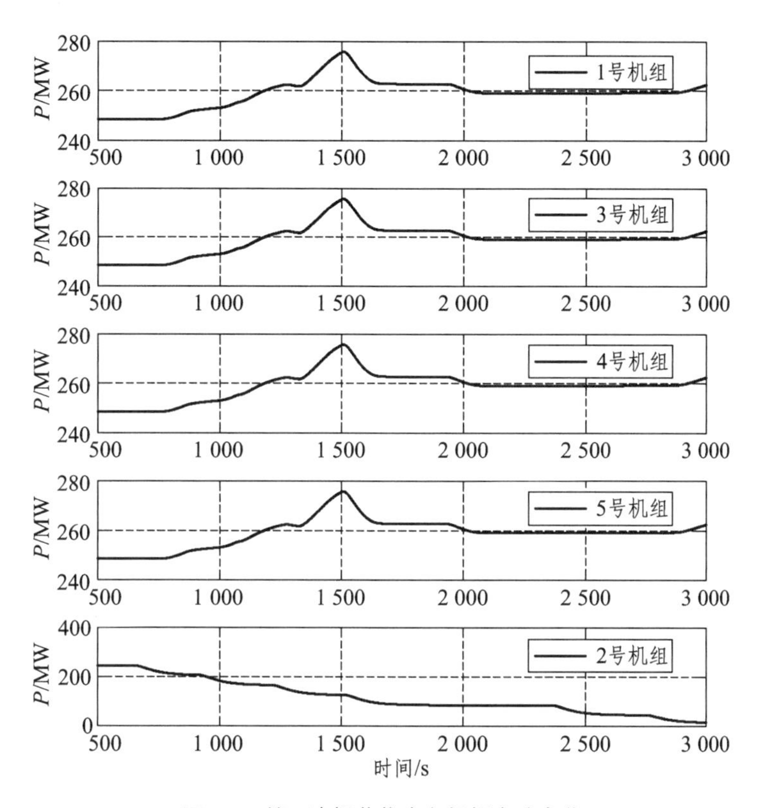

图 9-5　第二次振荡仿真各机组有功变化

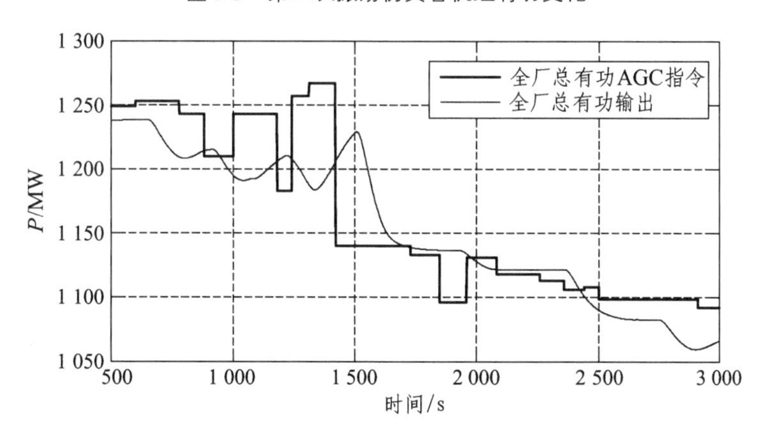

图 9-6　第二次振荡仿真全厂 AGC 指令与有功输出

龙开口水电厂两次功率振荡事故的仿真结果基本再现了当时各台机组功率的变化过程。

9.3 龙开口水电厂功率振荡事故结论

（1）龙开口电厂为AUTO控制模式时，调度AGC指令到机组执行功率调节延迟明显，此次事故仿真中加入延迟环节对功率调节振荡幅值明显增大，AGC指令延迟是此次事故发生的主要原因之一。

（2）龙开口电厂为AUTO控制模式时，调度AGC指令随系统频率变化而不断修正负荷下达设定值，增减负荷机组与全厂AGC未隔离，参与全厂AGC负荷调节，在机组增减负荷时与AGC调节机组相互拉扯，导致各台机组负荷振荡，是此次事故发生的另一原因。

第 10 章

云南电网 AUTO 控制模式对水电机组频率影响

异步运行后，云南电网先后多次出现了 AGC 超调引起的电网频率波动现象，直接威胁设备与电网安全。为解决这一问题，项目分析了 AGC 超调引起电网频率振荡的机理，对云南电网一次频率波动实例进行了详细分析，并在 RSS 仿真系统再现频率振荡过程。

10.1　云南电网 AGC 调频原理

运行中，调度部门需要根据不同电厂机组的调节特性，合理地安排电厂的调频模式，使得电厂不同程度地参与系统频率调节。云南电网 AGC 电厂的几种常用的调频模式如下：

SCHER——发电机组执行计划曲线，并根据需要参与功率调节；

SCHEO——发电机组仅执行计划曲线，不参与功率调节；

AUTOR——发电机组基本功率取当前实际功率，并根据需要参与功率调节；

BASER——发电机组基本功率由人工给定，并根据需要参与功率调节；

BASEO——发电机组基本功率由人工给定，不参与功率调节。

电网二次调频主要由 AGC 负责执行，为使系统频率回到额定值，需要 AGC 提供的调节量可按下式计算得到：

$$\Delta P = B \cdot \Delta f \tag{10-1}$$

其中，B 为系统频率响应特性；Δf 为系统频率偏差；ΔP 为系统功率缺额，即 AGC 的调节需求量。若要确定不同频率偏差条件下的 AGC 调节需求量，只需要求出系统频率响应特性 B 即可。

系统频率响应特性由负荷频率响应特性和机组频率响应特性两部分构成，具有时变特性和非线性特性。为求取云南电网的值，做如下假设：

（1）频率波动持续时间较短，在此期间近似认为负荷和开机方式恒定，即认为

B 时不变。

（2）负荷的频率响应系数为恒定值，仅考虑机组调速器死区引起的频率响应变化，即认为 B 值可以分段线性化。

云南电网火电机组一次调频死区为 0.033 Hz，水电机组一次调频死区为 0.05 Hz。考虑到上述 B 值不变和分段线性化假设，云南电网 B 值可以近似分为三个线性段，求取方法如下：

（1）$|\Delta f| \leqslant 0.033$ Hz 时，近似认为仅有负荷的频率响应特性起作用，此时：

$$B = K_{\mathrm{L}}{}^{*} \cdot \frac{PL}{f} \tag{10-2}$$

其中，$K_{\mathrm{L}}{}^{*}$ 为经典负荷频率响应系数，通常在 1 ~ 1.5，取 1.5；P_{L} 为系统负荷；f 为系统额定频率。

（2）0.033 Hz $< |\Delta f| \leqslant$ 0.05 Hz 时，除了负荷之外，火电一次调频参与了频率调节，此时：

$$B = K_{\mathrm{L}}{}^{*} \cdot \frac{P_{\mathrm{L}}}{f} + \frac{S_1}{f \times \sigma_1} \tag{10-3}$$

其中，σ_1 为火电机组调差系数，S_1 为一次调频火电机组容量。

（3）0.05 Hz $\leqslant |\Delta f|$ 时，除了负荷和火电之外，水电一次调频也参与了频率调节，此时：

$$B = K_{\mathrm{L}}{}^{*} \cdot \frac{P_{\mathrm{L}}}{f} + \frac{S_1}{f \times \sigma_1} + \frac{S_2}{f \times \sigma_2} \tag{10-4}$$

其中，σ_2 为水电机组调差系数，S_2 为一次调频水电机组容量。

10.2 云南电网 AGC 超调引起频率振荡分析

10.2.1 云南电网“5 · 19”振荡分析

2016 年 5 月 19 日，云南电网 AGC 功率超调导致系统频率在±0.05 Hz 附近波动，波动周期约为 1 min，云南电网频率曲线如图 10-1 所示。

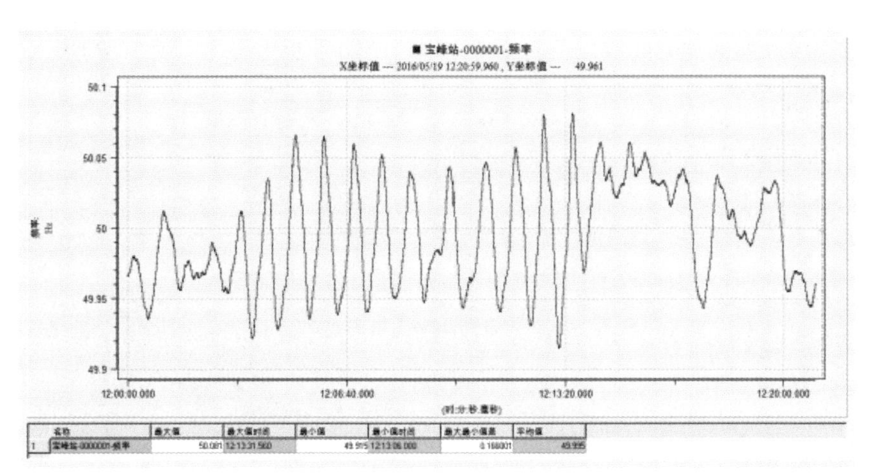

图 10-1　云南电网频率波动情况

频率波动发生时刻，云南电网负荷约为 10 000 MW，火电机组开机约为 1 200 MW，云南火电机组的调差系数近似为 4%。

由于频率波动幅度在±0.05 Hz 左右，计算得到频率波动时云南电网的频率响应特性 *B* 值为 90 MW/0.1 Hz。也就是说，AGC 只需要提供 45 MW 的功率，就可以使系统频率从 49.95 Hz 恢复到 50 Hz。当 AGC 调节功率达到 90 MW 时，系统频率将从 49.95 Hz 上升到 50.05 Hz，存在较大超调，此时有可能激发频率波动。

在 5 月 19 日频率波动期间，各电厂 AGC 功率实际调节量汇总如表 10-1 所示。总调直调电厂 AGC 总调节功率为 62 MW。云南中调电厂 AGC 总调节功率为 70 MW。总调直调和云南中调 AGC 总调节功率为 132 MW，约为理论需求量的 2 倍。

表 10-1　云南电网 AGC 调节量

调管关系	电厂名称	AGC 指令功率/MW
总调直调	金安桥	24
	糯扎渡	38
	小湾	0
	总和	62
云南中调	漫湾	36
	大朝山	18
	观音岩	16
	总和	70
	总计	132

频率波动期间频率曲线以及三个典型电厂的功率变化曲线如图 10-2 所示。

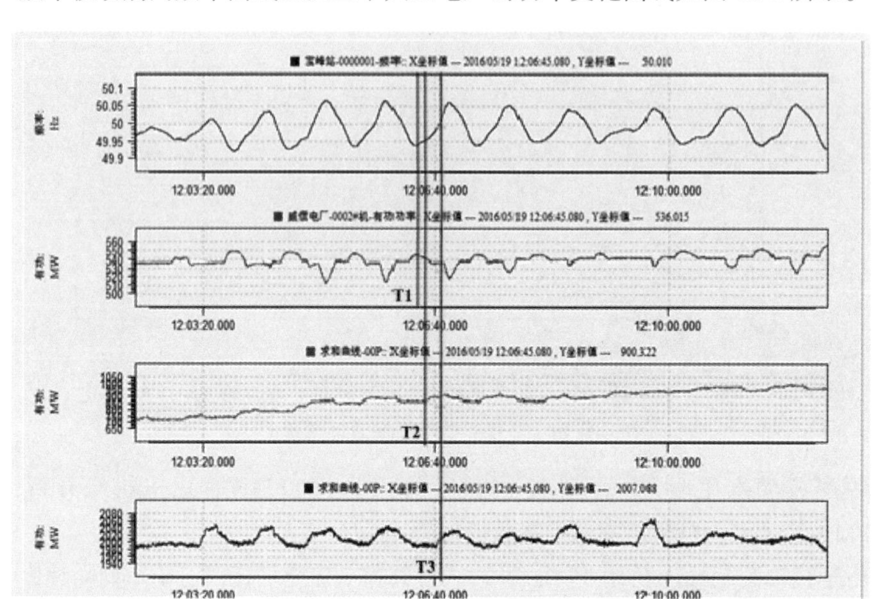

图 10-2　5 月 19 日频率波动和电厂功率曲线

从图中可以看出，T1 时刻至 T2 时刻之间，仅有火电机组一次调频动作，调频功率波动方向与频率波动方向相反，对于频率波动呈正阻尼效应。

从 T2 时刻开始，在漫湾、金安桥等快速响应电厂的 AGC 作用下，云南电网频率逐渐升高，至 T3 时刻恢复到 50 Hz 左右，说明这部分电厂的 AGC 调节量已经能够满足频率调整需求；然而，从 T3 时刻开始，糯扎渡、小湾等慢速响应电厂的 AGC 也开始动作，使得频率进一步上升，最高达到 50.05 Hz，从而引发并维持了电网的频率波动。

10.2.2　云南电网“6 · 26”振荡分析

2018 年 6 月 26 日 19 时 25 分至 40 分，云南电网频率持续波动，其波动范围为 49.88 ~ 50.12 Hz，周期约为 50 s，如图 10-3 所示。此外，由 AGC 控制指令可知，频率波动期间云南中调区功果桥、大朝山和漫湾投入 AUTO 模式，直调区糯扎渡、小湾和金安桥投入 SCHER 模式，且功果桥、大朝山和漫湾机组出力波动明显。

如图 10-4、10-5 所示，以漫湾电厂为例，结合机组出力以及 AGC 控制指令，分析 AUTO 机组在频率波动过程中的动作情况。

时间	电厂名	PLC名	当前实际值	目标值	控制模	控制偏差	基本功率	频率	ACE值	调节功率
19:25:12	功果桥电厂	GGQ全厂	578.925	568.37	AUTO	-10.5549	578.925	50.055	66.0004	-31.6649
19:25:12	大朝山电厂	DCS全厂	706.543	695.988	AUTO	-10.5549	706.543	50.055	66.0004	-31.6649
19:25:12	漫湾电厂	MW全厂	719.498	708.943	AUTO	-10.5549	719.498	50.055	66.0004	-31.6649
19:25:18	漫湾电厂	MW全厂	717.784	698.689	AUTO	-19.0953	717.784	50.08	96.0022	-57.2858
19:25:24	功果桥电厂	GGQ全厂	576.9	565.611	AUTO	-11.2891	576.9	50.053	63.6017	-33.8674
19:25:24	大朝山电厂	DCS全厂	695.491	684.202	AUTO	-11.2891	695.491	50.053	63.6017	-33.8674
19:25:36	功果桥电厂	GGQ全厂	573.525	584.611	AUTO	11.0859	573.525	49.94	-72.0016	33.2576
19:25:36	大朝山电厂	DCS全厂	683.503	694.589	AUTO	11.0859	683.503	49.94	-72.0016	33.2576
19:25:36	漫湾电厂	MW全厂	696.364	707.45	AUTO	11.0859	696.364	49.94	-72.0016	33.2576
19:25:42	大朝山电厂	DCS全厂	685.002	711.366	AUTO	26.3644	685.002	49.894	-127.199	87.8813
19:25:42	漫湾电厂	MW全厂	699.363	725.727	AUTO	26.3644	699.363	49.894	-127.199	87.8813

图 10-3　云南中调电厂 AGC 指令

19 时 25 分 12～24 秒，高周情况下出现了三轮调节，最高 50.08 Hz，减了约 120 MW 的功率。

19 时 25 分 36～42 秒，低周的时候，第一轮加的时候频率还在下降，有滞后效应，最低为 49.89 Hz，两轮加了 120 MW。

从目前特性看，在 0.1 Hz 频差时，AGC 调节量偏大。

时间	电厂名	PLC名	当前实际值	目标值	控制模	控制偏差	基本功	频率	ACE值	调节功
19:24:00	漫湾电厂	MW全厂	715.642	705.623	AUTO	-10.0189	715.642	50.051	61.1984	-30.0566
19:24:48	漫湾电厂	MW全厂	708.359	722.929	AUTO	14.5695	708.359	49.939	-73.201	43.7083
19:25:12	漫湾电厂	MW全厂	719.498	708.943	AUTO	-10.5549	719.498	50.055	66.0004	-31.6649
19:25:18	漫湾电厂	MW全厂	717.784	698.689	AUTO	-19.0953	717.784	50.08	96.0022	-57.2858
19:25:36	漫湾电厂	MW全厂	696.364	707.45	AUTO	11.0859	696.364	49.94	-72.0016	33.2576
19:25:42	漫湾电厂	MW全厂	699.363	725.727	AUTO	26.3644	699.363	49.894	-127.199	87.8813
19:26:00	漫湾电厂	MW全厂	727.852	708.896	AUTO	-18.9553	727.852	50.082	98.4009	-56.8657
19:26:24	漫湾电厂	MW全厂	707.288	717.583	AUTO	10.2948	707.288	49.946	-64.801	30.8844
19:26:30	漫湾电厂	MW全厂	712.429	730.805	AUTO	18.3763	712.429	49.923	-92.3996	55.1289
19:26:48	漫湾电厂	MW全厂	733.849	718.513	AUTO	-15.3363	733.849	50.068	81.601	-46.009
19:27:00	漫湾电厂	MW全厂	721.854	710.028	AUTO	-11.8264	721.854	50.054	64.801	-35.4793

图 10-4　漫湾电厂 AGC 指令

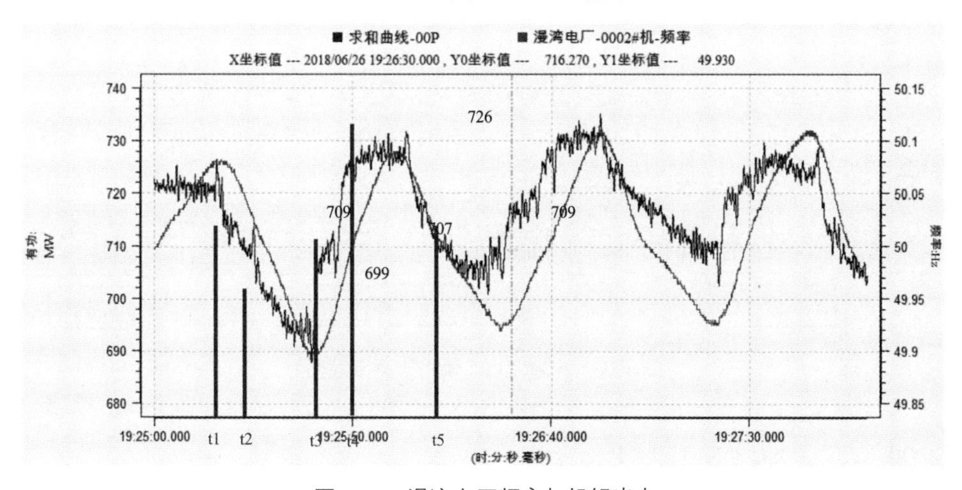

图 10-5　漫湾电厂频率与机组出力

频率波动分析如下：

在 19：25：12（t1 时刻），云南电网频率 50.055 Hz，频率处于高周，AGC 响应

下发减出力指令，由于响应延迟，频率继续上升。

在 19：25：18（t2 时刻），云南电网频率 50.08 Hz，进入次紧急区，频率处于高周，AGC 继续下发减出力指令，此时 t1 时刻的指令已经执行，系统频率开始下降。

在 19：25：36（t3 时刻），云南电网频率 49.94 Hz，频率处于低周，AGC 下发加出力指令，而此时 t2 时刻指令开始指令，系统频率继续下降。

在 19：25：42（t4 时刻），云南电网频率 49.90 Hz，进入紧急区，频率处于低周，AGC 下发加出力指令，而此时 t3 时刻指令开始指令，系统频率开始上升。

由于 AGC 需要连续执行两个加出力指令，系统频率必然上升至高周，如此往复，系统频率持续波动。

10.3 云南电网 AGC 超调引起频率振荡仿真

从上述两次功率振荡事故的分析结果看出，AGC 调节功率超出系统需求功率和 AUTO 模型机组响应滞后是引起功率振荡的主要原因。下面利用 RSS 仿真系统，模拟云南电网实际负荷、等效运行参数及运行工况，仿真再现功率振荡过程。

RSS 仿真系统考虑发电机及外部系统、水轮机、调速器、AGC 控制器模型以及调频死区等，得到整个系统频率稳定性分析模型，示意图如 10-6 所示。

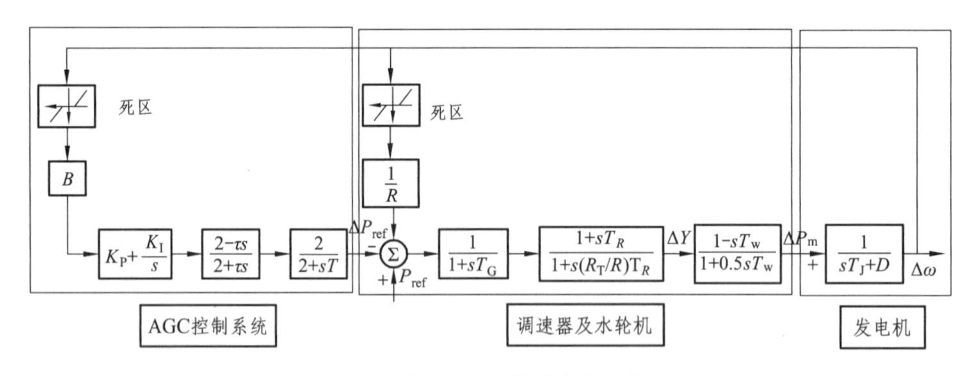

图 10-6　电网 AGC 模式仿真示意图

10.3.1　一次调频过程仿真

模拟云南电网系统负荷 10 000 MW，某台机组甩 150 MW 负荷，调度 AGC 控制 AUTO 模式退出，仿真结果如图 10-7 所示。

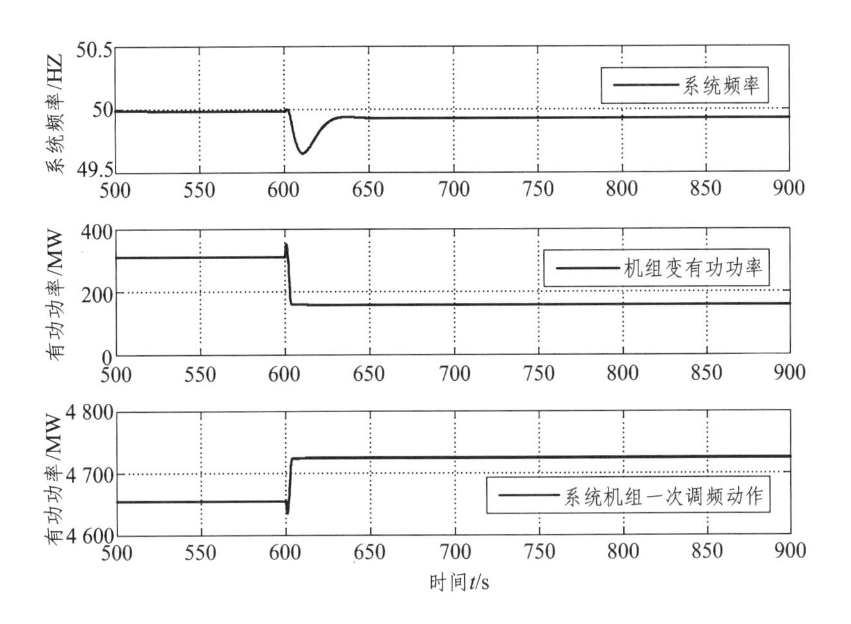

图 10-7　甩 150 MW 负荷一次调频仿真

机组甩负荷后，等效机组一次调频迅速响应，频率最低至 49.65 Hz，调节时间约 40 s，频率稳定在 49.93 Hz。

10.3.2　AUTO 模式机组不同 *B* 参数过程仿真

B 参数为系统频率响应特性，不同频率偏差条件下的 AGC 调节量，通过 *B* 参数计算得出，假设 *B* 参数通过以上公式计算确定，仿真中通过对 *B* 参数再次修正，取值 0.5*B*、0.8*B*，分析不同 *B* 参数对系统频率调节的影响。

模拟选用两台机组投入 AGC 控制 AUTO 模式，负荷均为 700 MW，均不考虑延迟影响，取 0.5*B* 时仿真结果如图 10-8 所示。

机组甩负荷后，等效机组一次调频迅速响应，AUTO 模型正确动作，频率最低至 49.75 Hz，调节时间约 55 s，频率稳定在 49.93 Hz。

取 0.8*B* 时仿真结果如图 10-9 所示。

机组甩负荷后，等效机组一次调频迅速响应，AUTO 模型正确动作，频率最低至 49.76 Hz，调节时间约 60 s，频率稳定在 49.94 Hz。

取 1.0*B* 时仿真结果如图 10-10 所示。

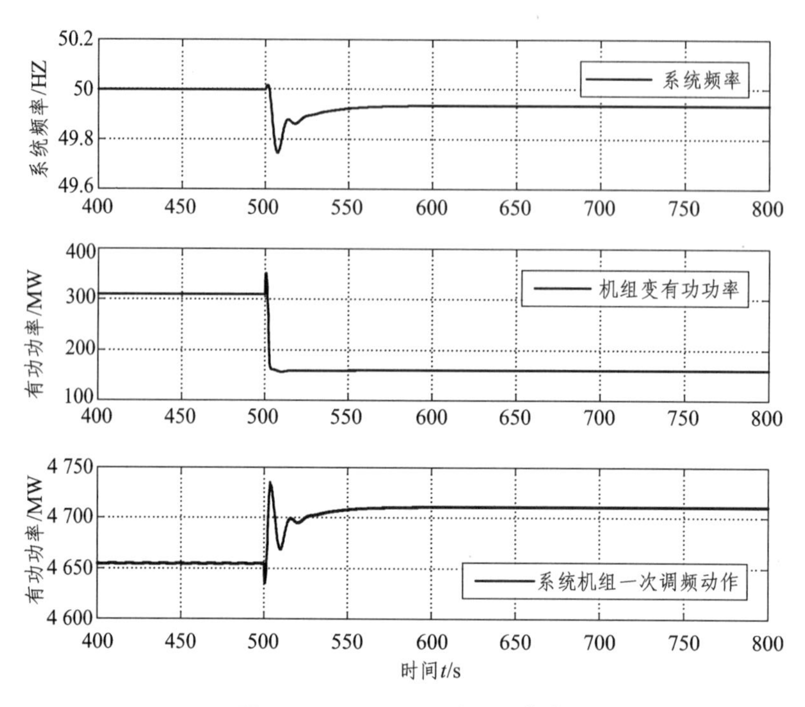

图 10-8 甩 150 MW 时 0.5B 仿真

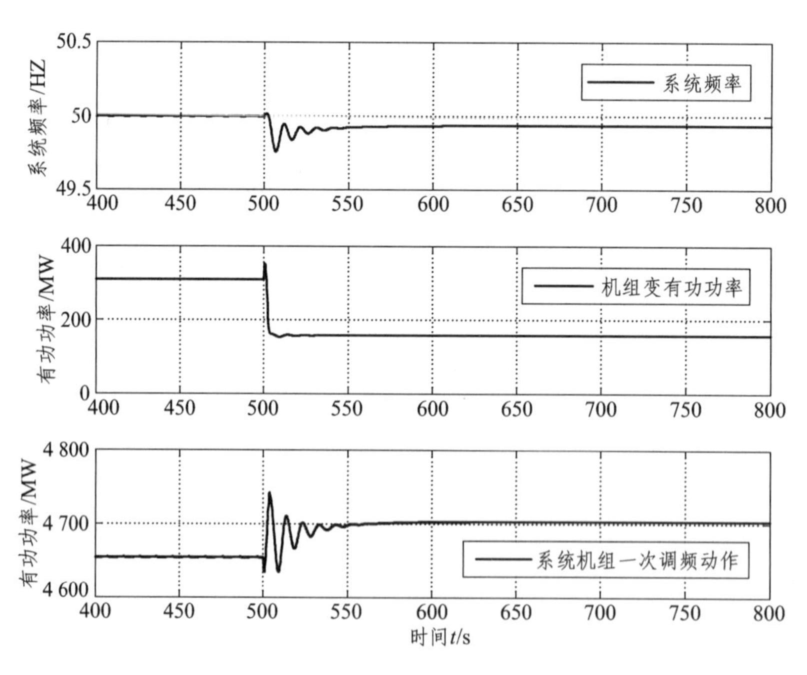

图 10-9 甩 150 MW 时 0.8B 仿真

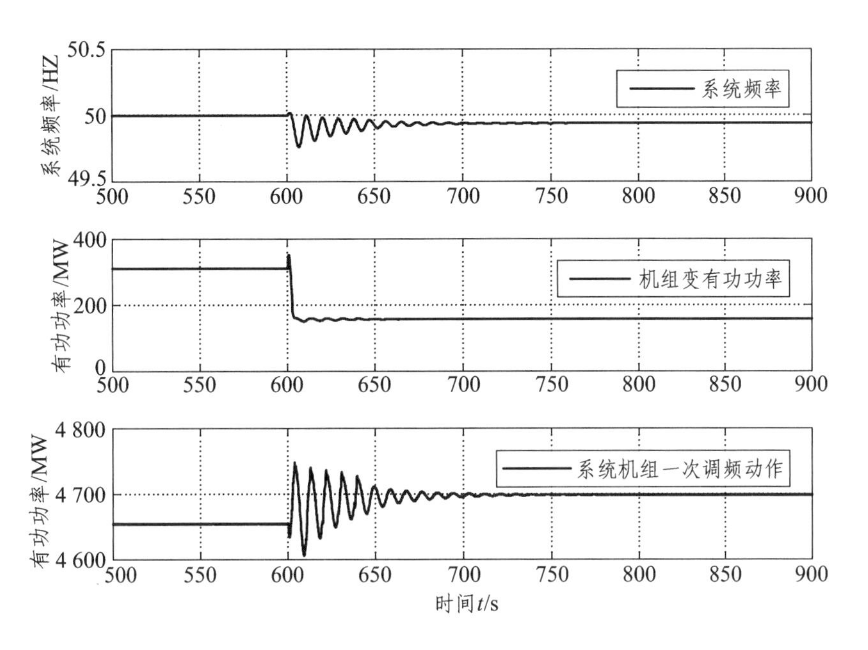

图 10-10　甩 150 MW 时 1.0B 仿真

机组甩负荷后，等效机组一次调频迅速响应，AUTO 模型正确动作，频率最低至 49.76 Hz，调节时间约 80 s，频率稳定在 49.94 Hz。

仿真结果分析：

（1）在机组甩负荷时系统 AUTO 模式投入后，系统频率最低降至 49.76 Hz，而未投入 AUTO 模式时频率最低降至 49.65 Hz，AUTO 模式投入对系统频率瞬间降落抑制有明显效果。

（2）系统 AUTO 模式投入后超调量对系统稳定影响较大，B 参数为 0.5 时，调节时间约 55 s，系统频率振荡周期短且能迅速收敛；B 参数为 1 时，调节时间约 80 s，系统频率振荡幅值增大，振荡周期更长。

10.3.3　AUTO 模式机组有延迟过程仿真

模拟选用两台机组投入 AGC 控制 AUTO 模式，负荷均为 700 MW，B 参数为 0.8B，一台机组不考虑延迟影响，一台机组考虑延迟影响。

延迟 2 s 时的仿真结果如图 10-11 所示。

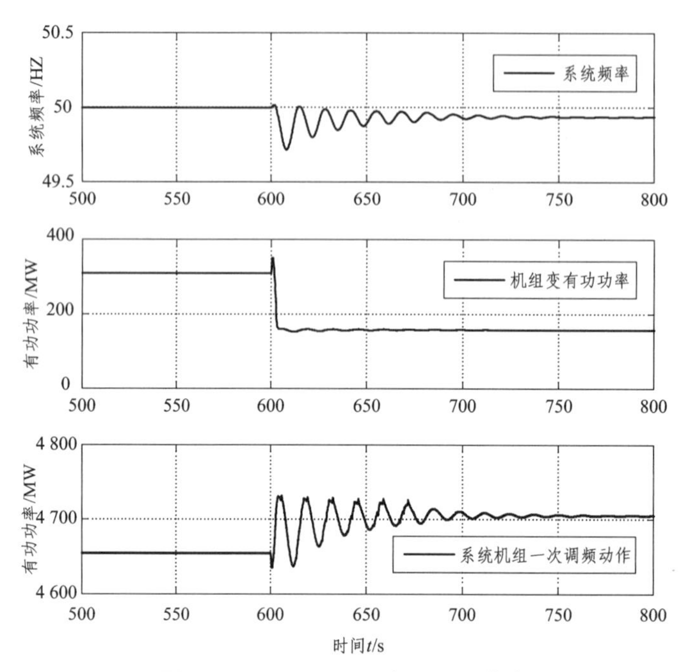

图 10-11　甩 150 MW 时延迟 2 s 仿真

机组甩负荷后，等效机组一次调频迅速响应，AUTO 模型正确动作，频率最低至 49.72 Hz，调节时间约 120 s，频率稳定在 49.94 Hz。

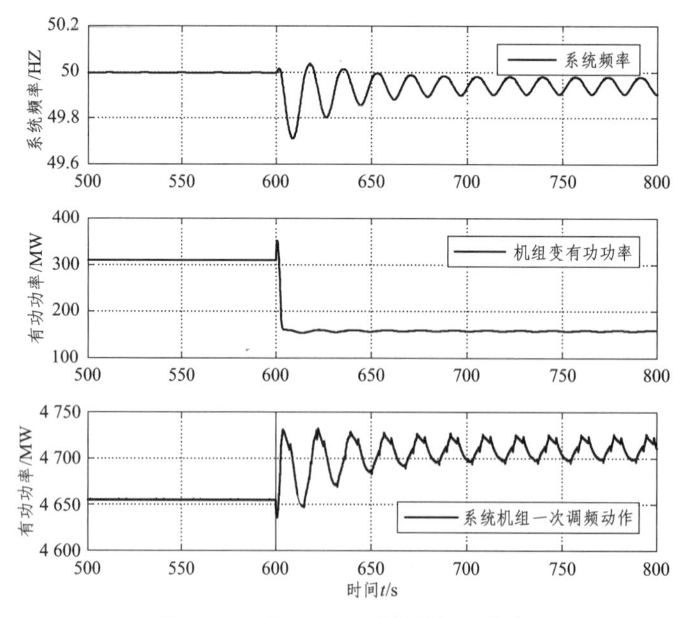

图 10-12　甩 150 MW 时延迟 4 s 仿真

机组甩负荷后，等效机组一次调频迅速响应，AUTO 模型正确动作，频率最低至 49.71 Hz，系统频率持续振荡，振荡幅值为 0.8 Hz，振荡周期为 19 s。

仿真结果分析：

系统 AUTO 模式投入后延迟对系统稳定影响较大，*B* 参数为 0.8 时，随着延迟时间增大，整个系统频率调节特性变差，延迟 4 s 时，系统频率等幅振荡，呈不可收敛趋势。

10.4　结　论

（1）项目开发了适用于大型水电机组水轮机调节系统动态仿真、电网频率稳定分析的 RSS 仿真系统，对景洪水电厂#5 机组一次调频、二次调频、甩负荷、空载扰动等工况和电网 AGC 调节仿真，其仿真结果很好地再现了其动态调节过程，具有工程应用价值。

（2）运用 RSS 仿真系统，仿真再现景洪水电厂 2.10 功率振荡事故和龙开口水电厂 7.20 功率振荡事故，并给出合理性建议。

（3）项目研究了异步联网后大型水电机组并网逆功率现象，通过试验及机理分析给出了防范并网逆功率措施。

（4）项目通过仿真研究了电网 AGC 控制 AUTO 模式对云南电网稳定运行影响，在频率大波动系统 AUTO 模式投入时，系统频率瞬间降落抑制效果明显；但系统 AUTO 模式投入后超调量对系统稳定影响较大，*B* 参数越大，系统频率振荡幅值增大，振荡周期更长；AUTO 模式投入机组的延迟时间对系统稳定影响较大，延迟时间越大，系统频率调节特性越差，更甚呈不可收敛趋势。

第 11 章

异步联网下励磁系统事故再现数模仿真技术研究

11.1 项目基本情况

自 2016 年云南电网与南方电网异步联网方案成功实施后，作为送端的云南电网由此面临着一系列的电压与频率问题。在此情况下，基于传统的励磁行业标准所建立的励磁系统由于运行环境（电压和频率）的变化，出现了一些问题（故障），为此云南电网电力科学研究院（以下简称云南电科院）申请了“异步联网下的机网协调事故再现数模仿真技术研究”项目，拟对云南异步联网后出现的各类励磁、调速系统的事故进行分析研究，并仿真建模，探索异步联网后传统同步发电机励磁、调速控制系统所面临的电压和频率问题的解决方案与措施。针对本项目的具体目的，结合 2016 年云南异步联网后出现的各类励磁事故，筛选出典型的案例，通过理论分析、事故调查、仿真建模和现场验证等手段，对异步联网后的云南电网同步发电机励磁控制系统开展研究。

研究内容包括：异步联网后局部电网电压高背景下，机组励磁系统内部欠励限制与 PSS 作用冲突所导致的功率振荡事件；异步联网后局部电网孤网模式频率低背景下，机组励磁系统 V/F 限制于欠励限制冲突导致的励磁控制失败问题；异步联网下全网 AVC 模式中，机组监控调压脉冲与励磁系统增减磁脉冲冲突导致机组无功功率振荡问题。

除此之外，根据研究技术路线，本项目研究也结合近期出现的部分机组励磁系统转子绕组回路事故、励磁系统滑环短路事故、励磁系统可控硅阻容吸收回路缺陷等事故类型进行了归总，该类事故由于在目前的励磁系统 RTDS 仿真建模中暂无法准确模拟，在此做部分探讨，以期对今后基于 RTDS 的励磁系统详细建模提供支撑。

11.2 龙马电压问题暴露的励磁系统内部控制缺陷

11.2.1 现场情况

2016 年 7 月 10 日 4 时 50 分，云南龙马水电厂 1 号机运行过程中出现了电气量（有功功率、无功功率、励磁电压、励磁电流等）大幅波动的情况。此异常状态出现时，2、3 号机处于停机状态。

波动前，机组有功功率为 40 MW，无功功率为-19 Mvar。波动时，发电机有功功率、无功功率、励磁电压、励磁电流均出现大幅波动，（有功波动范围为：32 ~ 114 MW；无功波动范围为-21 ~ 43 Mvar：励磁电压波动范围-19 ~ 500 V：励磁电流波动范围：438 ~ 1 057 A）。

现场对各设备进行检查，调速器运行正常，各保护装置无告警信息，励磁调节器出现欠励限制动作信号（欠励限制定值最大最小均为-19.1 Mvar，定值是根据 2008 年进相试验报告上浮 1 Mvar，限制动作后封锁外部控制脉冲）如图 11-1 所示，一次调频动作信号[机组频率超出（50±0.05）Hz 范围，一次调频动作，有功调节方向与频率变化方向相反]如图 11-2 所示。

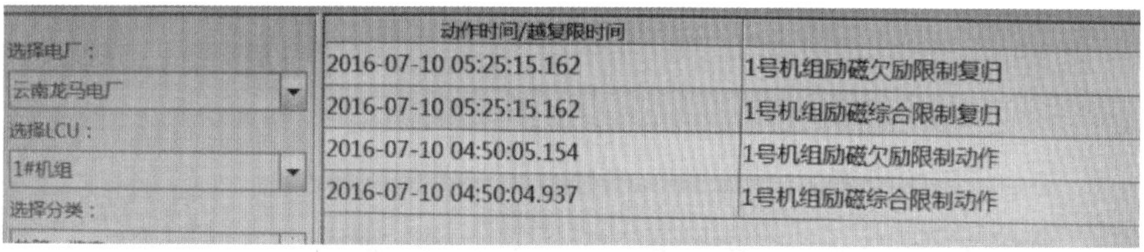

选择电厂：云南龙马电厂
选择LCU：1#机组
选择分类：

动作时间/越复限时间	
2016-07-10 05:25:15.162	1号机组励磁欠励限制复归
2016-07-10 05:25:15.162	1号机组励磁综合限制复归
2016-07-10 04:50:05.154	1号机组励磁欠励限制动作
2016-07-10 04:50:04.937	1号机组励磁综合限制动作

图 11-1 1 号机组欠励动作信号

AVC 在 4 时 50 分 16 秒自动退出（母线电压波动超过 3 kV，如图 11-3 所示），在波动发生前，根据调度给定电压 225.06 kV，无功分配 18 Mvar，励磁运行在励磁限制边界。

由图 11-3 可知，AGC 在波动发生后 5 时 00 分 32 秒手动退出，在波动发生前后调度下发值较为频繁。

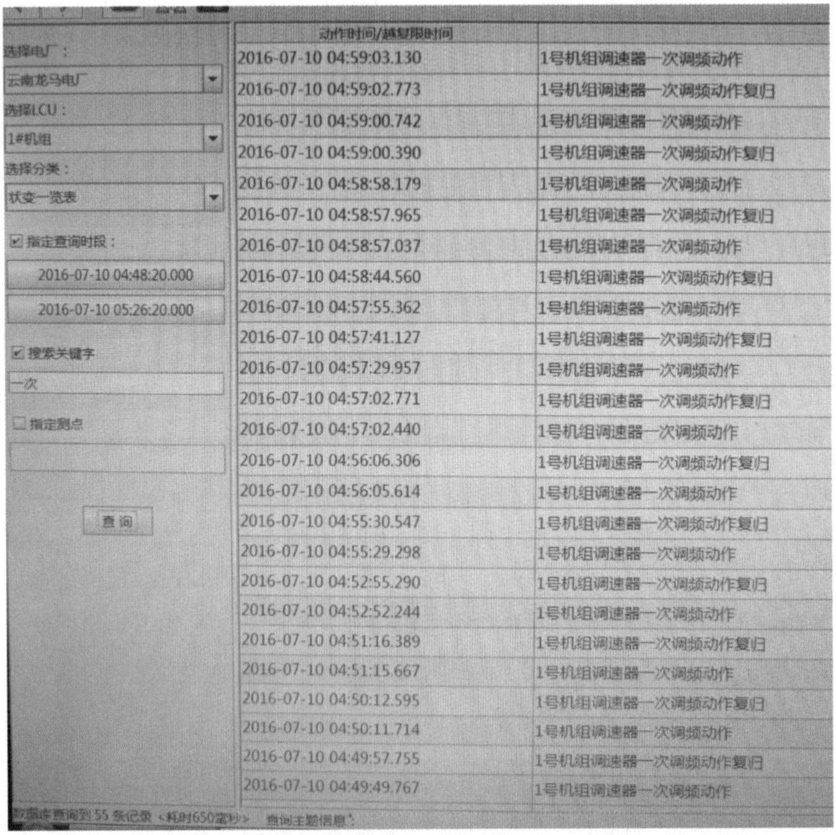

选择电厂：云南龙马电厂
选择LCU：1#机组
选择分类：状变一览表
☑ 指定查询时段：
2016-07-10 04:48:20.000
2016-07-10 05:26:20.000
☑ 搜索关键字
一次
☐ 指定测点
查询

动作时间/越复限时间	
2016-07-10 04:59:03.130	1号机组调速器一次调频动作
2016-07-10 04:59:02.773	1号机组调速器一次调频动作复归
2016-07-10 04:59:00.742	1号机组调速器一次调频动作
2016-07-10 04:59:00.390	1号机组调速器一次调频动作复归
2016-07-10 04:58:58.179	1号机组调速器一次调频动作
2016-07-10 04:58:57.965	1号机组调速器一次调频动作复归
2016-07-10 04:58:57.037	1号机组调速器一次调频动作
2016-07-10 04:58:44.560	1号机组调速器一次调频动作复归
2016-07-10 04:57:55.362	1号机组调速器一次调频动作
2016-07-10 04:57:41.127	1号机组调速器一次调频动作复归
2016-07-10 04:57:29.957	1号机组调速器一次调频动作
2016-07-10 04:57:02.771	1号机组调速器一次调频动作复归
2016-07-10 04:57:02.440	1号机组调速器一次调频动作
2016-07-10 04:56:06.306	1号机组调速器一次调频动作复归
2016-07-10 04:56:05.614	1号机组调速器一次调频动作
2016-07-10 04:55:30.547	1号机组调速器一次调频动作复归
2016-07-10 04:55:29.298	1号机组调速器一次调频动作
2016-07-10 04:52:55.290	1号机组调速器一次调频动作复归
2016-07-10 04:52:52.244	1号机组调速器一次调频动作
2016-07-10 04:51:16.389	1号机组调速器一次调频动作复归
2016-07-10 04:51:15.667	1号机组调速器一次调频动作
2016-07-10 04:50:12.595	1号机组调速器一次调频动作复归
2016-07-10 04:50:11.714	1号机组调速器一次调频动作
2016-07-10 04:49:57.755	1号机组调速器一次调频动作复归
2016-07-10 04:49:49.767	1号机组调速器一次调频动作

数据库查询到 55 条记录 <耗时650毫秒>　查询主题信息：

图 11-2　1 号机组一次调频动作信号

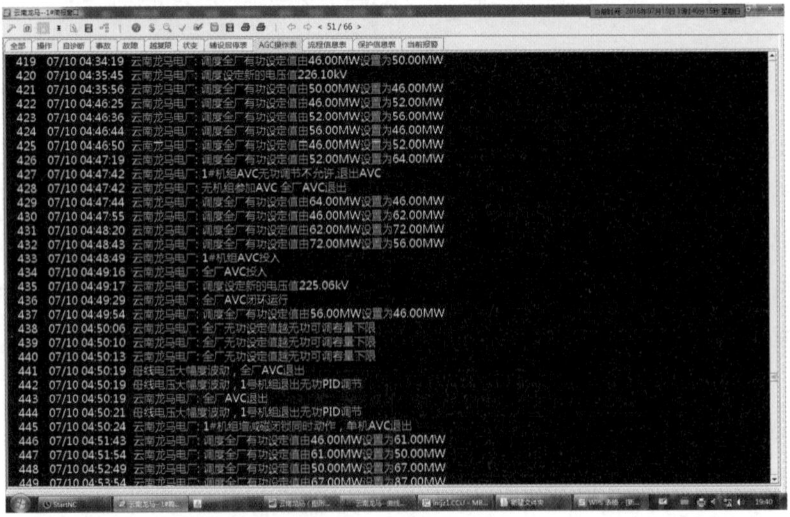

< 51/66 >
全部　操作　自诊断　事故　故障　越复限　状变　辅设启停表　AGC操作表　流程信息表　保护信息表　当前报警

419　07/10 04:34:19　云南龙马电厂：调度全厂有功设定值由46.00MW设置为50.00MW
420　07/10 04:35:45　云南龙马电厂：调度设定新的电压值226.10kV
421　07/10 04:35:56　云南龙马电厂：调度全厂有功设定值由50.00MW设置为46.00MW
422　07/10 04:46:25　云南龙马电厂：调度全厂有功设定值由46.00MW设置为52.00MW
423　07/10 04:46:36　云南龙马电厂：调度全厂有功设定值由52.00MW设置为56.00MW
424　07/10 04:46:44　云南龙马电厂：调度全厂有功设定值由56.00MW设置为46.00MW
425　07/10 04:46:50　云南龙马电厂：调度全厂有功设定值由46.00MW设置为52.00MW
426　07/10 04:47:19　云南龙马电厂：调度全厂有功设定值由52.00MW设置为64.00MW
427　07/10 04:47:42　云南龙马电厂：1#机组AVC无功调节不允许,退出AVC
428　07/10 04:47:42　云南龙马电厂：无机组参加AVC 全厂AVC退出
429　07/10 04:47:44　云南龙马电厂：调度全厂有功设定值由64.00MW设置为46.00MW
430　07/10 04:47:55　云南龙马电厂：调度全厂有功设定值由46.00MW设置为62.00MW
431　07/10 04:48:20　云南龙马电厂：调度全厂有功设定值由62.00MW设置为72.00MW
432　07/10 04:48:43　云南龙马电厂：调度全厂有功设定值由72.00MW设置为56.00MW
433　07/10 04:48:49　云南龙马电厂：1#机组AVC投入
434　07/10 04:49:16　云南龙马电厂：全厂AVC投入
435　07/10 04:49:17　云南龙马电厂：调度设定新的电压值225.06kV
436　07/10 04:49:29　云南龙马电厂：全厂AVC闭环运行
437　07/10 04:49:54　云南龙马电厂：调度全厂有功设定值由56.00MW设置为46.00MW
438　07/10 04:50:06　云南龙马电厂：全厂无功设定值越无功可调容量下限
439　07/10 04:50:10　云南龙马电厂：全厂无功设定值越无功可调容量下限
440　07/10 04:50:13　云南龙马电厂：全厂无功设定值越无功可调容量下限
441　07/10 04:50:19　母线电压大幅度波动，全厂AVC退出
442　07/10 04:50:19　母线电压大幅度波动，1号机组退出无功PID调节
443　07/10 04:50:19　云南龙马电厂：全厂AVC退出
444　07/10 04:50:21　母线电压大幅度波动，1号机组退出无功PID调节
445　07/10 04:50:24　云南龙马电厂：1#机组增减磁闭锁同时动作，单机AVC退出
446　07/10 04:51:43　云南龙马电厂：调度全厂有功设定值由46.00MW设置为61.00MW
447　07/10 04:51:54　云南龙马电厂：调度全厂有功设定值由61.00MW设置为50.00MW
448　07/10 04:52:49　云南龙马电厂：调度全厂有功设定值由50.00MW设置为67.00MW
449　07/10 04:53:54　云南龙马电厂：调度全厂有功设定值由67.00MW设置为87.00MW

图 11-3　综合报文

11.2.2　事故现象

1 号机监控系统机组有功功率、励磁电压、励磁电流均出现数据波动的现象，已安排运行人员到现场核实，励磁电压、电流均出现数据波动的现象，励磁调节器柜上有欠励限制报警，4 时 56 分运行人员现场检查调速器没有发现异常，4 时 59 分将现场检查情况汇报给集控值班员。5 时 20 分集控将 1 号机停机。

11.2.3　原因分析

图 11-4 为 7 月 30 日 1 号机励磁系统动态试验时模拟 7 月 10 日工况时的录波图，从波形图可以看出，10 秒时低励限制动作，PSS 输出开始逐渐增大，最大值 8%（机端电压）最小值为-4%，PSS 输出变化导致励磁触发角度输出大幅波动，造成发电机无功功率和有功功率振荡。

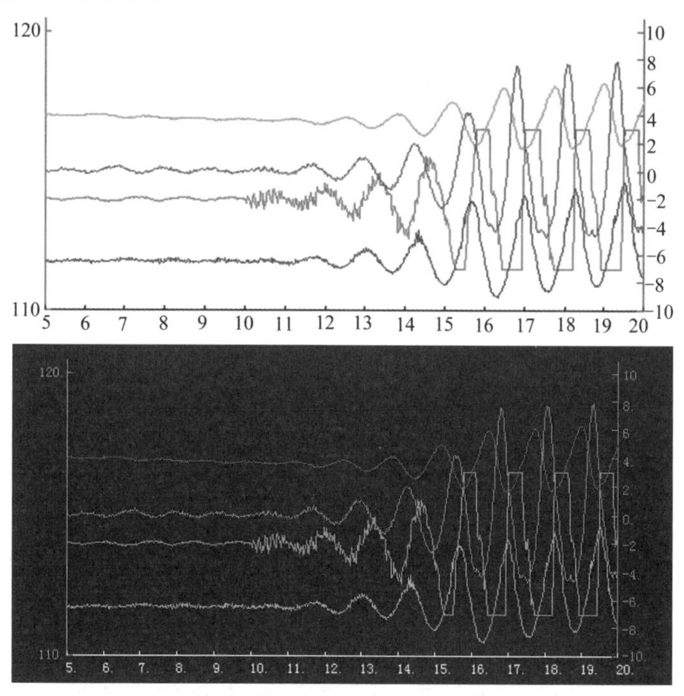

图 11-4　投入 PSS 后进相到-19 Mvar 欠励限制动作时波形

备注：紫色为有功功率，黄色为无功功率，蓝色为调节器触发角度，橙色为 PSS 输出，横坐标为时间（秒），以下图相同。）

从图 11-5、图 11-6 可以看出，无论是单独投入低励限制还是单独投入 PSS，在进相到-19 Mvar 时都不会引起机组振荡。

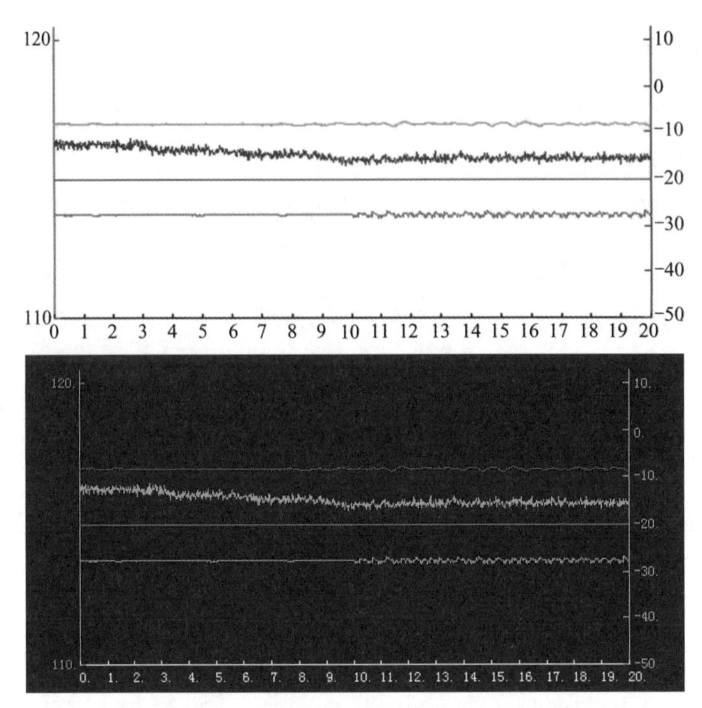

图 11-5　退出 PSS 后进相到-19 Mvar 低励限制动作时波形

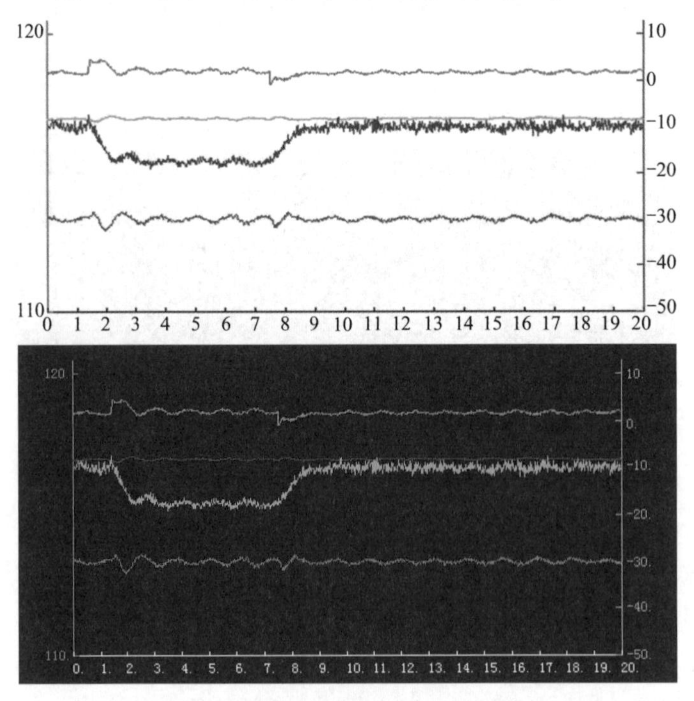

图 11-6　退出低励限制投入 PSS 后进相到-19 Mvar 时波形

图 11-7 说明在机组进相投入 PSS 时小扰动并不会引起机组振荡，排除了由于 PSS 补偿不好导致低励限制的扰动引起振荡的可能。

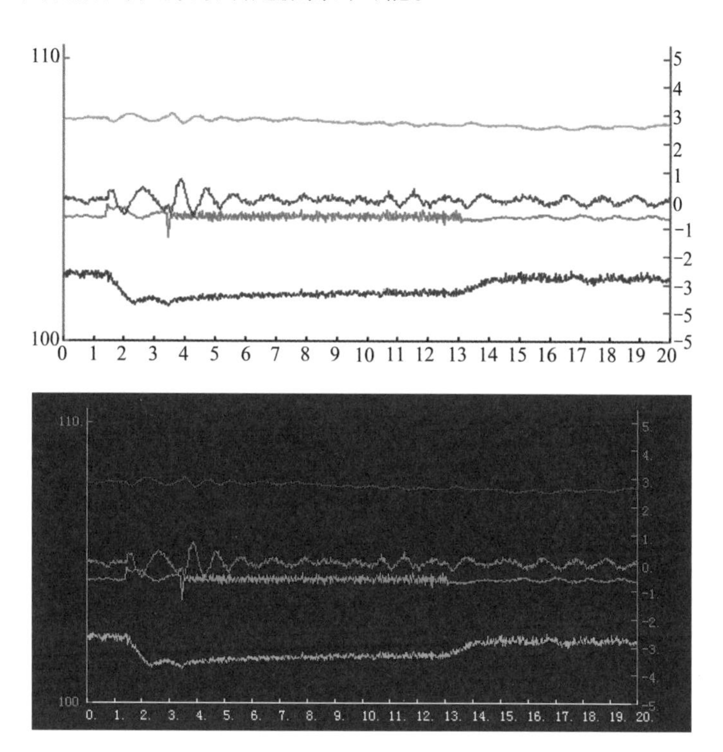

图 11-7　投入 PSS，做机端电压−1.5%下阶跃无功最小值为−19 Mvar 波形

根据以上试验看，单独投入 PSS 或低励限制动作均不会出现功率振荡的情况，而当 PSS 投入且低励限制同时动作时即出现振荡。因此，可以认为 PSS 与低励限制两者之间在机组进相较深时存在不匹配的现象。综上所述，7 月 10 日龙马 1 号机组振荡是由励磁系统内部的强迫振荡引起，而强迫振荡是由 PSS 输出引起。PSS 在负载下已进行过扫频后的相位补偿，并进行了阶跃试验验证，证明 PSS 对振荡应起到正阻尼的效果，因此 PSS 起到负阻尼的原因与低励限制环节有关。

龙马 1 号机励磁系统低励限制为叠加型，首先根据低励限制曲线得到当前有功下对应的低励限制动作无功给定值 q_{cg}，用 q_{cg}−当前无功值 q=无功偏差 Δq_{cg}，将 Δq_{cg} 叠加到 AVR 电压给定上，并进入电压闭环 PID 计算。

而励磁系统的 PSS 输出也为叠加型，PSS2A 的输出也叠加到电压给定上，并进入电压闭环 PID 计算。

如图 11-8 所示，由于 U_{uel} 低励输出与 U_{pss} 输出叠加，导致了 U_{pss}+AVRPID 环节

的幅频相频特性产生变化，因此，原对相位进行补偿的 PSS 参数可能并不能完全适用，U_{uel} 低励输出越大，对 U_{pss} 输出产生的影响可能越大。

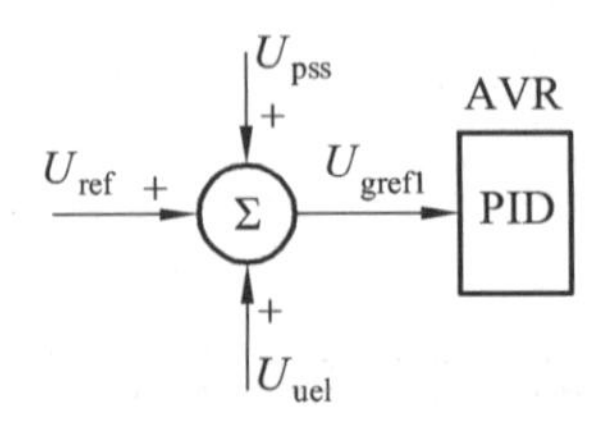

图 11-8　低励与 PSS 叠加到主环模型

由于设备投产时，励磁厂家（南瑞）过于追求低励限制的效果，励磁厂家选用的低励限制模型将低励限制的控制参数设置较大。现场减少 U_{uel} 的控制参数（减小到原来的 1/4），将低励输出减小，使低励对 PSS 输出的影响尽量减小，试验验证波形如下图 11-9、11-10 所示。

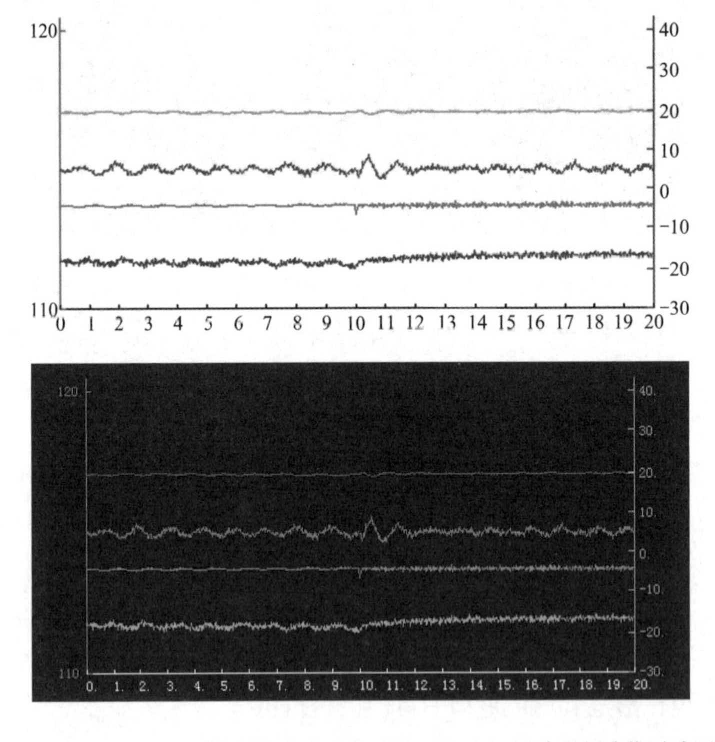

图 11-9　投入 PSS，减磁将无功功率减至−19 Mvar 低励限制动作时波形

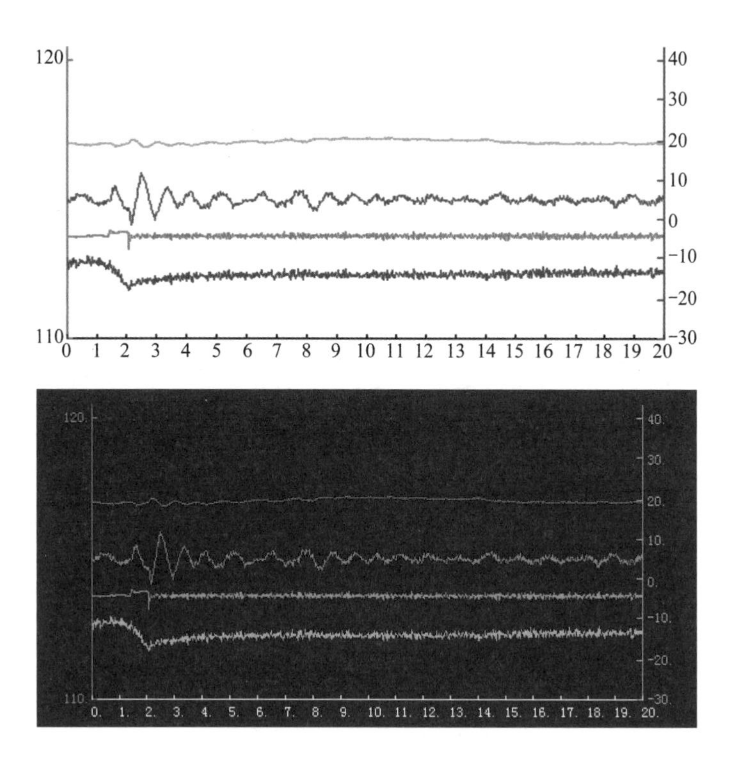

图 11-10　投入 PSS，做−1.5%电压阶跃将无功功率减至−19 Mvar 低励限制动作时波形

如图 11-9、图 11-10，修改低励控制参数后，分别进行了减磁使低励限制动作和电压下阶跃使低励限制动作。试验证明低励限制不仅能够在无功功率低于限制值时动作并将无功功率迅速拉升到限制值以上，而且不会影响 PSS 的输出，造成机组无功和有功振荡。

11.2.4　整改措施

（1）修改 1 号机组励磁系统低励限制控制参数（减少 U_{uel} 的控制参数，将低励输出减小，使低励对 PSS 输出的影响尽量减小），并进行动态试验验证。

（2）根据 1 号机组动态试验情况，修改 2、3 号机组励磁系统低励限制低励限制控制参数（减少 U_{uel} 的控制参数，将低励输出减小，使低励对 PSS 输出的影响尽量减小）。

11.2.5　理论分析

当前系统仿真计算软件（如 BPA）对发电机励磁系统控制模型，通常采用如图 11-11 所示的形式。

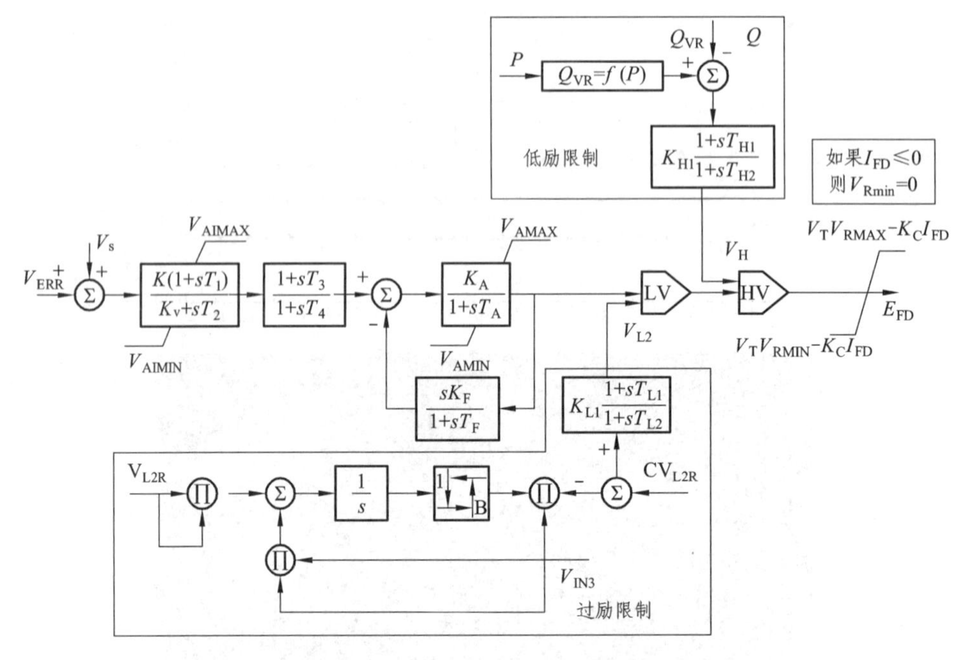

图 11-11　BPA 仿真程序所采用的励磁系统仿真计算模型

分析以上模型可知；

（1）系统仿真计算模型中，励磁系统欠励限制与过励限制的输出与控制主环的叠加方面，分别采用了竞比门（欠励限制用竞高门，过励限制用竞低门）。

（2）系统仿真计算模型中，PSS 输出在电压偏差叠加点上采用加法器叠加，并将 PSS 输出参与到主环的 PID 运算过程中。

（3）系统仿真计算模型中，PSS 和辅助限制（欠励、过励限制）不能同时作用。

目前国内主流的励磁设备制造厂（南瑞、广科和东电）主要采用如图 11-12 所示的控制模式。

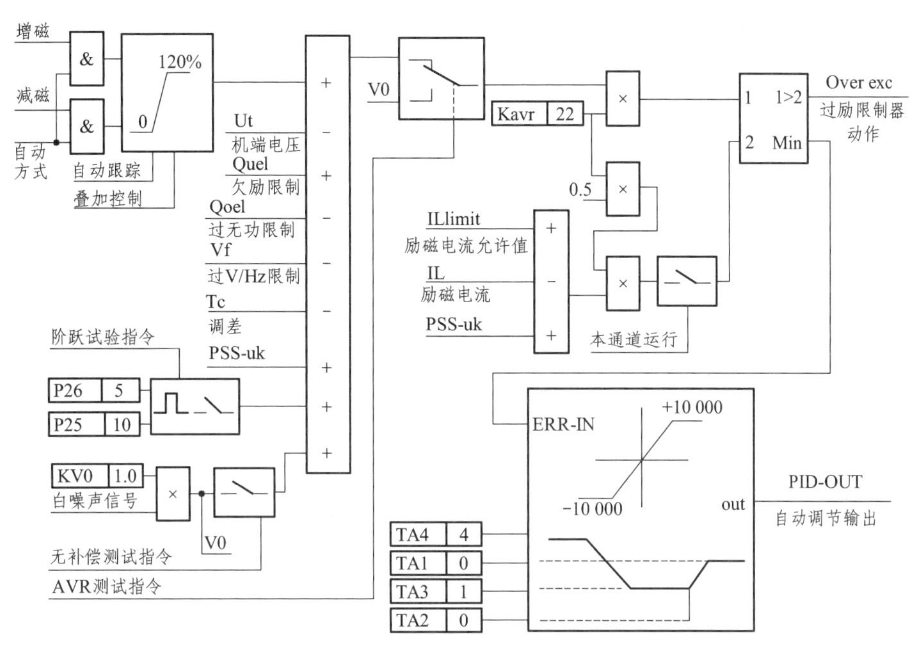

图 11-12　励磁系统辅助控制功能“综合加法器”叠加方式示意图

分析图 11-12 可知：

（1）励磁系统主环控制的输入端采用“综合加法器”计算方式，在此过程中将所有需要叠加到主环上的信号在同一点进行叠加，不同类型的信息采用不同极性进行叠加，例如：欠励限制采用“+”极性，过励限制采用“－”极性，PSS 采用“+”极性，调差采用“－”极性等。

（2）由于励磁系统控制主逻辑采用“综合加法器”计算方式，且不同的信号叠加在同一点。换言之，如果叠加信号中的多个信号同时有输入，由于该叠加方式将导致各输入信号之间可能“削弱”，也可能“加强”。

11.2.6　仿真过程

由于 BPA 软件自身仿真模型结构固定的特点，针对本次龙马事故中出现的厂家励磁控制逻辑与系统仿真软件计算不一致的实际情况，项目研究过程中采用了 Digsilent Power Factory 软件，通过搭建与厂家控制模型相一致的励磁系统控制模型，并根据现场相关发电机及控制设备参数的实际情况，开展仿真分析（见图 11-13），得到的结果如图 11-14 ~ 11-16 所示。

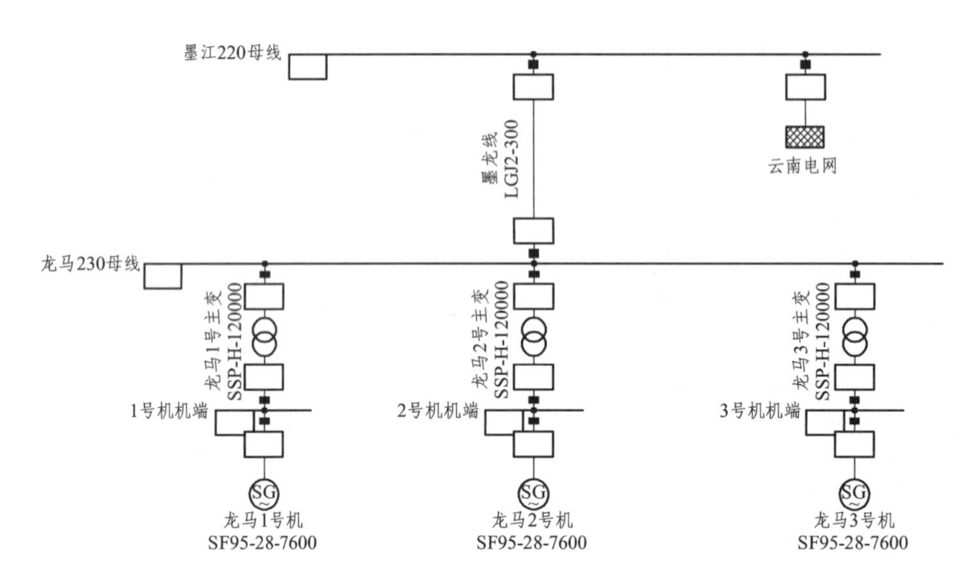

图 11-13　龙马电厂功率振荡仿真分析用现场主接线图

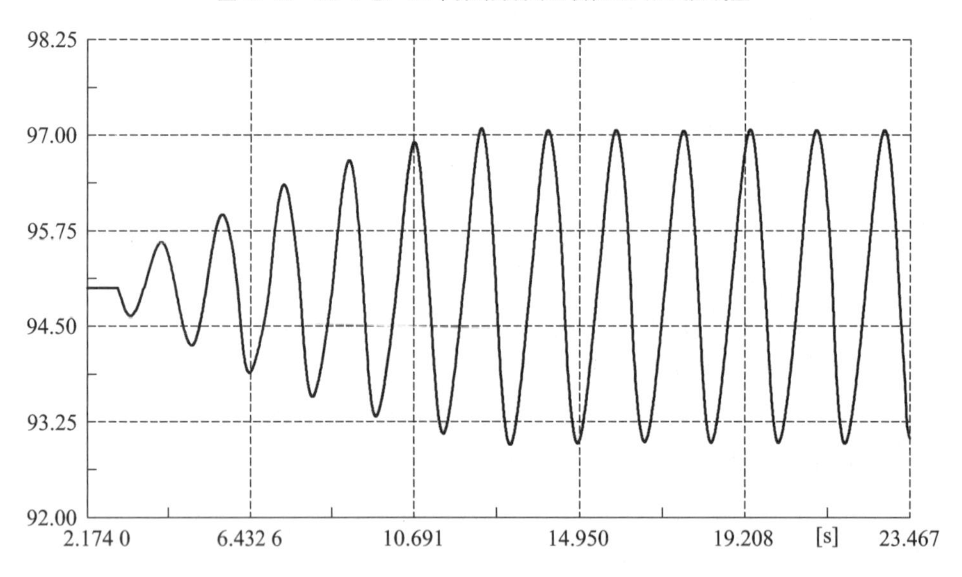

图 11-14　龙马电厂#1 机组有功功率起振过程

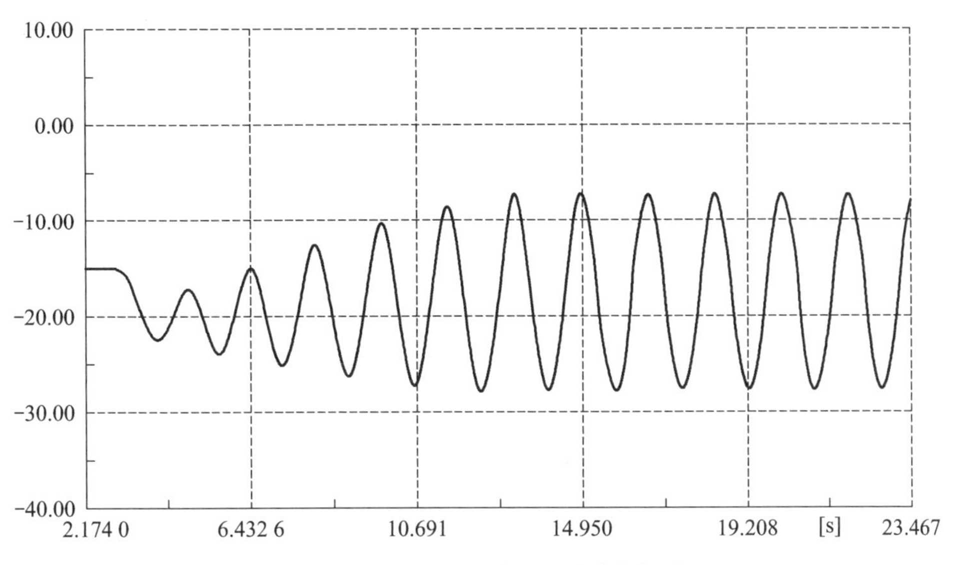

图 11-15　龙马电厂#1 机组无功功率起振过程

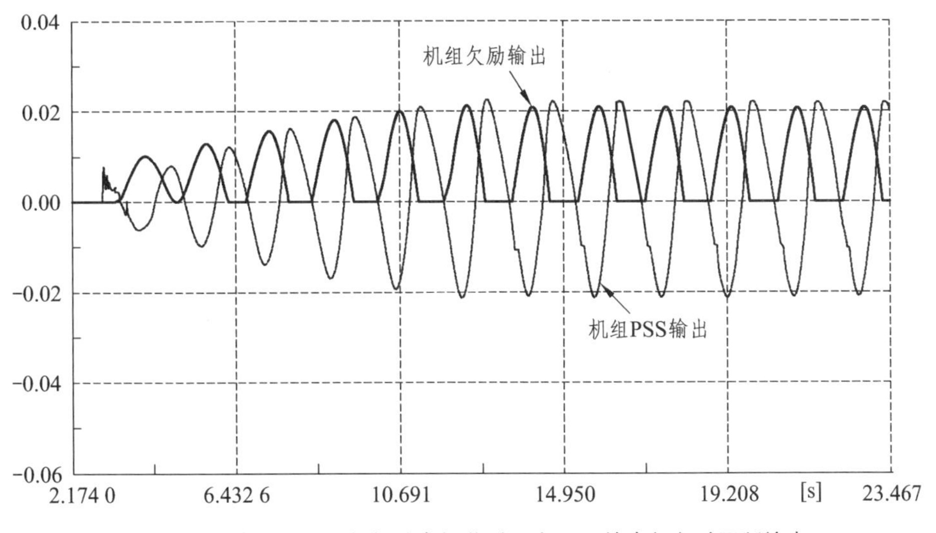

图 11-16　龙马水电厂机组功率振荡过程中 PSS 输出与欠励限制输出

11.2.7　结论

分析以上仿真结果可知：

（1）仿真结果完全重现了事故现场，现场事故分析结论与仿真结果相吻合，本次龙马水电厂的功率振荡事故为励磁控制系统内欠励限制输出信号与 PSS 输出信号在“综合加法器”处“打架”所导致。

（2）龙马电厂#1 机组功率振荡起振原因为：异步联网后龙马电厂所在区域电网电压偏高，#1 机组进相运行并且进相深度达到励磁调节器内所设定的欠励磁限制动作值，导致欠励限制环节有输出，且欠励限制输出上半周由于对应时刻的 PSS 输出相互抵消，导致欠励磁上半周作用微弱（抵消程度取决于 PSS 输出与欠励限制输出的相位关系），进一步导致机组 PSS 输出只有下半周起作用，由于 PSS 自身的叠加极性，只有下半周起作用 PSS 输出在此情况下降进一步减磁，导致机组无功进相更大，进而导致欠励限制输出更大，也进一步导致 PSS 输出更大；最终 PSS 输出由于自身限幅的原因导致无法进一步加大，也导致欠励限制输出不再加大，PSS 和欠励限制输出达到平衡，机组功率振荡趋于稳定。

（3）本次龙马电厂#1 机组功率振荡的原因为 PSS 输出与欠励限制输出两者信号“势均力敌”，最终两者之间平衡导致机组功率振荡稳定。其解决方案方案包括：弱化“打架”的 PSS 输出信号或者欠励限制信号的一方，破坏其“势均力敌”的状态，解决方案也是现场试验验证的最终方案。

（4）针对类似的输入信号可能冲突的电网区域，宜结合电网的实际运行情况，分析励磁辅助限制（控制）环多个信号同时作用的可能性，如果存在多个信号同时作用的情况，应尽量避免采用本节所述的励磁控制模型。

（5）针对云南电科院内部构建的励磁系统 RTDS 仿真系统，为了真实地仿真验证现场情况，宜搭建与现场一致的励磁控制模型。

（6）系统仿真软件（BPA）所述的励磁控制模型有力地避免了辅助信号冲突，且辅助控制信号相关控制 PID 参数可以有效整定，该点可以推荐励磁厂家尽量采用。

备注：同样的案例在云南香格里拉吉沙水电厂也反复出现，采用同样的解决方案，该问题已经完全解决。

11.3 吉沙励磁系统内部元器件故障

11.3.1 现场基本情况

吉沙水电厂于 2016 年 9 月 3 日发生励磁系统强励事件，在此过程中伴随如下现象：

励磁系统报“同步断线”故障（在此过程中同步断线动作—复归—动作—复归，并反复动作）；

励磁系统强励动作；励磁系统失磁；机组失磁保护动作；相关报文如图 11-17 所示，监控 SOE 记录如图 11-18 所示。

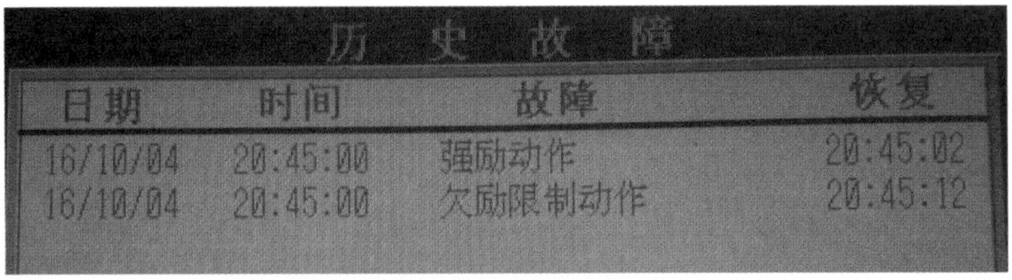

历 史 故 障

日期	时间	故障	恢复
16/10/04	20:45:00	强励动作	20:45:02
16/10/04	20:45:00	欠励限制动作	20:45:12

图 11-17　历史故障报文

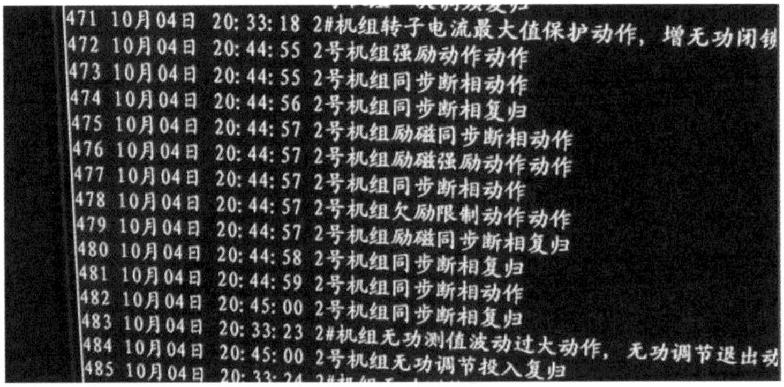

471 10月04日 20:33:18 2#机组转子电流最大值保护动作，增无功闭锁
472 10月04日 20:44:55 2号机组强励动作动作
473 10月04日 20:44:55 2号机组同步断相动作
474 10月04日 20:44:56 2号机组同步断相复归
475 10月04日 20:44:57 2号机组励磁同步断相动作
476 10月04日 20:44:57 2号机组励磁强励动作动作
477 10月04日 20:44:57 2号机组同步断相动作
478 10月04日 20:44:57 2号机组欠励限制动作动作
479 10月04日 20:44:57 2号机组励磁同步断相复归
480 10月04日 20:44:58 2号机组同步断相复归
481 10月04日 20:44:59 2号机组同步断相动作
482 10月04日 20:45:00 2号机组同步断相复归
483 10月04日 20:33:23 2#机组无功测值波动过大动作，无功调节退出动
484 10月04日 20:45:00 2号机组无功调节投入复归
485 10月04日

图 11-18　监控 SOE 记录

11.3.2　基本动作逻辑分析

励磁系统同步断线故障后，调节器切换通道（A-B-C）；之后发生转子滑环短路故障，由于转子短路，导致机组转子绕组励磁减少并消失，根据机组调节器的动作行为，此时机组励磁调节器在电压控制环的作用下不断增大励磁电流，但是由于滑环短路，励磁系统提供的励磁电流不能加入转子，导致机组机端电压不能有效恢复，由此导致励磁系统强励。

由于发电机转子滑环短路，导致机组励磁电流减小并消失，此时机组的失磁保护经过计算判断机组的测量机端阻抗进入失磁动作圆内，机组失磁保护动作。

本次吉沙电厂的强励事件，可以分为两个部分：

（1）强励动作的原因。

（2）发电机转子滑环短路、同步断线为表面没有明确联系的两个事件，但是基本都在较短的时间内发生。

11.3.3 励磁系统同步断线情况下的励磁电压仿真分析

1. 励磁变参数

励磁变容量：630 kVA；

励磁变变比：10.5 kV/538 V；

短路电抗：6.16%；

经过计算，励磁变等效电感：$9.008\ 55\times10^{-5}$ H；

2. 整流桥参数

整流桥（SCR 的阻容吸收参数）（参考常见的 *RC* 串联后并接在 AK 之间的接线形式）；“大功率负载通常取 10 ms，R=10 Ω，C=1 μF”，因此，确定如下参数：R=10 Ω，C=1 μF。

3. 搭建仿真模型

根据以上参数，在 Matlab 环境下搭建如图 11-19 所示的仿真模型。

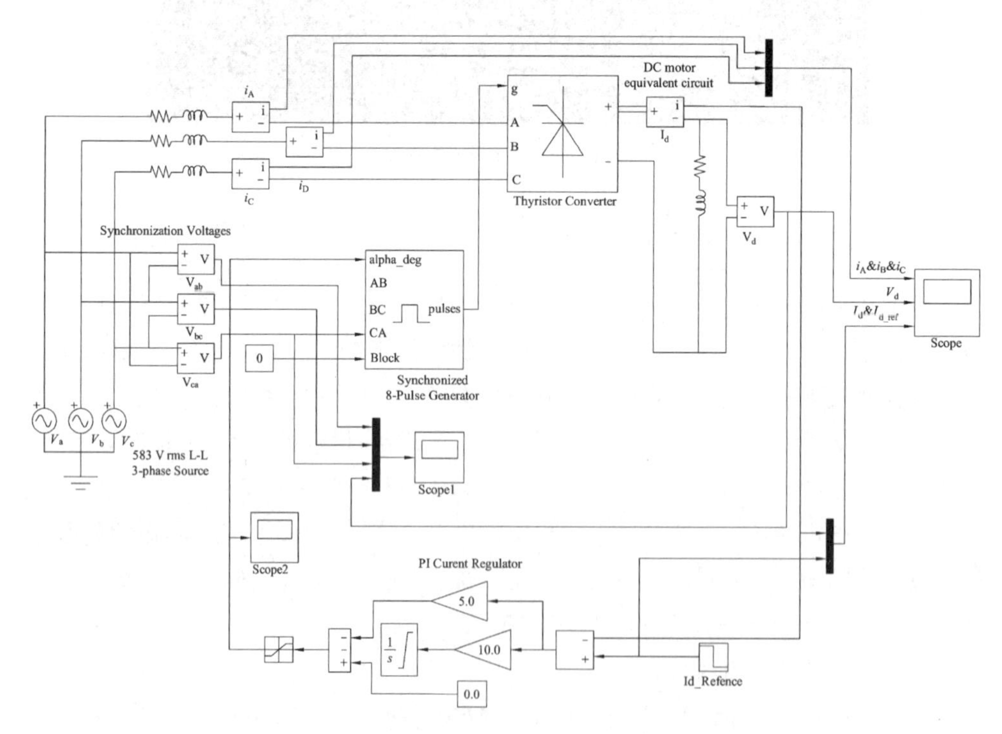

图 11-19　可控硅整流阻容系数回路影响仿真模型

11.3.4　仿真结果

运行上述仿真模型，得到的仿真结果如图 11-20 ~ 11-24 所示，并将仿真结果汇总为表 11-1。

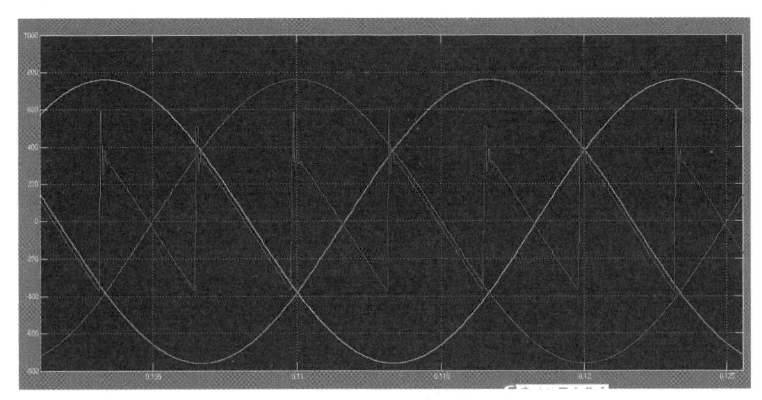

图 11-20　机组正常运行情况下的励磁电压

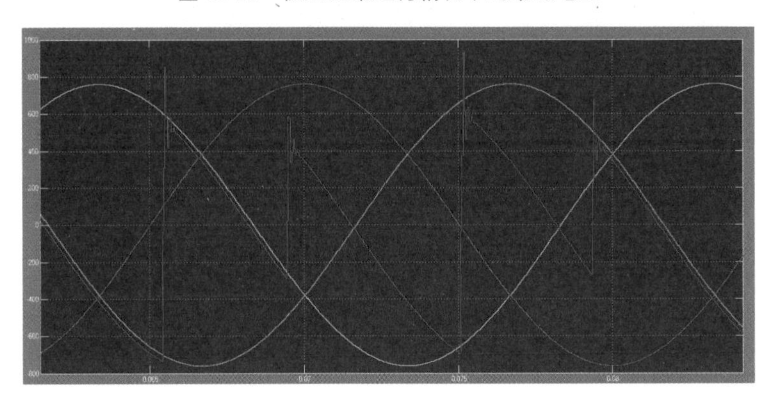

图 11-21　合成线电压之后线电压同步断线 1 相的仿真结果

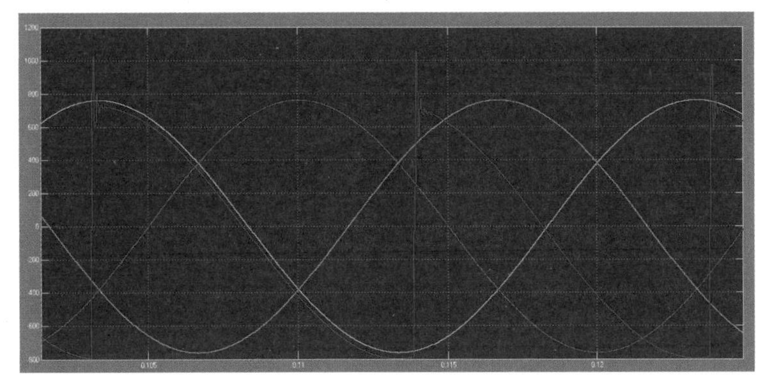

图 11-22　合成线电压之后线电压同步断线 2 相的仿真结果

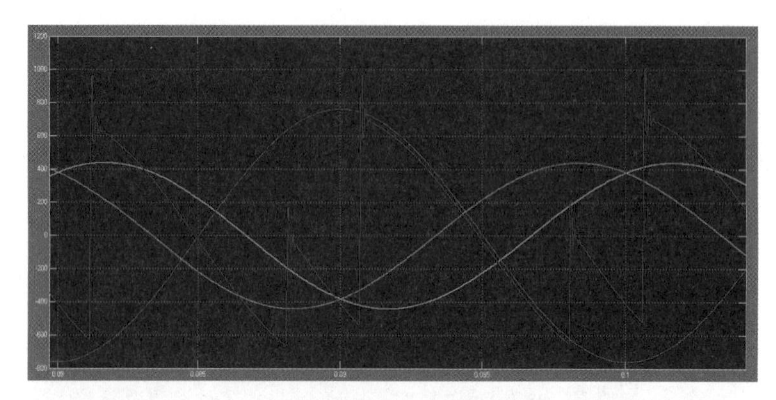

图 11-23　A 相同步电压断线（接地）后的仿真结果

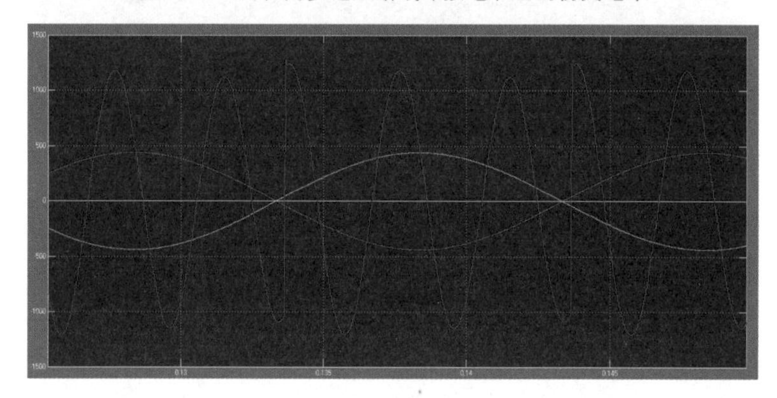

图 11-24　A、B 相同步电压断线（接地）后的仿真结果

表 11-1　仿真结果汇总

故障类型	正常过电压/V	过电压水平/V	过电压倍数
线电压断线 1 相	593.00	927.80	1.56
线电压断线 2 相	593.00	1 086.60	1.83
相电压断线接地 1 相	593.00	1 007.70	1.70
相电压断线接地 2 相	593.00	1 272.69	2.15

11.3.5　相关解决办法仿真

1. 阻容吸收电阻增大到 1 kΩ

阻容吸收电阻增大到 1 kΩ 时的仿真结果如图 11-25 ~ 11-29 所示，并把仿真结果汇总为表 11-2。

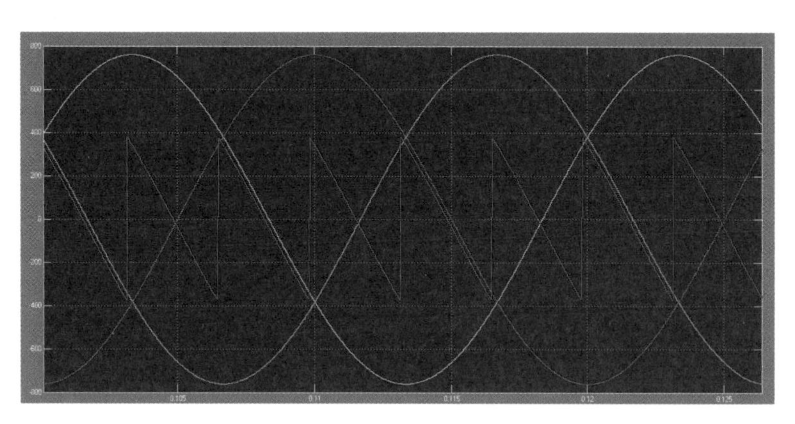

图 11-25　正常运行的仿真结果

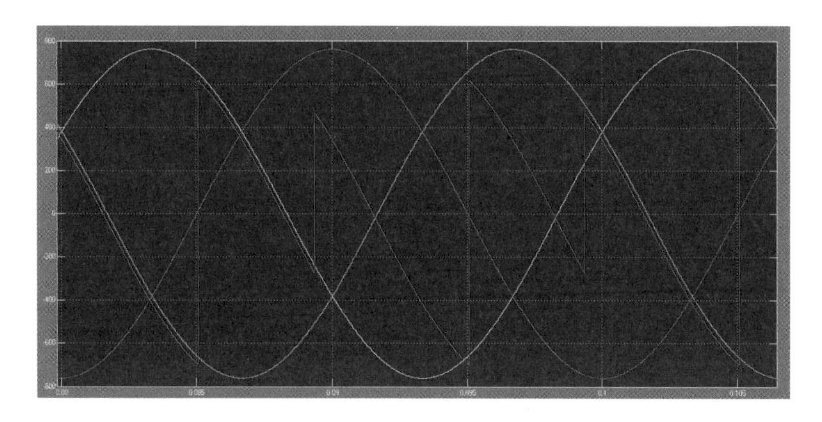

图 11-26　线电压断线 1 相仿真结果

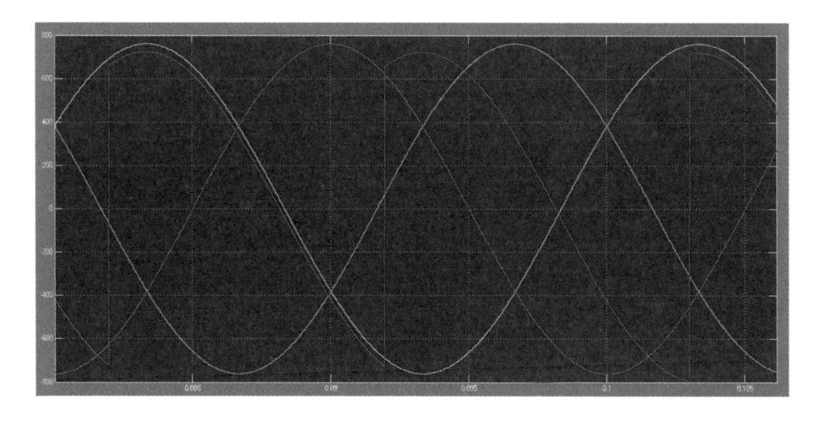

图 11-27　线电压断线 2 相仿真结果

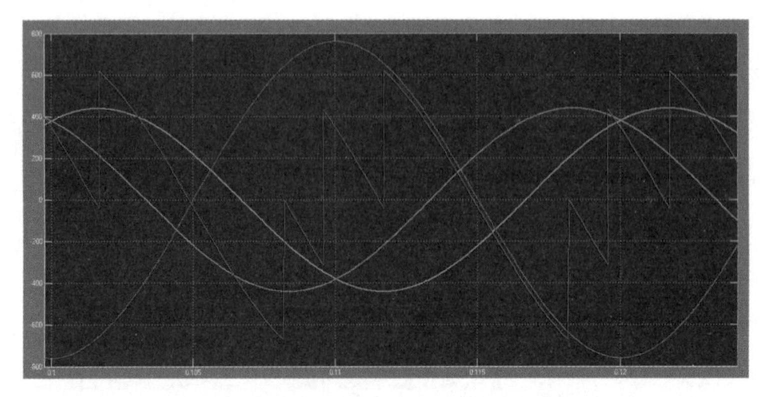

图 11-28　相电压断线 1 相仿真结果

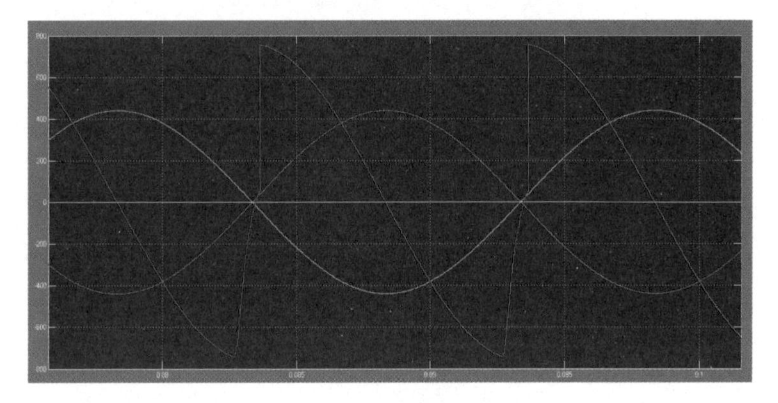

图 11-29　相电压断线 2 相仿真结果

表 11-2　仿真结果汇总

故障类型	正常过电压/V	过电压水平/V	过电压倍数
线电压断线 1 相	378.70	615.26	1.62
线电压断线 2 相	378.70	725.51	1.92
相电压断线接地 1 相	378.70	615.80	1.63
相电压断线接地 2 相	378.70	755.10	1.99

经过仿真计算得知，在增大阻容吸收电阻的情况下，增大电容的效果不够明显，此处不再进行进一步的仿真计算。

11.3.6　本案例总结

在系统仿真计算软件中采用的励磁系统模型，通常将可控硅整流环节简单地采用一个一阶惯性环节进行模拟，仅仅模拟了可控硅整流的时间延迟部分，对可控硅

内部的元器件完全没有模拟，在此情况下仿真结果与现场实际的故障反演过程不完全一致，需要单独建立励磁系统的仿真计算模型，并在此基础上将仿真计算结果再应用于系统计算软件中，方能得到与现场实际一致的结果。

11.4　漫湾电厂励磁系统与监控系统冲突

11.4.1　事故基本情况

2018 年 7 月，云南漫湾电厂#1 机组在励磁系统改造后，经过现场分系统实验，改造后的励磁系统功能完全正常，申请正常运行。在此情况下接到云南中调的 AVC 投入指令，之后现场将全场 AVC 功能中投入#1 机组投入，并设定机组无功，此后发生机组无功功率振荡，振荡幅度接近 100 Mvar。

为了排查事故原因，现场结合改造后的励磁及监控系统的实际情况，经过理论分析，初步判定功率振荡的原因是监控系统 AVC 投入运行后，无功闭环控制的反馈无功采样时间接近 4 s，由于改造后的励磁系统外部增减磁电压调节速度偏快（$0.65\%U_n/s$），导致监控 AVC 实际采样值与机组实发无功出现偏差，在机组无功单方向变化时，该延时影响较小，但是当 AVC 指令无功变化趋势相反时，因为励磁系统的快速调节导致频率出现振荡，为了验证该理论分析结果，现场开展了验证试验。

11.4.2　现场验证内容

进行监控系统脉宽调节试验，结果如表 11-3 所示。

表 11-3　监控系统脉宽调节试验

条　件	#1 号机组空载，励磁调节器给定速度：0.65%，即 1 s 脉宽调节 0.65%的额定电压幅值						
调节脉宽	200 ms		500 ms		1 s		2 s
增/减磁	增	减	增	减	增	减	增
机端电压起始值	17.767	17.789	17.789	17.965	17.848	17.908	17.789
机端电压最终值	17.789	17.769	17.848	17.908	17.964	17.791	18.023
理论计算变化率	0.13%	0.13%	0.325%	0.325%	0.65%	0.65%	1.3%
实际电压变化率	0.12%	0.11%	0.327%	0.316%	0.644%	0.65%	1.3%

结论：通过监控系统脉宽调节试验，证明机组空载时机端电压变化与给定调节脉宽成正比，且实际调节效果与理论计算值一致，励磁系统能够正确执行监控调节指令。

1. 无功给定调节试验

固定监控系统无功 PID 参数，励磁调节器给定速度：0.65%，5 Mvar 无功阶跃录波图如图 11-30 所示，励磁试验特性如表 11-4 所示。

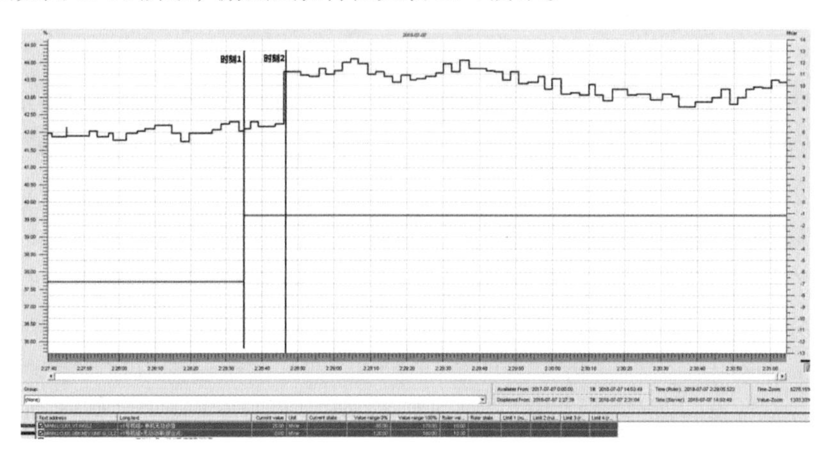

图 11-30　无功给定调节试验（励磁调节器给定速度：0.65%，5 Mvar 无功阶跃）

表 11-4　励磁试验特性（0.65%）

条　件	#1 机组在发电态，有功功率 200 MW #1 机组 AVC 退出 励磁调节器给定速度：0.65%，即 1 s 脉宽调节 0.65%的额定电压幅值 监控系统 PID 参数：K_p= 4.0，K_i= 20，K_d= 2					
无功指令变化/Mvar	监控发送指令时间	指令反馈时间	机组无功变化值/Mvar	机端电压变化值/kV	响应时间（≤30 s）	是否超调
0 ~ 1	2：23：35.990	2：23：42.677	−2.1 ~ 1.1	10.54	10	否
1 ~ 2	2：24：48.859	2：24：53.979	0 ~ 1.9	10.54 ~ 10.55	10	否
2 ~ 5	2：26：09.052	2：26：16.582	1.7 ~ 8.5	10.54 ~ 10.58	11	否
5 ~ 10	**2：28：34.990**	**2：28：38.912**	**8.2 ~ 12.3**	**10.58 ~ 10.59**	**11**	**是**

固定监控系统无功 PID 参数，励磁调节器给定速度：0.4%，5 Mvar 无功阶跃录

波图如图 11-31 所示。

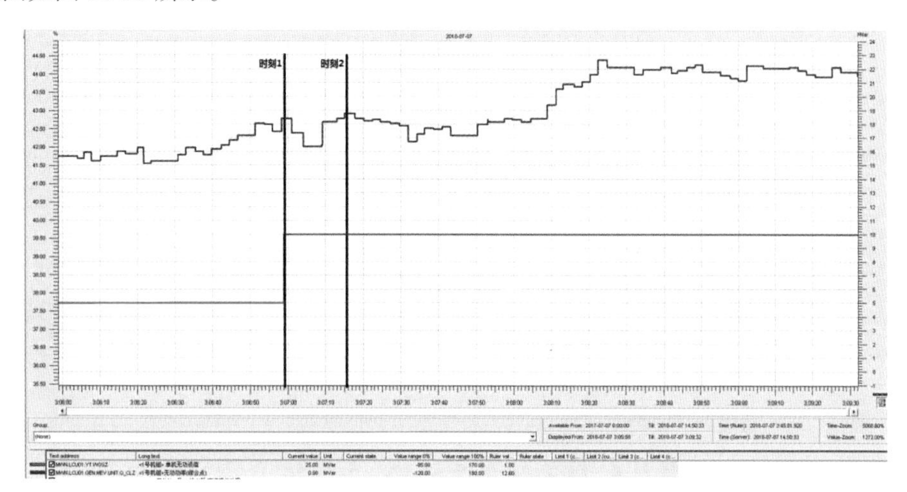

图 11-31　无功给定调节试验（励磁调节器给定速度：0.4%，5 Mvar 无功阶跃）

结论：在同一组监控无功 PID 参数并且固有通信时间一致的情况下，励磁调节器给定速度在 0.65%时出现超调现象，励磁调节器给定速度在 0.4%时未出现超调现象，无功 5 Mvar 阶跃试验表明（表 11-4、11-5 中加粗部分）：励磁调节器给定速度越小，单位时间调节幅值越小，无功调节稳定时间越长。

表 11-5　励磁试验特性（0.4%，4.0、20、2）

条　件	#1 机组在发电态，有功功率 200 MW #1 机组 AVC 退出 励磁调节器给定速度：0.4%，即 1 s 脉宽调节 0.4%的额定电压幅值 监控系统 PID 参数：K_p= 4.0，K_i= 20，K_d= 2					
无功指令变化/Mvar	监控发送指令时间	指令反馈时间	机组无功变化值/Mvar	机端电压变化值/kV	响应时间（≤30 s）	是否超调
0 ~ 1	3：02：08.314	3：02：16.057	−2.1 ~ 2.8	10.55 ~ 10.57	15	否
1 ~ 5	3：03：36.977	3：03：43.956	5.0 ~ 7.8	10.57 ~ 10.58	19	否
5 ~ 10	**3：06：58.956**	**3：07：04.157**	**11.5 ~ 13.2**	**10.58 ~ 10.59**	**16**	否
10 ~ 1	3：10：42.006	3：10：49.728	−2.1 ~ 2.1	10.59 ~ 10.53	18	否
1 ~ 10	3：17：09.135	3：17：14.199	11.5 ~ 13.2	10.53 ~ 10.59	18	否

励磁调节器给定速度：0.4%，监控系统无功 PID 参数：K_p 分别为 3.0、4.0、5.0，

录波图如图 11-32 所示，励磁试验特性如表 11-6 所示。

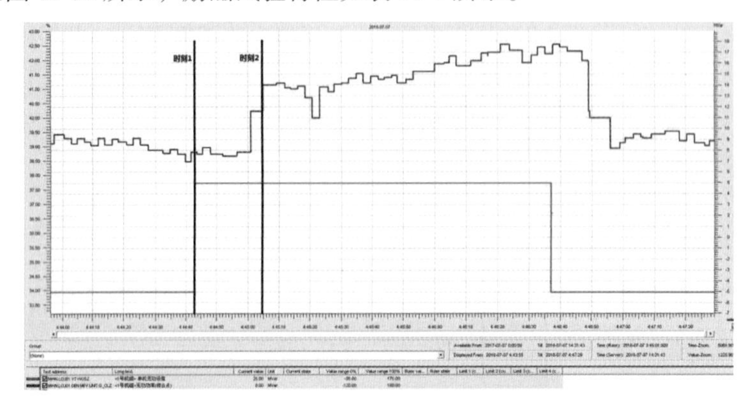

图 11-32　励磁调节器给定速度 0.4%，监控无功 PID 参数：K_p 分别为 3.0、4.0、5.0

表 11-6　励磁试验特性（0.4%，3.0、20、2）

条　件	#1 机组在发电态，有功功率 200 MW #1 机组 AVC 退出 励磁调节器给定速度：0.4%，即 1 s 脉宽调节 0.4%的额定电压幅值 监控系统 PID 参数：K_p= 3.0，K_i= 20，K_d= 2					
无功指令变化/Mvar	发送指令时间	指令反馈时间	无功变化值/Mvar	机端电压变化值/kV	响应时间（≤30 s）	是否超调
−5～5	**4：44：42.830**	**4：44：52.013**	**3.4～−7.6**	**10.56～10.58**	**21**	否
5～−5	4：46：36.932	4：46：44.561	−1.9～−5.2	10.58～10.56	19	否

励磁调节器给定速度 0.4%，监控无功 PID 参数：3.0、20、2 及 4.0、20、2 的录波图如图 11-33、图 11-34 所示，对应励磁试验特性见表 11-7、11-8。

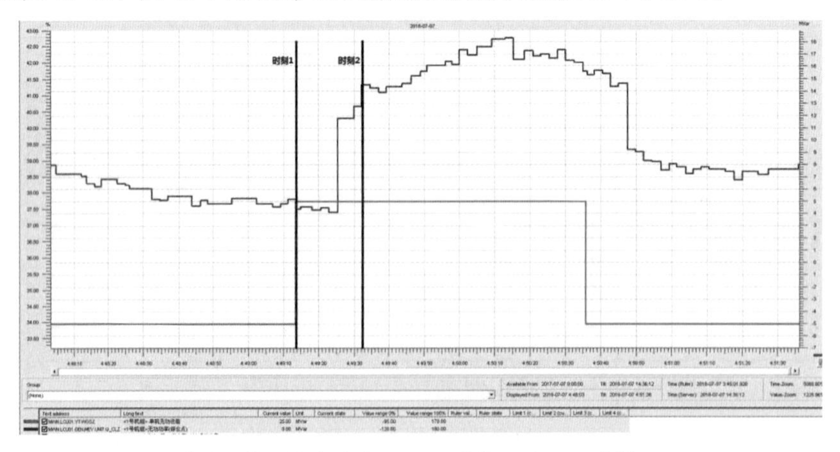

图 11-33　励磁调节器给定速度 0.4%，监控无功 PID 参数：3.0、20、2

表 11-7　励磁试验特性（0.4%，4.0、20、2）

条　件	#1 机组在发电态，有功功率 200 MW #1 机组 AVC 退出 励磁调节器给定速度：0.4%，即 1 s 脉宽调节 0.4%的额定电压幅值 监控系统 PID 参数：K_p= 4.0，K_i= 20，K_d= 2					
无功指令变化/Mvar	监控发送指令时间	指令反馈时间	机组无功变化值/Mvar	机端电压变化值/kV	响应时间（≤30 s）	是否超调
−5～5	**4：49：13.464**	**4：49：20.602**	**3.4～7.6**	**10.56～10.58**	**19**	否
5～−5	4：50：35.698	4：50：42.711	−1.9～−5.2	10.58～10.56	16	否

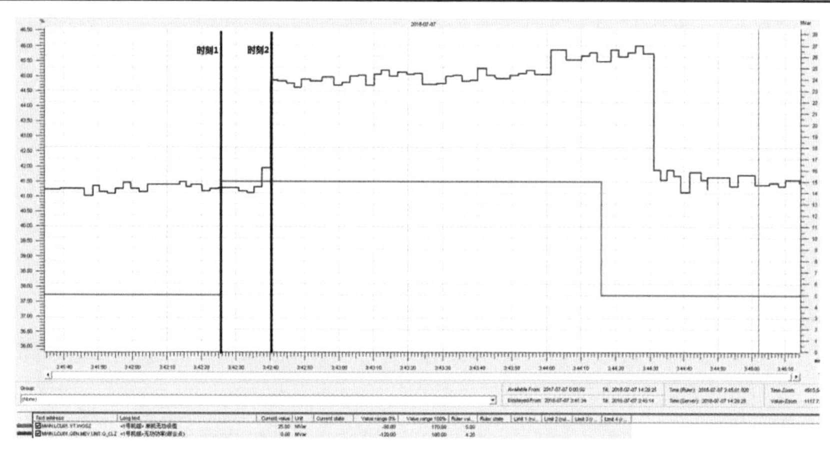

图 11-34　励磁调节器给定速度 0.4%，监控无功 PID 参数：4.0、20、2

表 11-8　励磁试验特性（0.4%，5.0、20、2）

条　件	#1 机组在发电态，有功功率 200 MW #1 机组 AVC 退出 励磁调节器给定速度：0.4%，即 1 s 脉宽调节 0.4%的额定电压幅值 监控系统 PID 参数：K_p= 5.0，K_i= 20，K_d= 2					
无功指令变化/Mvar	监控发送指令时间	指令反馈时间	机组无功变化值/Mvar	机端电压变化值/kV	响应时间（≤30 s）	是否超调
0～5	3：40：54.755	3：41：04.297	3.1～4.5	10.56～10.58	17	否
5～15	**3：42：25.661**	**3：42：37.175**	**14.6～15.6**	**10.58～10.61**	**15**	否
15～5	3：44：15.801	3：44：25.553	3.5～5.7	10.61～10.58	15	否
5～15	3：46：23.510	3：46：28.990	12.9～14.8	10.58～10.61	12	否
15～5	3：47：47.971	3：47：53.720	5.4～5.7	10.61～10.58	18	否

结论：在励磁调节器给定速度为 0.4%并且固有通信时间一致情况下，无功 10 Mvar 阶跃试验表明（表 11-6～11-8 加粗部分）：1 号机组无功 PID 控制 K_p 分为 3、4 和 5 时，能够很好地完成调节指令，未出现超调现象，随着 K_p 增大，同一调节指令调节稳定速率加快。

励磁调节器给定速度：0.65%，监控无功 PID 参数 K_p 分别为 3.0、4.0、5.0，录波图如图 11-35 所示，监控无 PID 参数分别为 3.0、20、2.0 及 4.0、20、2.0 的录波图如图 11-36、图 11-37 所示。对应的励磁特性见表 11-9、11-10。

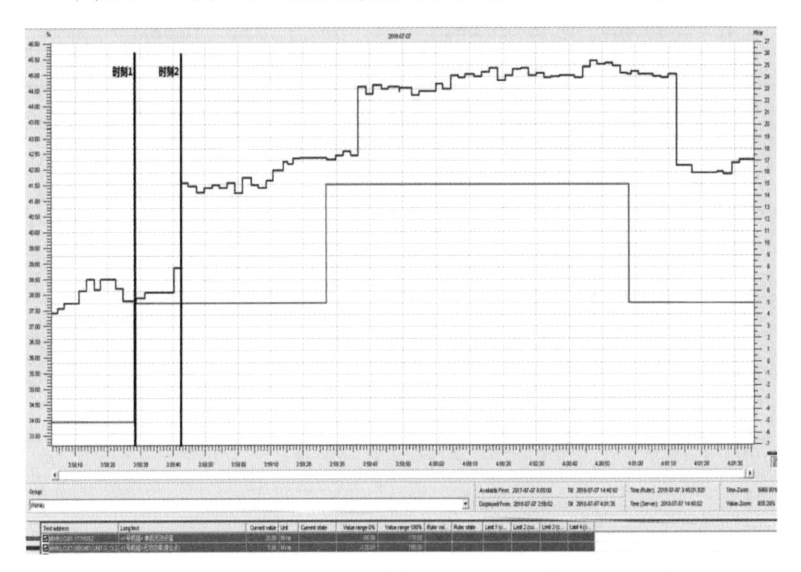

图 11-35　励磁调节器给定速度 0.65%，监控无功 PID 参数：K_p 分别为 3.0、4.0、5.0

表 11-9　励磁试验特性（0.65%，3.0、20、2）

条　件	#1 机组在发电态，有功功率 200 MW #1 机组 AVC 退出 励磁调节器给定速度：0.65%，即 1 s 脉宽调节 0.65%的额定电压幅值 监控系统 PID 参数：K_p= 3.0，K_i= 20，K_d= 2					
无功指令变化/Mvar	监控发送指令时间	指令反馈时间	机组无功变化值/Mvar	机端电压变化值/kV	响应时间（≤30 s）	是否超调
−5～5	**3:58:28.268**	**3：58：37.861**	**3.7～5.2**	**10.56～10.58**	**12**	否
5～15	3:59:26.869	3：59：36.449	14～15.6	10.58～10.61	10	否
15～5	4:00:58.054	4：01：07.689	6.3～6.9	10.61～10.58	14	否
−5～5	4:02:23.553	4：02：30.797	−9～−5.1	10.58～10.56	14	否

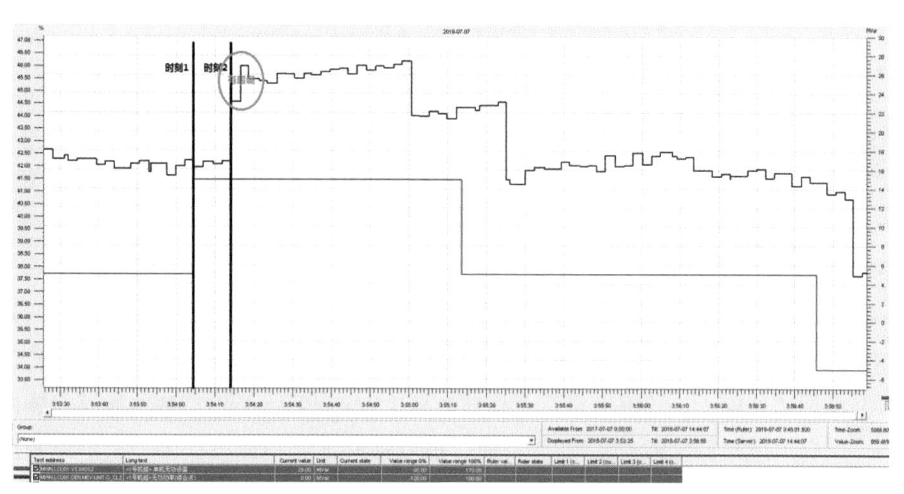

图 11-36　励磁调节器给定速度 0.65%，监控无功 PID 参数：3.0、20、2.0

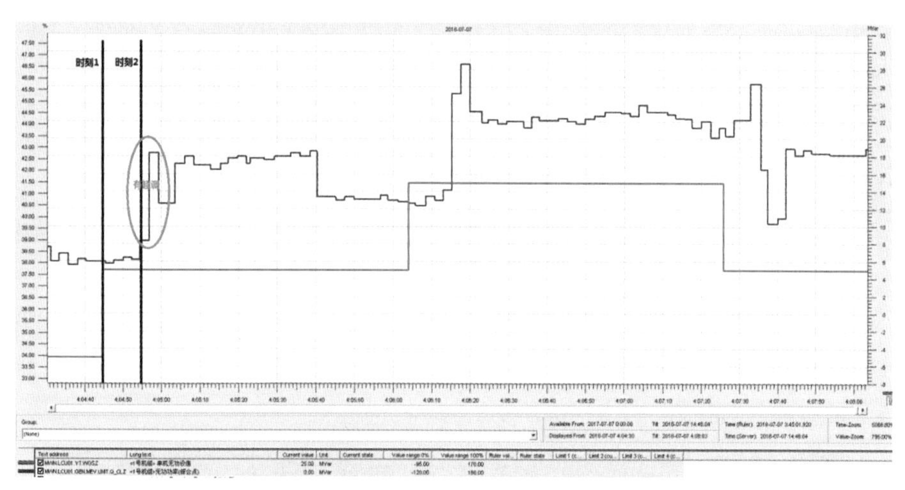

图 11-37　励磁调节器给定速度 0.65%，监控无功 PID 参数：4.0、20、2.0

表 11-10　励磁试验特性（0.65%，5.0、20、2）

条　件	#1 机组在发电态，有功功率 200 MW #1 机组 AVC 退出 励磁调节器给定速度：0.65%，即 1 s 脉宽调节 0.65%的额定电压幅值 监控系统 PID 参数：K_p= 5.0，K_i= 20，K_d= 2					
无功指令变化/Mvar	监控发送指令时间	指令反馈时间	机组无功变值/Mvar	机端电压变化值/kV	响应时间（≤30 s）	是否超调
−5 ~ 5	**4: 04: 44.693**	**4: 04: 50.071**	**1.8 ~ −8.4**	**10.56 ~ 10.58**	**12**	是
5 ~ 15	4: 06: 03.980	4: 06: 12.973	−11.9 ~ 11.7	10.58 ~ 10.61	14	是

续表

无功指令变化/Mvar	监控发送指令时间	指令反馈时间	机组无功变值/Mvar	机端电压变化值/kV	响应时间（≤30 s）	是否超调
15～5	4：07：25.687	4：07：32.792	−9～0	10.61～10.58	10	是
−5～5	4：08：45.301	4：08：57.291	−9.7～1	10.58～10.56	12	是

结论：在励磁调节器给定速度为 0.65%并且固有通信时间一致情况下，无功 10 Mvar 阶跃试验表明（表 11-9、11-10 加粗部分）：1 号机组无功 PID 控制 K_p 为 5 时，出现超调现象，1 号机组实发无功波幅较大；K_p 值为 4 时，基本能够完成调节指令，也会出现超调现象；K_p 值为 3 时，能够很好地完成调节指令，未出现超调现象。总体看，随着 K_p 增大，同一调节指令励磁调节速率加快。基于无功给定调节试验可知，监控无功调节比例系数 K_p 为 5，励磁系统调节给定速度为 0.65%，不满足 1 号机组无功调节稳定性要求，从各组参数试验数据分析初步选定监控无功调节比例系数 K_p=4（保持与原参数不变），励磁系统调节给定速度小于 0.65%，在 0.4%左右。

2. AVC 调节验证试验

1 号机组投单机 AVC、其他任意一台机组投单机 AVC，剩余机组投固定无功，观察 1 号机组无功和 500 kV 母线电压，未出现明显波动。

1 号机组投单机 AVC、其他机组退出单机 AVC，500 kV 母线电压跟踪单独由 1 号机组调节完成。监控系统 PID 参数调整为初始值 K_p= 4.0 ，励磁调节器给定速度：0.4%，无功调节录波图如图 11-38 所示。

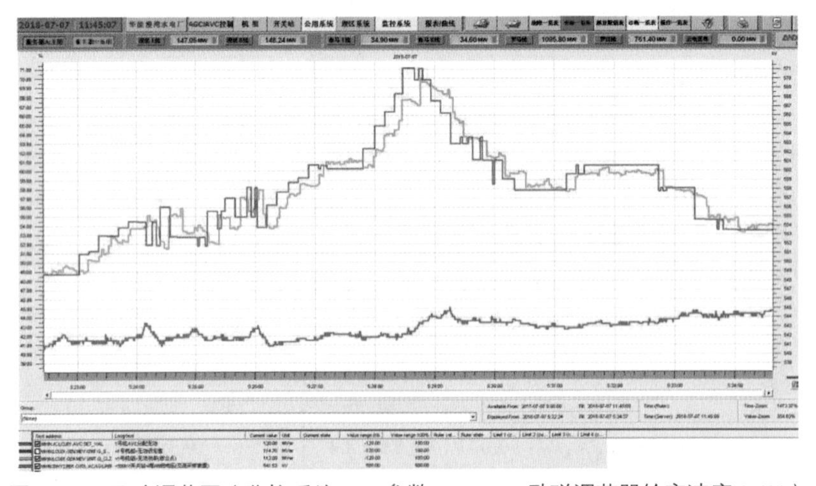

图 11-38　无功调节图（监控系统 PID 参数 K_p= 4.0，励磁调节器给定速度 0.4%）

1 号机组投单机 AVC、其他机组退出单机 AVC，500 kV 母线电压跟踪单独由 1 号机组调节完成。监控系统 PID 参数调整为初始值 K_p= 4.0，励磁调节器给定速度：0.5%，无功调节录波图如图 11-39 所示。

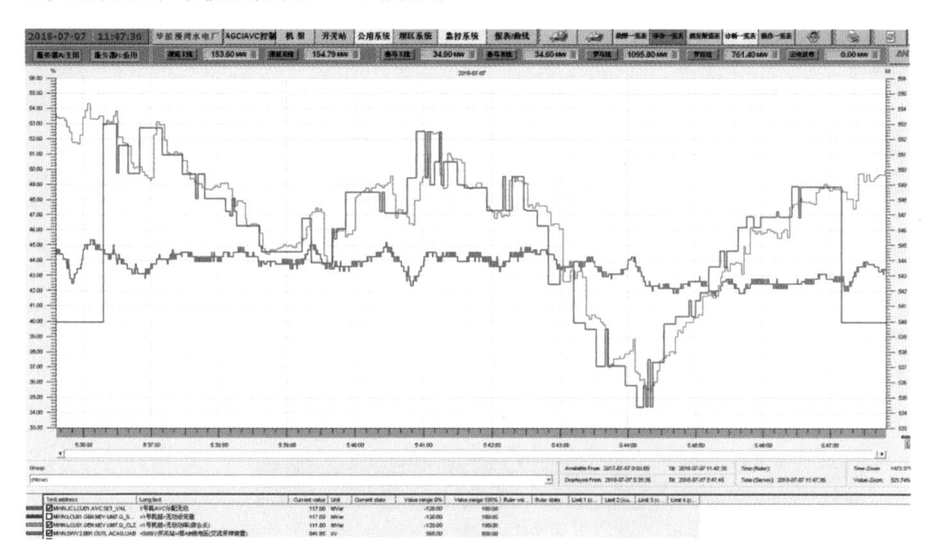

图 11-39　无功调节图（监控系统 PID 参数 K_p= 4.0，励磁调节器给定速度 0.5%）

1 号机组投单机 AVC、其他机组退出单机 AVC，500 kV 母线电压跟踪单独由 1 号机组调节完成。监控系统 PID 参数调整为初始值 K_p= 4.0，励磁调节器给定速度：0.3%，无功调节录波图如图 11-40 所示。

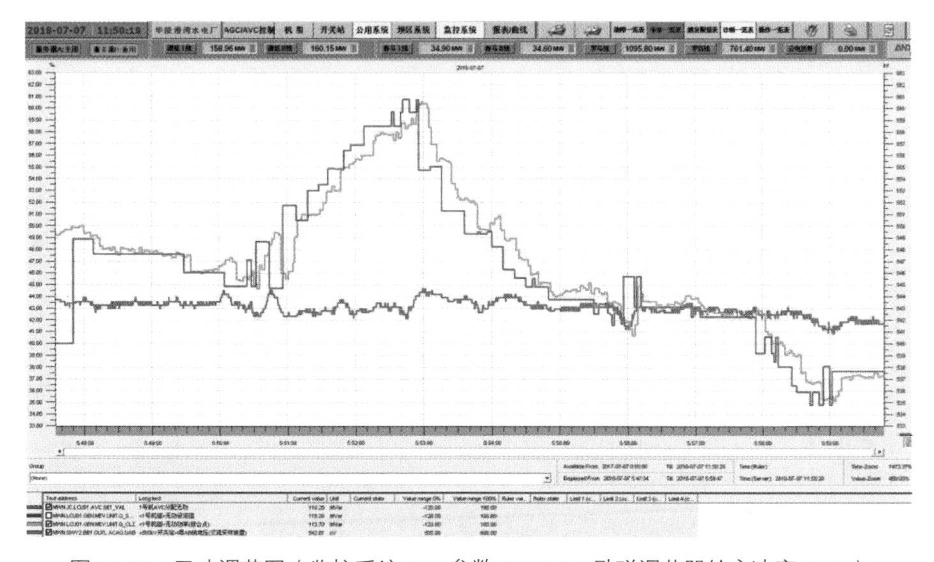

图 11-40　无功调节图（监控系统 PID 参数 K_p= 4.0，励磁调节器给定速度 0.3%）

1 号机组投单机 AVC、其他机组退出单机 AVC，500 kV 母线电压跟踪单独由 1 号机组调节完成。监控系统 PID 参数调整为初始值 K_p= 4.0 ，励磁调节器给定速度：0.35%，无功调节录波图如图 11-41 所示。

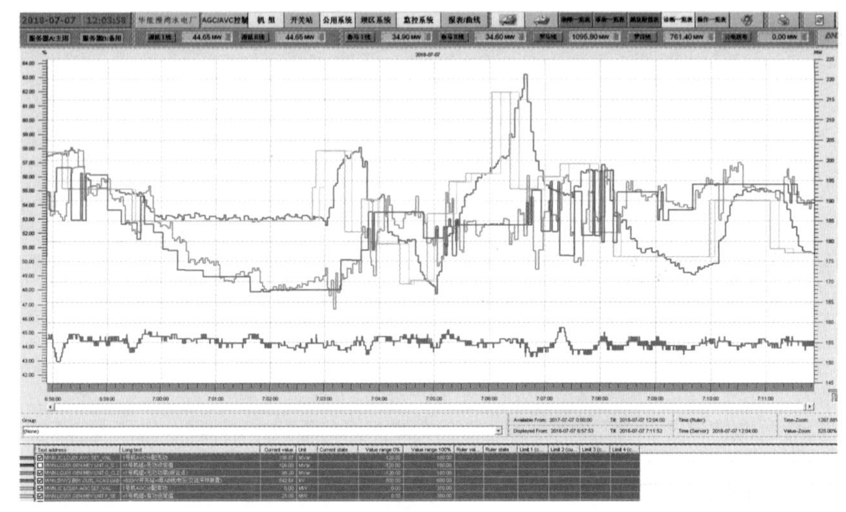

图 11-41　无功调节图（监控系统 PID 参数 K_p= 4.0，励磁调节器给定速度 0.35%）

励磁调节器给定速度在 0.35%，1 号机组投入单机 AVC、AGC、PSS，其他机组带固定无功。从录波图可以看出：在排除 PSS 输出造成无功反调影响，其 1 号机组整个无功调节较为稳定，无功波动范围在 18 Mvar 左右。

1 号机组投单机 AVC、其他机组退出单机 AVC，500 kV 母线电压跟踪单独由 1 号机组调节完成。监控系统 PID 参数调整为初始值 K_p= 4.0，励磁调节器给定速度分别为 0.4%、0.5%、0.3%、0.35%。无功调节录波图如图 11-42 所示。

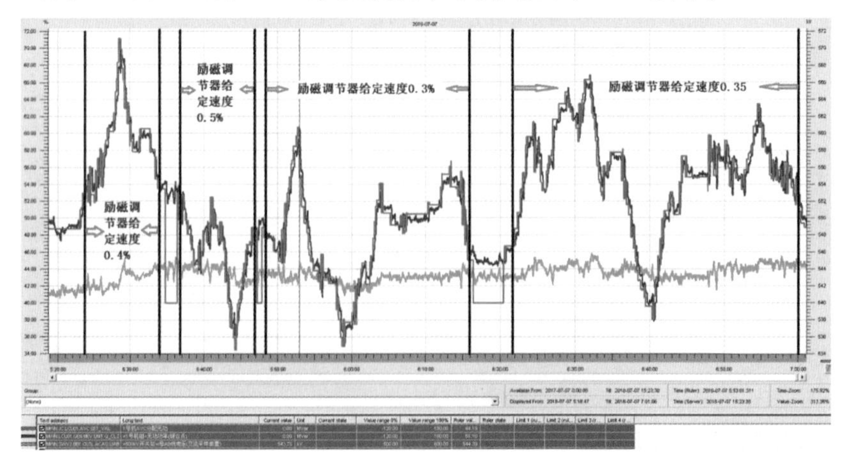

图 11-42　无功调节图（监控系统 PID 参数 K_p= 4.0，励磁调节给定速度 0.4%、0.5%、0.3%、0.35%）

结论：监控系统 PID 参数 K_p= 4.0，励磁调节器给定速度在 0.4%、0.5%、0.3%时，1 号机组无功调节均很平缓，在连续增加或连续减少无功负荷时，励磁系统都能够按照 AVC 控制指令执行，在无功指令由增加变为减小，或者由减小变为增加时，由于固有通信时间存在，1 号机组无功会出现反调，随励磁调节器给定速度值减小，其反调越小，调节越稳定，波动越小，励磁调节器给定速度为 0. 5%时反调明显，而给定速度为 0.4%、0.3%时，较为稳定，但给定速度为 0.3%时，励磁调节稍慢，综合考虑励磁调节速度和调节稳定性，确定励磁调节器给定速度为 0.35%，监控无功 PID 参数保持原参数不变（K_p= 4.0）。

仅开 1 号机组带 500 kV 系统，投入全厂 AGC、AVC、励磁系统 PSS，验证励磁调节器给定速度在 0.35%，监控无功 PID 参数保持原参数不变（K_p= 4.0）时 1 号机组无功调节稳定性，其录波图如图 11-43 所示。

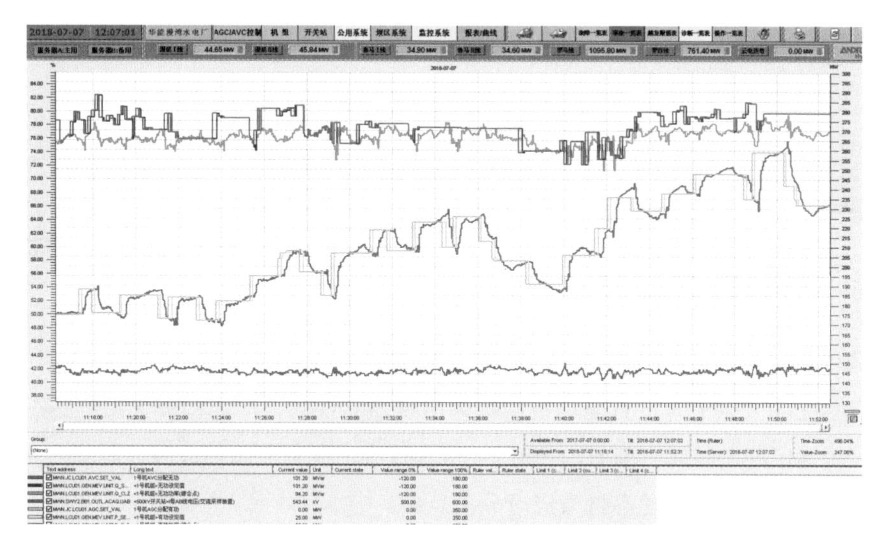

图 11-43 无功调节图（监控系统 PID 参数 K_p= 4.0，励磁调节给定速度 0.35%）

结论：在固有通信时间内励磁反调深度减小，调节平稳，其无功波动减小约在 20 Mvar 内，母线电压基本恒定。

11.4.3 本章小节

（1）漫湾电厂#1 机组由于励磁控制系统改造后，内部电压调节速率参数采用默认值，该默认值与云南电网 AVC 系统中#1 机组监控系统的调节指令不兼容，导致了本次事故。

（2）1 号机组与其他机组同时并网投入 AVC 运行时，无功调节平稳，波动较小。

（3）仅 1 号机组带 500 kV 系统，投入全厂 AGC、AVC、励磁系统 PSS，励磁调节器给定速度在 0.35%时， 1 号机组无功调节稳定，满足并网控制需要。

（4）现场发电机组励磁系统 PSS 反调作用效果应和电厂 AVC 控制参数相配合，以防止 AVC 作用与机组 PSS 之间“打架”，进而引发功率振荡事件。

（5）当前系统仿真计算软件中 AVC 控制指令暂无法开展仿真，相关机组的动态行为完全取决于机组的励磁及调速控制系统。

（6）云南电科院所采用的 RTDS 系统在模拟机组的实际运行时，建议增加监控系统的无功控制外环，以完全模拟云南电网当前大规模的 AVC 系统作用效果。

（7）云南电科院所采用的 RTDS 励磁仿真模型中建议关注相关的辅助控制参数，并以现场实际为基准，研究相关辅助控制参数的作用效果，以达到充分再现现场实际情况的目的。

11.5 观音岩电厂发电机整体（励磁+发电机）与系统协调

11.5.1 事故基本情况

2016 年 7 月 23 日，云南大唐观音岩电厂在厂内无任何故障的情况下，全厂并网机组突然无功大幅上升，且全厂机组集体出现强励现象，厂内检查无果的情况下，联系调度确定同一时间云南省内 500 kV 永富直流出现直流闭锁故障，本节内容仅对观音岩电厂厂内机组的动态行为进行分析。

1. 观音岩机组#5 机组强励过程前后的电气量变化情况

强励过程前后的电气量变化情况如图 11-44、图 11-45 所示。

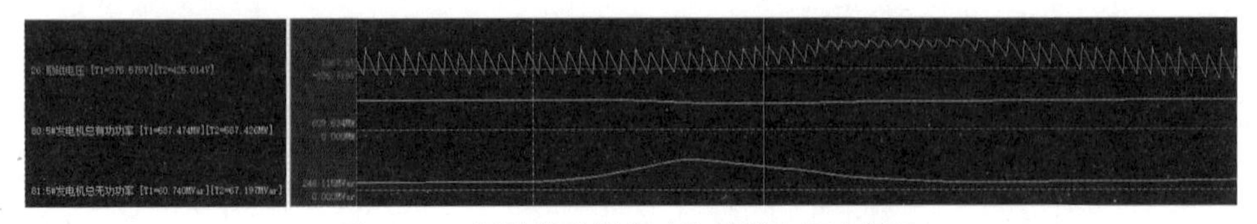

图 11-44　强励前机组有功和励磁电压电气量

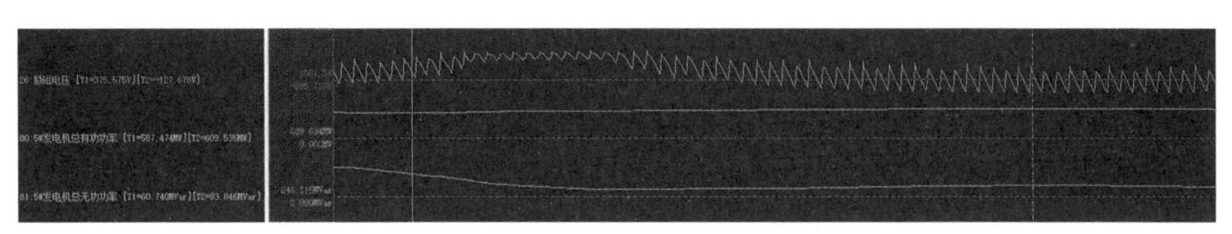

图 11-45　强励后机组有功和励磁电压电气量

分析以上两图可以看到：观音岩电厂此次机组强励前，机组有功对应 587 MW，励磁电压 425 V；励磁电压开始上升时有功对应 519 MW，励磁电压对应 745 V；机组强励开始时，机组有功对应 563 MW，励磁电压最高达到 1487 V。在此过程中，励磁控制可控硅角度达到逆变角，最小值达-127 V。

2. 分析计算及现场波形分析

（1）机组有功先于励磁电压波动，说明电厂有功波动是由外部引起的（结合永富直流闭锁的实际情况，该情况由于该直流闭锁所导致）。在此过程中，机组有功波动的幅值达到 11%P_n（587-519=68 MW），从故障录波的整流波形分析，此时的励磁电压说明 PSS 起到良好的作用。

（2）观音岩电厂机组励磁变低压侧按照额定 1 120 V 考虑，在此情况下：

① 励磁电压波动前，励磁电压 425 V，控制角度按照 $425=1.35\times1\,120\times\cos\alpha$ 计算，其控制角度约 73°，励磁的控制电压约 2.12V；

② 励磁强励最高电压 1 487 V，对应控制角度按照 $1\,487=1.35\times1\,120\times\cos\alpha$ 计算，其控制角度约 10°，励磁的控制电压约 7.42 V。

PSS 输出最大限幅 0.1 pu，根据现场实际的 PID 运算过程，其 PID 环节的比例放大倍数为 45，可控硅整流环节等效放大倍数为 45，在此情况下励磁控制系统在 PSS 输出上限幅 0.1 pu 的情况下，其最终输出将达到 K_p=45，45×0.1=4.5，再加上强励前励磁电压稳态输出为 2.12 V，此时 PSS 输出最大的情况下，整个励磁系统的输出将达到 4.5+2.12=6.6 V，再加上积分，PID 控制电压很快就会从 6.6 V 上升到 7.42 V。励磁电压达到 1 000 V 以上。由于 PSS 输出值有正有负，励磁电压必然会出现有正有负的情况，当然在出现负的情况下励磁系统可控硅必然进入逆变角。

11.5.2　系统仿真需要解决的问题

本次观音岩电厂机组整体强励、机组无功大幅波动的情况经过上节分析可知，整个过程由于永富直流闭锁所导致，在此情况下机组有功的突变导致机组 PSS 压限幅输出，进而导致机组无功呈现出大幅波动。

观音岩电厂在此次事件中的所有机组都呈现同一动态行为，且从现场录波结果看，机组无功波动过程中，对应的无功的流向在此过程中仅通过励磁专业无法准确判断，该点应该结合系统仿真计算结果，尤其是项目研究过程中的云南电科院 RTDS 仿真计算结果加以确定，此处不再赘述。

此外，整个过程中定子电压波动较小，且在波动过程大部分时间内基本不变，该情况不足以由定子电压与给定值的电压偏差产生如此大的转子电压上升量；PSS 输出限幅 10%，也不能产生如此大的转子电压上升量。综上，目前不能认为是调节器外部输入定子电压或有功变化引起这样大的转子电压波动，在此情况下该电压上升量应与永富直流的控制逻辑紧密相关。

11.6 以礼河电厂励磁系统内部控制缺陷

11.6.1 事故基本情况

2017 年 2 月 21 日，云南以礼河电厂片区由于电网故障成为孤网，在此过程中，电厂一、二、三和四级电厂发电机励磁系统由于电网频率原因暴露出一系列缺陷，包括励磁系统正常工作的频率范围以及超出该范围情况下的动作行为，励磁调节器 *V*/*F* 限制和欠励限制之间配合问题等，本次事件对异步联网后的云南电网整体具有相当大的借鉴意义，本章对其进行详细的分析。

2017 年 2 月 21 日 21：10：24 时，220 kV 以新线跳闸，孤网频率升高，21：10：26 时达最高值 55.07 Hz，21：10：28 时，大海梁子 46 台风机高周脱网 79 MW（定值 51.5 ~ 52.0 Hz/延时 5 min，52.0 ~ 52.5 Hz/延时 0.1 s，>52.5 Hz/瞬断），以礼河各级电厂机组持续减出力，孤网频率持续下降，21：10：34 时秒孤网频率降至 44.6 Hz 后频率回升，21：10：46 左右孤网频率回升至 51.75 Hz 后，以礼河各级电厂机组持续减出力，21：11：07 时孤网频率降至 40.1 Hz，其后在频率 40.1 ~ 42 Hz，电压 211 kV 附近运行了约 5.3 min，21：16：36 左右孤网频率恢复至 49.84 Hz、电压恢复至 220 kV 左右；后续机组出力大幅波动，孤网频率、电压都随之大幅波动，最终于 21：25 左右电压失稳孤网瓦解。事故过程中电网频率变化如图 11-46 所示。

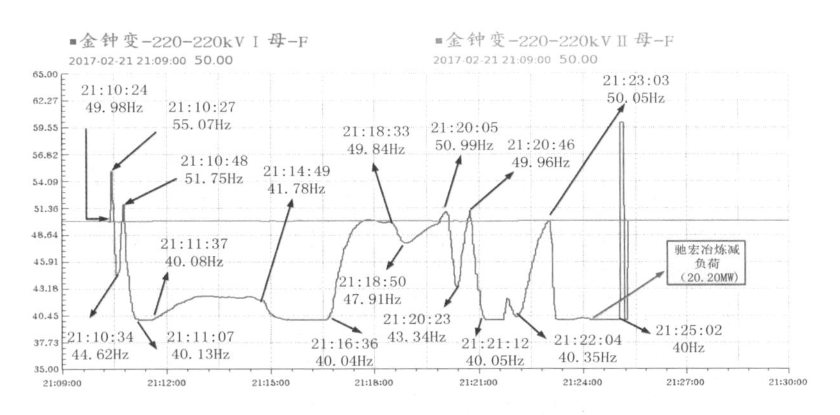

图 11-46　事件过程图（频率）

11.6.2　各级电厂机组励磁系统动作行为分析

在整个过程中，以礼河一级电厂机组励磁系统（广科励磁）始终保持投入并根据系统运行状态变化进行相应调节，此处不再赘述。

云南以礼河二级电站#1 机组采用长江三峡能事达电气股份有限公司生产的IAEC-4000 型励磁系统，在 2017 年 2 月 21 号孤网运行失压事故过程中，二级电站#1 机组在孤网运行直至解列过程中相关电气量录波图如图 11-47、图 11-48 所示。

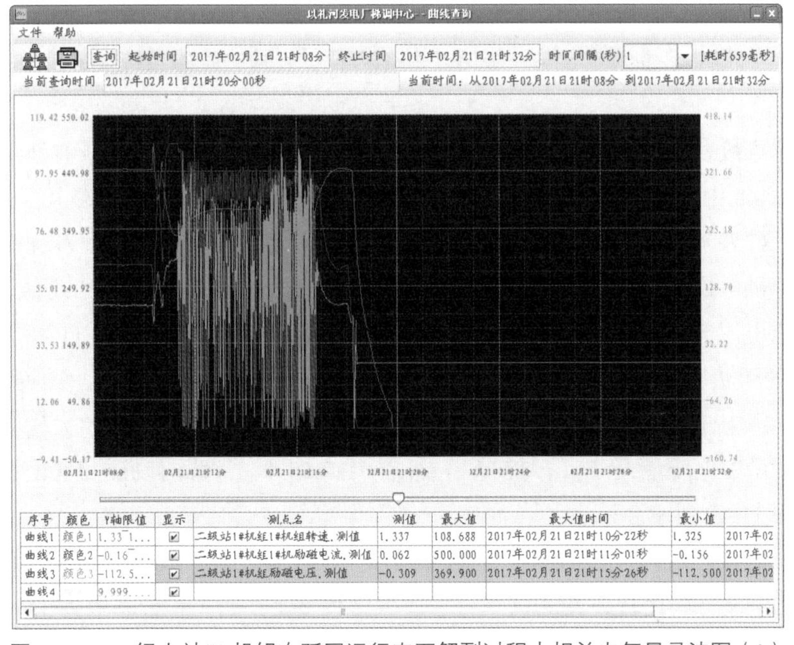

序号	颜色	Y轴限值	显示	测点名	测值	最大值	最大值时间	最小值	
曲线1	颜色1	1.33 1...	☑	二级站1#机组1#机组转速.测值	1.337	108.688	2017年02月21日21时10分22秒	1.325	2017年02
曲线2	颜色2	-0.16 ...	☑	二级站1#机组1#机励磁电流.测值	0.062	500.000	2017年02月21日21时11分01秒	-0.156	2017年02
曲线3	颜色3	-112.5...	☑	二级站1#机组励磁电压.测值	-0.309	369.900	2017年02月21日21时15分26秒	-112.500	2017年02
曲线4		9.999...	☑						

图 11-47　二级电站#1 机组在孤网运行直至解列过程中相关电气量录波图（1）

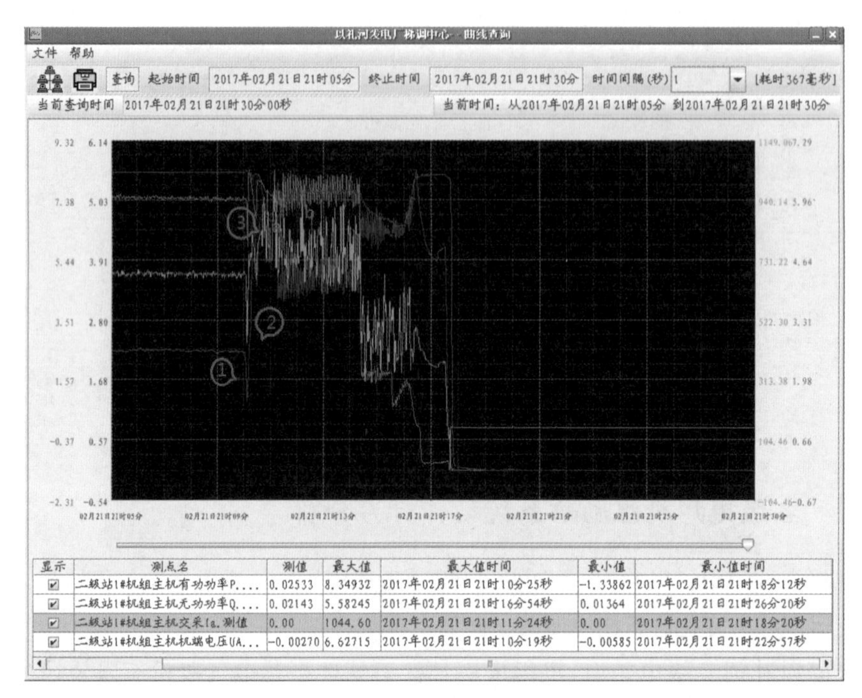

显示	测点名	测值	最大值	最大值时间	最小值	最小值时间
☑	二级站1#机组主机有功功率P....	0.02533	8.34932	2017年02月21日21时10分25秒	-1.33862	2017年02月21日21时18分12秒
☑	二级站1#机组主机无功功率Q....	0.02143	5.58245	2017年02月21日21时16分54秒	0.01364	2017年02月21日21时26分20秒
☑	二级站1#机组主机交采Ia.测值	0.00	1044.60	2017年02月21日21时11分24秒	0.00	2017年02月21日21时18分20秒
☑	二级站1#机组主机机端电压UA...	-0.00270	6.62715	2017年02月21日21时10分19秒	-0.00585	2017年02月21日21时22分57秒

图 11-48　二级电站#1 机组在孤网运行直至解列过程中相关电气量录波图（2）

故障发生前，转速为 1.0 pu，机端电压为 1.041 pu，励磁电压为 96.54 V，励磁电流为 287.43 A，有功功率为 7.5 MW，无功功率为 2.24 Mvar，PSS 退出，V/f 限制定值为 1.1。图中各曲线定义与一级站#2 机组相同，经检查励磁系统报警信号有强励限制动作。

根据事故发生后孤网运行时电网电压、电网频率波形以及机组录波波形分析可知，图 11-48 中①为发生故障后瞬间，机组负荷突降造成转速上升机端电压升高，由于机组 PSS 没有投入，此时由励磁装置 PID 控制环节减磁，励磁电压和无功功率下降，当伴随电网频率的降低而机端电压降低时，强励限制动作转入给定值为 1.095 的恒励磁电流方式运行，增磁使得励磁电压和无功功率上升，见图 11-48②处；图 11-48③处无功功率下降是由于在电压频率下降过程中，过无功限制动作使得无功功率下降。图中 a 处可以明显看到励磁电压、励磁电流、无功功率开始大幅度上下波动，其中励磁电压最大 U_{fmax}=370 V，U_{fmin}=−112.50 V。故障时励磁装置记录电气量波形如图 11-49 所示。

由图 11-49 及分析可知，当#1 机组强励限制动作时，励磁系统转入给定值为 1.095 的恒励磁电流方式运行，其 PID 积分、放大倍数整定不当（积分系数为 15，放大倍数为 1），引起励磁电压、励磁电流及无功功率的大范围振荡。在这种恶劣运行工况

之下，励磁装置动作不正确，励磁电压、励磁电流、无功功率大幅度波动，最后手动解列机组。

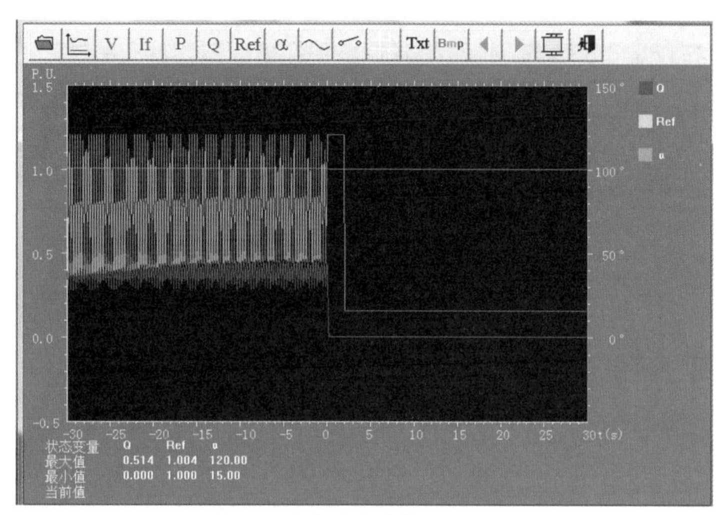

图 11-49　故障时励磁装置记录电气量

厂家针对该组 PID 参数在实验室进行动模试验，在该组 PID 参数下，当强励限制动作转入给定值为 1.095 的恒励磁电流方式运行时，明显看出励磁电压、励磁电流波动大，如图 11-50 所示。

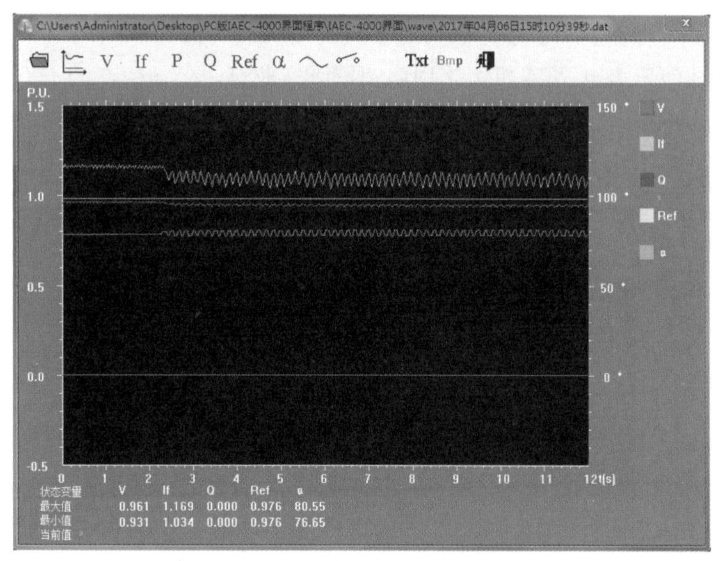

图 11-50　积分系数 15、放大倍数 1 录波图

将该组 PID 积分系数 15、放大倍数 1 改为积分系数 30、放大倍数 0.25 后验证，

其调节器输出调节平滑，磁电压、励磁电流波动改善明显，如图 11-51 所示。

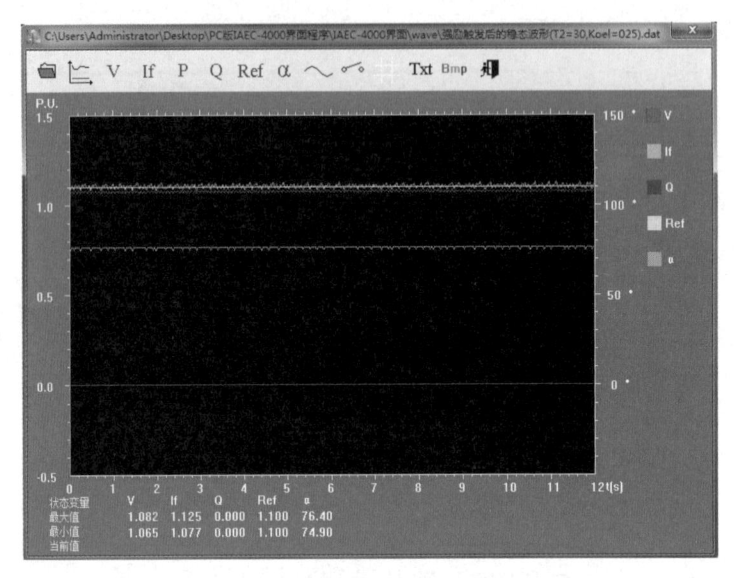

图 11-51　积分系数 30、放大倍数 0.25 录波图

二级电厂机组励磁系统动态行为分析结论：二级电厂机组励磁系统在机组频率降低时，自动转换为强励恒定励磁电流给定的恒流模式，其控制不能随电网的实际情况进行调节，由此引发强烈的机组励磁电压、励磁电流和机组功率的振荡；此次之外，励磁系统内的强励恒流限制内置 PID 参数也存在优化空间。

云南以礼河三级电站#4 机组采用广州擎天实业有限公司生产的 EXC-9000 型励磁系统，在 2017 年 2 月 21 号孤网运行失压事故过程中，三级电站#4 机组在孤网运行直至解列过程中相关电气量录波图如图 11-52 所示。

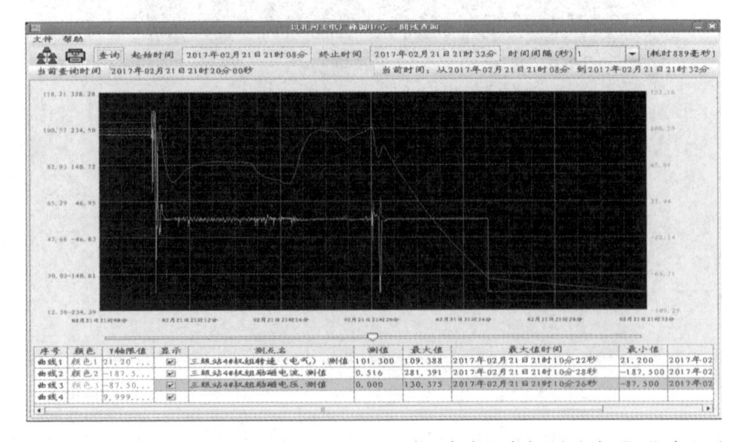

序号	颜色	Y轴限值	显示	测点名	测值	最大值	最大值时间	最小值	
曲线1	颜色1	21.20...	☑	三级站4#机组转速（电气）.测值	101.300	109.388	2017年02月21日21时10分22秒	21.200	2017年02
曲线2	颜色2	-187.5...	☑	三级站4#机组励磁电流.测值	0.516	281.391	2017年02月21日21时10分28秒	-187.500	2017年02
曲线3	颜色3	-87.50...	☑	三级站4#机组励磁电压.测值	0.000	130.375	2017年02月21日21时10分26秒	-87.500	2017年02
曲线4		9.999....	☑						

图 11-52　三级电站#4 机组在孤网运行直至解列过程中相关电气量录波图（1）

故障发生前，转速为 1.0 pu，机端电压为 0.98 pu，励磁电压为 101.29 V，励磁电流为 250.21 A，有功功率为 23.0 MW，无功功率为-1.23 Mvar，PSS 投入，*V/F* 限制定值为 1.1，图 11-53 中各曲线定义与一级站#2 机组相同。

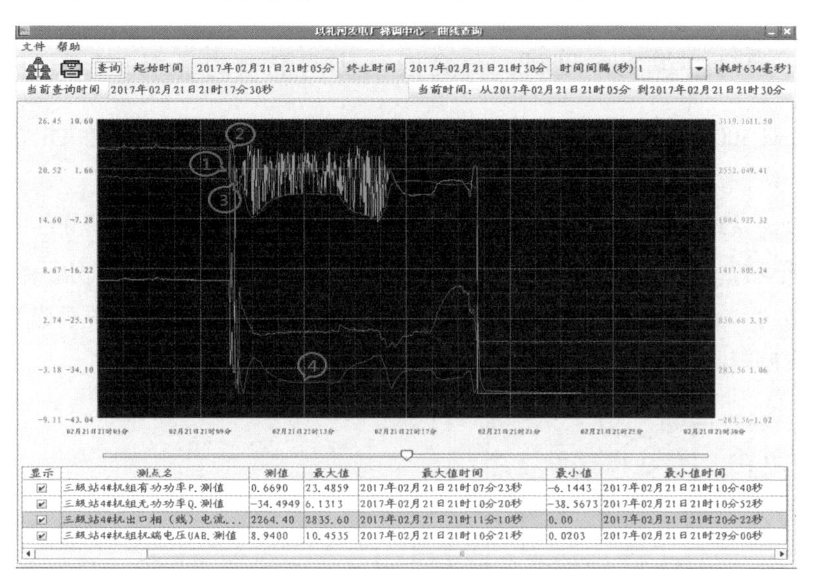

图 11-53　三级电站#4 机组在孤网运行直至解列过程中相关电气量录波图（2）

根据事故发生后孤网运行时电网电压、电网频率波形以及机组录波波形分析可知，图中①为发生故障后瞬间，#4 机组有功功率急速下降，转速上升，此时 PSS（≥40%S_n 投入、≤35%S_n 退出）输出导致励磁电压励磁电流以及无功功率急速上升，变化方向与转速变化方向一致。当发电机有功功率小于 PSS 投入功率，励磁系统 PSS 功能退出，恢复正常 PID 调节，见图中②处无功功率上升下降过程；图中③处励磁电压从 105.24 V 直接下降到-87.495 0 V，之后励磁电压励磁电流均上升至 0 并一直保持，表明励磁装置处于逆变状态，经过查找相关报警信号及励磁电压电流录波图得知，事故发生后，励磁系统有欠励限制、*V/F* 限制报警信号。经过上述分析，初步判断为事故发生时，励磁系统接收到的并网令消失，励磁装置自身在频率低于 45 Hz，并网令消失且定子电流小于 0.1 pu，此时励磁系统会判断发电机处于空载低频而逆变动作，同时调速器也是未收到并网令而导致单双号轮上喷针全关，励磁与调速装置两边动作行为相似。图中④处，机端电压与无功功率变化趋势相对应，而变化方向相反，此时机端电压与无功功率的变化只受电网波动影响，实际上此时励磁系统处于失磁状态，发电机大量吸收电网无功功率，有功功率为负。

防止机组深度进相的手段正是欠励限制，本次事件过程中，#4 机组欠励限制和 V/F 限制同时满足条件，由于 V/F 限制和欠励限制动作信号增益不一致及动作积分延迟不同导致作用力度差异大，V/F 限制起作用，欠励限制没有生效。

11.6.3 励磁系统 V/F 限制、欠励限制协调配合的说明

（1）C-4000 型励磁系统，该励磁系统 V/F 限制功能由程序逻辑决定在并网时 45 Hz 以上工作，45 Hz 以下失效，空载时 45 Hz 以下逆变。

该励磁系统当机组达到强励限制动作时，励磁系统转入给定值为 1.095 的恒励磁电流方式运行，但由于强励限制其 PID 积分、放大倍数整定不当（积分系数为 15，放大倍数为 1），引起励磁电压、励磁电流及无功功率的大范围振荡。励磁系统 V/F 限制、欠励限制、强励限制的逻辑关系参看图 11-54。

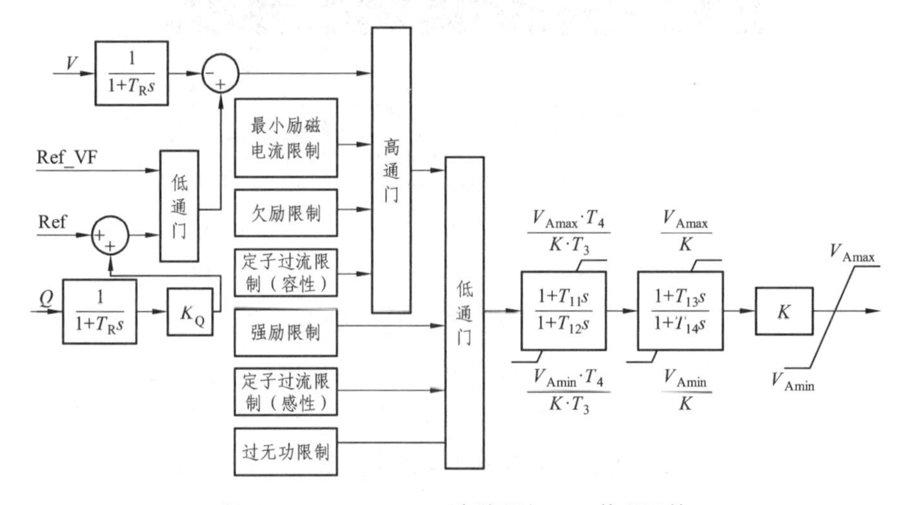

图 11-54　IAEC-4000 励磁系统 AVR 传递函数

（2）以礼河一级站#2 机组，三级站#1、#2、#3、#4 机组，四级站#1、#2、#3、#4 机组采用广州擎天实业有限公司生产的 EXC-9100、EXC-9000 型励磁系统。2017 年 2 月 21 日孤网运行失压事件过程中，当频率、电压下降达到 V/F 限制动作定值 1.1 时，V/F 限制动作使得在低压情况下励磁也不再增磁去抬升机端电压，机端电压在 V/F 限制所允许的最大电压运行，尽管此时机端电压较低；在发电机进相时，已达到励磁装置的低励限制定值，此时励磁装置应增磁去抬升机端电压，但由于 V/F 限制，使得机端电压也不再上升。低励限制与 V/F 限制数学模型及其在 PID 环节中的作用见图 11-55。

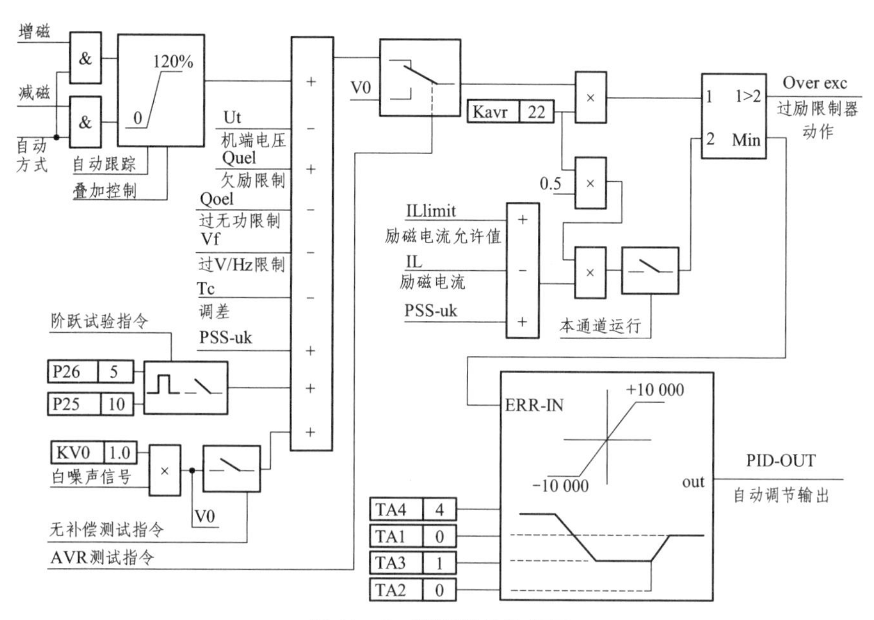

图 11-56　调节器总体框图

由图 11-55 可知，欠励限制器输出及 *V*/*F* 限制器输出直接叠加至 U_{gd}-U_g 环节，不存在相互配合关系。

欠励限制器模型说明如下：

励磁调节器的欠励限制环节采用图 11-56 所示的五点拟合限制曲线。图中的有功 *P*、无功 *Q*，为标幺值表示，以发电机视在容量为基准。Q_1、Q_2、Q_3、Q_4、Q_5 为整定值，可通过调试软件设定。

欠励限制环节对当前发电机运行有功值，先根据限制曲线计算出当前有功情况下的进相无功值 Q_i；再根据当前机端电压 U_g（取标幺值），修正欠励限制的无功允许进相值为：$Q_{uelim} = Q_i \times U_{g2}$。

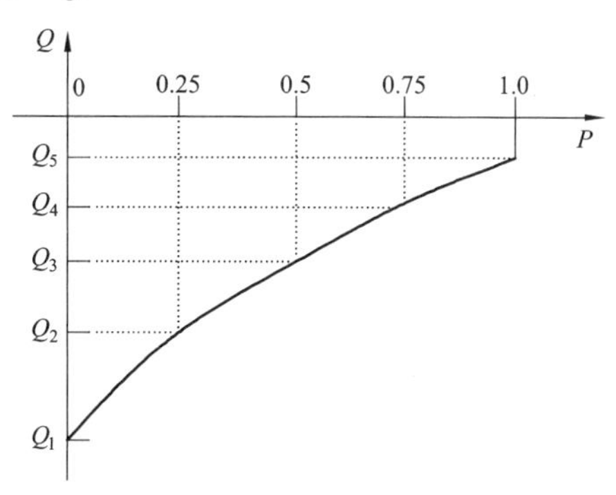

图 11-56　欠励限制曲线

欠励限制的调节模型如图 11-57 所示，T_{i} 为欠励限制调节速度，通过调试软件设定。Q 为实测无功值，Q_{uelim} 与 Q 的差值经积分环节后，作为欠励限制的输出 Q_{uegd} 叠加于电压给定值 U_{gd} 上，叠加方式是加即增磁作用，限制无功降低。当发电机进相无功 Q 低于限制值 Q_{uelim} 时，Q_{uegd} 输出正值，去提高发电机励磁，限制 Q 进一步减小。Q_{uegd} 正值时才有效。

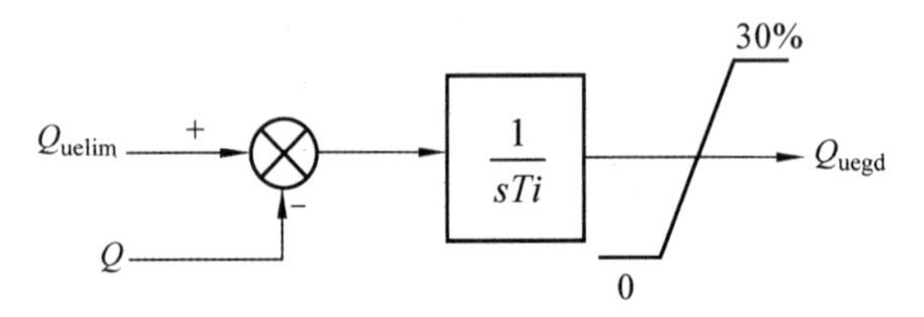

图 11-57　欠励限制调节模型

当发电机并网运行后，欠励限制功能即起作用。Q_{uegd} 正值时，欠励限制即动作起作用，励磁调节器发“欠励限制”信号，并闭锁减磁操作。

V/F 限制器模型说明如下：

正常情况下，发电机机端电压处于额定水平附近，发电机频率也在额定频率附近，发电机及主变压器的激磁回路不会处于饱和状态。

当发电机频率降低时，如果仍要维持发电机机端电压在额定水平，机组励磁电流和主变激磁电流就需要正比增加。当频率降低到一定程度后，激磁回路将处于饱和状态，将引起磁路损耗增大、发热而损坏。

励磁调节器 *V/F* 限制功能的作用是，使发电机端电压随频率的降低而成比例地减小，维持发电机及主变压器的激磁回路不进入饱和状态而损坏。

V/F 限制的调节模型如图 11-58 所示，T_{vf} 为 *V/F* 限制调节速度，通过调试软件设定。

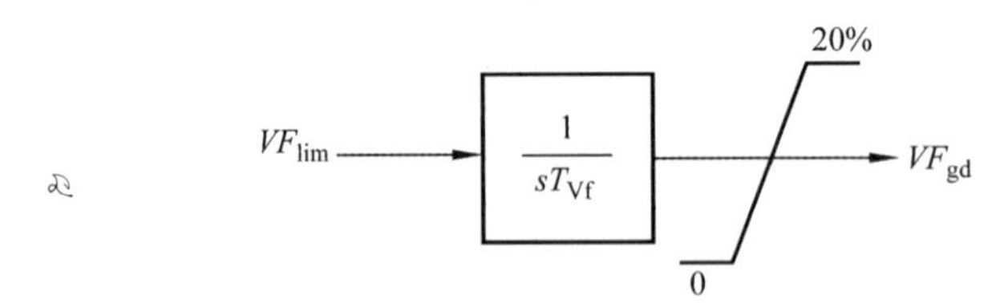

图 11-58　*V/F* 限制调节模型

VF_{lim} 的计算公式为：$VF_{\mathrm{lim}}=\dfrac{U_{\mathrm{g}}}{F(\%)}-\dfrac{U_{\mathrm{glim}}}{100\%}$。其中 U_{g} 为实测的发电机机端电压；F（%）为实测的发电机频率，以额定频率 50 Hz 为基准的百分数表示。U_{glim} 为可通

过调试软件整定的 V/F 限制值。

差值 VF_{lim} 经积分环节后，作为 V/F 限制的输出 VF_{gd} 叠加于电压给定值 U_{gd} 上，叠加方式是减即减磁作用，减小发电机机端电压。

V/F 限制有效条件为：开机令存在且 U_g>40%。当 V/F 限制条件不满足时，VF_{gd} 限制输出恒为 0。VF_{gd} 输出正值时，V/F 限制起作用，调节器发“V/F 限制动作”信号，并闭锁增磁操作。

防止机组深度进相的手段，正是欠励限制，本次事件过程中，欠励限制和 V/F 限制同时满足条件，由于 V/F 限制和欠励限制动作信号增益不一致及动作积分延迟不同导致作用力度差异大，V/F 限制起作用，欠励限制没有生效。

礼河电厂片区孤网模式下礼河各级电厂发电机励磁系统所呈现的问题主要体现在如下两方面：

第一，电网频率异常的情况下，机组励磁系统辅助控制（V/F 限制和欠励限制）由于参数整定的原因和采用加法器叠加的原因，导致部分机组实际的欠励限制失效，该点内容与龙马水电厂所论述问题相类似。

第二，部分励磁设备由于自身内部控制逻辑程序缺陷，导致机组频率异常情况下直接通道切换并直接进入恒流模式，该模式对孤网情况下的电网运行极为　不利。

11.7　结　论

自 2016 年云南电网与南方电网异步联网方案成功实施后，异步运行后的云南电网面临实际的局部电压过高（过低）、网内频率等问题，在此情况下，由此伴生的如下问题需要深入开展的研究，并从电网的角度严把各种异常工况下入网关。

第一，异步联网后局部电网电压偏高、机组进相深度进相情况下，励磁系统欠励限制与 PSS 综合配合问题与叠加方式问题。

第二，异步联网后局部电网电压偏低、机组进相深度进相情况下，励磁系统过励限制与 PSS 综合配合问题与叠加方式问题。

第三，异步联网后电网频率大幅波动情况下，励磁系统 V/F 限制与欠励（过励）限制间的综合配合与叠加方式问题。

第四，电网特殊工况下，机组励磁系统辅助控制功能的叠加方式应综合考虑，推荐采用系统仿真计算软件（BPA）程序中所采用的欠励（过励）分别采用竞高门（竞低门）方式进行叠加。

第五，异步联网后，电网系统内的AVC控制功能中所涉及的机组监控系统与励磁系统间的调节速度的配合问题应加以注意，并在实验室仿真计算过程中宜搭建相关的无功外环，并对此开展仿真研究，以确保仿真结果与现场实际相一致。

第六，当前电网仿真计算软件（BPA）程序所采用的励磁模型仅仅从控制角度搭建，其余涉及元器件的影响并未在模型中体现，针对此宜采取特殊问题特别处理，结合事故实际情况分别搭建与现场实际相一致的详细模型再深入开展仿真研究工作。

第12章

● ● ●

总　结

本书研究最终的结论可总结如下：

（1）根据发电机原动机及其调速器、网络方程及直流频率控制器数学模型推导出了有无直流功率调制参与调频时的频域形式的送端系统频率解析式，得到直流功率调制参与调频前后送端系统的频率阶跃响应曲线和极点分布，定性分析发现直流功率调制参与调频后增大了送端系统的阻尼比，送端频率峰值与超调值得到有效抑制。

（2）通过简化的两区域异步联网的电网模型，对发电机调频系数、调速器水锤时间常数、直流频率限制器增益比例系数等对系统阻尼比、自然振荡频率的影响以解析的形式给出，并进行了定量分析。选取云南电网中楚穗直流线和小湾电站作为研究对象，进一步在实际电网中进行了 FLC 比例增益系数、死区对送端电网频率影响的验证。

（3）为了考虑提高优化 PSS 参数在多运行方式下抑制低频振荡的有效性与健壮性，在云南电网部分区域电网的重负荷下对 PSS2B 进行了参数优化，设置了 3 种运行方式，并引入一种常规 PSS2B 作为对比，通过仿真检验了优化参数后的 PSS2B 抑制低频振荡的效果，结果表明优化 PSS2B 能够有效提高系统对振荡的阻尼，具有一定的适用性。

（4）完成了超导储能装置 SMES 辅助 PSS 抑制低频振荡的线性化部分相关理论推导，得到含有 SMES 和 PSS 的单机无穷大 Phillips-Heffron 扩展模型。同时加入 PSS 和 SMES 后，通过电力系统的不同运行方式及运行工况下的仿真表明，电气量恢复稳定的过程加快，抑制效果最明显，说明 SMES 辅助 PSS 抑制低频振荡起到了很好的辅助作用。

（5）基于 Phillips-Heffron 模型，推导了水轮机调节系统在考虑和不考虑 PID 参数下的阻尼转矩系数，通过振荡频率和分界频率的关系判断系统的阻尼特性，采用了粒子群优化算法对 PID 参数进行优化，提出了一种附加控制器的方法抑制超低频振荡现象。

（6）利用云南电网 2017 年 BPA 离线数据复现了超低频振荡现象，通过仿真结果说明了水电机组调速器提供的负阻尼是引起超低频振荡的重要原因，优化调速器 PID 参数和调整 FLC 死区均可以有效抑制超低频振荡现象。

（7）采用含有调速器控制的 Phillips-Heffron 模型，在调速器侧加入具有超前相位环节的 GPSS，基于相位补偿原理设置了单机或多机系统 GPSS 参数，补偿复杂水轮机组电调型调速系统产生的滞后相位，增加了调速系统阻尼，抑制超低频振荡的同时也提高了系统的稳定性。

（8）以云南电网中容量较大的 13 个大容量水电厂为系统模型，忽略火电机组和容量较小的水电厂的频率调节作用，突出表现了云南电网中水电机组与超低频现象的紧密关系。结合云南电网的实际数据，仿真验证了所设计的 GPSS 抑制单机和多机系统中超低频振荡的有效性。

（9）该书从励磁系统、水轮机调速器两个方面对云南电网典型事故进行分析总结，提出相关解决方案。

参考文献

[1] 朱方，赵红光，刘增煌，等. 大区电网互联对电力系统动态稳定性的影响[J]. 中国电机工程学报，2007，27（1）：1-7.

[2] 宋墩文，杨学涛，丁巧林，等. 大规模互联电网低频振荡分析与控制方法综述[J]. 电网技术，2011，35（10）：22-28.

[3] 牛振勇. 基于进化策略的多机系统 PSS 参数优化[J]. 中国电机工程学报，2004，24（2）：22-27.

[4] ABIDO M A. Parameter Optimization of Multi Machine Power System Stabilizers Using Genetic Local Search[J]. Electrical Power and Energy Systems，2001，23（8）：785-794.

[5] 胡晓波，杨利民，等. 基于人工鱼群算法的 PSS 参数优化[J]. 电力自动化设备，2009，29（2）：47-50.

[6] 徐政. 交直流电力系统动态行为分析[M]. 北京：机械工业出版社，2004.

[7] 中国科学技术协会，四川省人民政府. 加入 WTO 和中国科技与可持续发展——挑战与机遇、责任和对策（上册）[C]. 2002：1.

[8] 李兴源. 高压直流输电系统的运行和控制[M]. 北京：科学出版社，1998.

[9] 赵畹君. 高压直流输电工程技术[M]. 北京：中国电力出版社，2011.

[10] BUI L X，SOOD V K，LAURIN S. Dynamic Interactions Between HVDC Systems Connected to AC Buses in Close Proximity[J]. IEEE Transactions on Power Delivery，1990，6（1）：223-230.

[11] 闵勇. 复杂扩展式电力系统中功率-频率动态过程的分析及低频减载装置整定[D]. 北京：清华大学，1990.

[12] 刘克天. 电力系统频率动态分析与自动切负荷控制研究[D]. 成都：西南交通大学，2014.

[13] 李生虎，汪秀龙，朱国伟，等. 含 VSC-HVDC 电网扰动后暂态频率解析模型[J]. 合肥工业大学学报（自然科学版），2017，40（1）：47-52.

[14] THOTTUNGAL R，ANBALAGAN P，MOHANAPRAKASH T，et al. Frequency

Stabilisation in Multi-area System Using HVDC link[J]. IEEE International Conference on Industrial Technology，2006：590-595.

[15] Ngamroo I. A Stabilization of Frequency Oscillations Using a Power Modulation Control of HVDC Link in a Parallel AC-DC Interconnected System[C]. Power Conversion Conference，2002. PCC-Osaka 2002. Proceedings of IEEE，2002（3）：1405-1410.

[16] 李碧君，黄志龙，刘福锁，等. 直流紧急功率支援用于第三道防线的研究[J]. 中国电力，2016，49（6）：72-77.

[17] RAKHSHANI E，SADEH J. Practical Viewpoints on Load Frequency Control Problem in a Deregulated Power System[J]. Energy Conversion & Management，2010，51（6）：1148-1156.

[18] RAKHSHANI E，SADEH J. Reduced-order Observer Control for Two-area LFC System after Deregulation[J]. Control & Intelligent Systems，2010，38（4）：185-193.

[19] 程丽敏，李兴源. 多区域交直流互联系统的频率稳定控制[J]. 电力系统保护与控制，2011，39（7）：56-62.

[20] RAKHSHANI E，LUNA A，ROUZBEHI K，et al. Effect of VSC-HVDC on Load Frequency Control in Multi-area Power System[C]. Energy Conversion Congress and Exposition，IEEE，2012：4432-4436.

[21] 梅勇，周剑，吕耀棠，等. 直流频率限制控制（FLC）功能在云南异步联网中的应用[J]. 中国电力，2017，50（10）：64-70+77.

[22] 彭俊春，周懋文. 异步联网后电网频率稳定影响因素研究[C]. 中国电机工程学会年会，2017.

[23] 周磊，张丹，刘福锁，等. 异步联网后云南电网的频率特性及高频切机方案[J]. 南方电网技术，2016，10（7）：17-23.

[24] 杜斌，柳勇军，涂亮，等. 糯扎渡直流频率限制控制器研究[J]. 南方电网技术，2013，7（5）：27-31.

[25] 陈亦平，程哲，张昆，等. 高压直流输电系统孤岛运行调频策略[J]. 中国电机工程学报，2013，33（4）：96-102+13.

[26] DEMELLO F P，CONCORDIA C. Concepts of Synchronous Machine Stability as Affected by Excitation Control[J]. IEEE Trans on Power Apparatus and Systems，1969，88（4）：316-329.

[27] 汤涌. 电力系统强迫功率振荡的基础理论[J]. 电网技术，2006，30（10）：29-33.

[28] VOURNAS C D，KRASSAS N，PAPADIAS B C. Analysis of Forced Oscillations in a Multimachine Power System[C]. International Conference on Control，1991（1）：443-448.

[29] 王宝华，杨成梧，张强. 电力系统分岔与混沌研究综述[J]. 电工技术学报，2005，7：1-10.

[30] KUNDUR P，KLEIN M，ROGERS G J，et al. Application of Power System Stabilizers for Enhancement of Overall System Stability[J]. IEEE Power Engineering Review，1989，9（5）：61-61.

[31] 张程，金涛. 基于 ISPM 和 SDM-Prony 算法的电力系统低频振荡模式辨识[J]. 电网技术，2016，40（4）：1209-1216.

[32] MIRJALILI S M，LEWIS A. Grey Wolf Optimizer[J]. Advances in Engineering Software，2014，69：46-61.

[33] 谢亦丰，祝明华，熊连松，等. 储能装置与 PSS 配合控制对电力系统低频振荡的抑制效果研究[J]. 陕西电力，2013，41（9）：5-9.

[34] 史林军，张磊，陈少哺，等. 多机系统中飞轮储能系统稳定器与 PSS 的协调优化[J]. 中国电机工程学报，2011，31（28）：1-8.

[35] 路晓敏，陈磊，陈亦平，等. 电力系统一次调频过程的超低频振荡分析[J]. 电力系统自动化，2017，41（16）：64-70.

[36] KUNDUR P. Power System Stability and Control[M]. New York，USA：McGraw-Hill，1994.

[37] 刘春晓，张俊峰，陈亦平，等. 异步联网方式下云南电网超低频振荡的机理分析与仿真[J]. 南方电网技术，2016，10（7）：29-34.

[38] 张建新，刘春晓，陈亦平，等. 异步联网方式下云南电网超低频振荡的抑制措施与试验[J]. 南方电网技术，2016，10（7）：35-39.

[39] 刘春晓，张俊峰，李鹏，等. 调速系统对南方电网动态稳定性的影响研究[J]. 中国电机工程学报，2013，33（S1）：74-78.

[40] 王官宏，陶向宇，李文锋，等. 原动机调节系统对电力系统动态稳定的影响[J]. 中国电机工程学报，2008，28（34）：80-86.

[41] 张利娟，陈庆国，陈海焱，等. 调速系统恶化阻尼的机理分析及其改进措施[J]. 水电能源科学，2005，23（3）：9-11.

[42] 林其友，陈星莺，曹智峰. 多机系统调速侧电力系统稳定器 GPSS 的设计[J]. 南方电网技术，2007（3）：54-58.

[43] 王官宏，于钊，张怡，等. 电力系统超低频率振荡模式排查及分析[J]. 电网技术，2016，40（8）：2325-2329.

[44] 郭相阳，徐政，董桓锋，等. 水电机组引起的超低频振荡机理分析[J]. 广东电力，2018，31（4）：21-26.

[45] CHEN Lei，LU Xiaomin，MIN Yong，et al. Optimization of Governor Parameters To Prevent Frequency Oscillations in Power Systems[J]. IEEE Trans on Power Systems，2018，33（4）：4466–4474.

[46] 李常刚，刘玉田，张恒旭，等. 基于直流潮流的电力系统频率响应分析方法[J]. 中国电机工程学报，2009，29（34）：36-41.

[47] 王华伟，韩民晓，范园园，等. 呼辽直流孤岛运行方式下送端系统频率特性及控制策略[J]. 电网技术，2013，37（5）：1401-1406.

[48] 唐欣，张武其，陈胜，等. 与 VSC-HVDC 连接的弱电网暂态频率偏移定量计算和调整方法[J]. 中国电机工程学报，2015，35（9）：2170-2176.

[49] 吕清洁. 送端电网稳定性若干问题及控制策略研究[D]. 浙江：浙江大学，2016.

[50] PILOT M，BRANICKI W，JEDRZE J，et al. Phylogeo-graphic History of Grey Wolves in Europe[J]. Bmc Evolutionary Biology，2010，10（1685）：1-11.

[51] MURO C，ESCOBEDO R，SPECTOR L，et al. Wolf-pack（Canis Lupus）Hunting Strategies Emerge from Simple Rules in Computational Simulations[J]. Behavioural Processes，2011，88（3）：192-197.

[52] 郭振洲，刘然，拱长青，等. 基于灰狼算法的改进研究[J]. 计算机应用研究，2017，34（12）：3603-3606+3610.

[53] ABIDO M A. Parameter Optimization of Multi Machine Power System Stabilizers Using Genetic Local Search[J]. Electrical Power and Energy Systems，2001，23（8）：785-794.

[54] 胡晓波，杨利民等. 基于人工鱼群算法的 PSS 参数优化[J]. 电力自动化设备，2009，29（2）：47-50.

[55] 史林军，唐国庆，张磊. 飞轮储能系统多 PI 控制器参数优化[J]. 电力自动化设备，2011，31（10）：65-69.

[56] SUTANTO D，TSANG M W. Power System Stabilizer Utilizing Energy Storage [J].

2004 International Conference on Power System Technology，2004：957-962.

[57] 李艳，程时杰，潘垣. 超导磁储能系统的自适应单神经元控制[J]. 电网技术，2005，12（5）：61-65.

[58] 李建设，陈磊，陈亦平，等. 基于振荡能量消耗的 HVDC 和 SVC 附加阻尼控制[J]. 电力系统保护与控制，2013，41（24）：9-15.

[59] 郭程林. 基于改进蝙蝠算法的 PSS 参数优化研究[D]. 兰州：兰州交通大学，2017.

[60] 王文，王勇，王晓伟. 一种具有记忆特征的改进蝙蝠算法[J]. 计算机应用与软件，2014，31（11）：257-259+329.

[61] GUPTA R，CHAUDHARY N，PAL S K. Hybrid Model to Improve BAT Algorithm Performance [J]. 2014 International Conference on Advances in Computing，Communications and Informatics （ICACCI）. 2014，57（5）：1967-1970.

[62] 牛振勇，杜正春，方万良，等. 基于进化策略的多机系统 PSS 参数优化[J]. 中国电机工程学报，2004，24（2）：23-28.

[63] 刘取. 电力系统稳定性及发电机励磁控制[M]. 北京：中国电力出版社，1990.

[64] 刘春晓，张俊峰，陈亦平，等. 异步联网方式下云南电网超低频振荡的机理分析与仿真[J]. 南方电网技术，2016，10（7）：29-34.

[65] 周靖皓，江崇熙，甘德强，等. 基于值集法对云南电网超低频振荡的稳定分析[J]. 电网技术，2017，41（10）：3147-3152.

[66] 路晓敏，陈磊，陈亦平，等. 电力系统一次调频过程的超低频振荡分析[J]. 电力系统自动化，2017，41（16）：64-70.

[67] 陈磊，路晓敏，陈亦平，等. 多机系统超低频振荡分析与等值方法[J]. 电力系统自动化，2017，41（22）：10-15.

[68] HUANG H，LI F. Sensitivity Analysis of Load-damping Characteristic in Power System Frequency Regulation[J]. IEEE Trans on Power Systems，2013，28（2）：1324-1335.

[69] 李建，王彪，刘程卓，等. 基于直流频率限制控制器的超低频振荡抑制方案[J]. 高电压技术，2018，44（8）：1-8.

[70] GENCOGLU C. Assessment of the effect of Hydroelectric Power Plants Governor Settings on Low Frequency Inter Area Oscillations[D]. Ankara，Turkey：Middle East Technical University，2010.

[71] VILLEGAS H N. Electromechanical Oscillations in Hydro-dominant Power

Systems：an Application to the Colombian Power System[D]. USA：Iowa State University，2011.

[72] 贺静波，张剑云，李明节，等. 直流孤岛系统调速器稳定问题的频域分析与控制方法[J]. 中国电机工程学报，2013，33（16）：137-143.

[73] GAING Z L. A particle Swarm Optimization Approach for Optimum Design of PID Controller in AVR System[J]. IEEE Trans on Energy Conversion，2004，19（2）：384-391.

[74] SUI X C，TANG Y F，HE H B，et al. Energy-storage-based Low-frequency Oscillation Damping Control Using Particle Swarm Optimization and Heuristic Dynamic Programming[J]. IEEE Transactions on Power Systems，2014；29（5）：2539-2548.

[75] 汤涌，卜广全，候俊贤，等. PSD-BPA 暂态稳定程序用户手册[M]. 5 版. 北京：中国电力科学研究院系统所，2015.